海域下煤层安全开采上限关键技术研究

王 刚　陈连军　王文波　蒋宇静　夏宇君　著

北　京
冶 金 工 业 出 版 社
2015

内 容 提 要

本书以龙口矿区北皂煤矿为研究背景，通过地质考察及实测，确定了矿井充水水源及充水通道，并借助相似模拟试验、大型数值模拟软件以及现场实测确定了海域下采煤安全开采上限，提出了海下采煤安全开采技术措施，建立了大型水体下开采安全性评价模型，为地质条件相类似的矿山在安全生产方面提供参考。

全书共分7章，主要内容包括绪论、海下采煤水体来源及导水通道特征、海下采煤安全开采上限理论分析、海下采煤安全开采上限相似模拟试验研究、海域下开采煤层合理开采上限数值模拟分析、海域开采工作面覆岩导高实测技术、确定安全开采上限及开采技术措施。

本书也可作为煤炭企业相关专业人员的培训教材和参考书。

图书在版编目(CIP)数据

海域下煤层安全开采上限关键技术研究/王刚等著.—北京：冶金工业出版社，2015.10

ISBN 978-7-5024-7056-2

Ⅰ.①海… Ⅱ.①王… Ⅲ.①海域—煤层—煤矿开采—研究 Ⅳ.①TD823.2

中国版本图书馆CIP数据核字(2015)第233276号

出 版 人 谭学余
地　　址 北京市东城区嵩祝院北巷39号 邮编 100009 电话 (010)64027926
网　　址 www.cnmip.com.cn　电子信箱 yjcbs@cnmip.com.cn
责任编辑 俞跃春 贾怡雯 美术编辑 吕欣童 版式设计 孙跃红
责任校对 郑 娟 责任印制 牛晓波
ISBN 978-7-5024-7056-2
冶金工业出版社出版发行；各地新华书店经销；固安华明印业有限公司印刷
2015年10月第1版，2015年10月第1次印刷
169mm×239mm；11.75印张；229千字；179页
45.00元

冶金工业出版社 投稿电话 (010)64027932 投稿信箱 tougao@cnmip.com.cn
冶金工业出版社营销中心 电话 (010)64044283 传真 (010)64027893
冶金书店 地址 北京市东四西大街46号(100010) 电话 (010)65289081(兼传真)
冶金工业出版社天猫旗舰店 yjgycbs.tmall.com

前　言

确定安全开采上限是海下安全开采关键技术之一。近年来，随着现代社会和工业对各种矿产资源需求增大以及陆上矿产资源的逐渐枯竭，研究和开发大洋海底矿产资源的问题就变得越来越迫切。在我国东部沿海地区，环渤海湾经济圈的胶东半岛从龙口到蓬莱已经勘测到海域下煤炭储量丰富，黄河入海口海域下也赋存有特厚煤层。其中，仅龙口煤田海下局部已探明地质储量就使我国大型水体下压煤资源量得到极大地扩容。

（1）海域下煤炭资源使我国东部煤炭资源量得到进一步地补充和扩容，研究大型水体下安全开采，对稳定东部地区煤炭生产能力，保持东部地区煤炭生产长期可持续发展具有积极作用。

（2）海域下采煤不涉及农田塌陷和工业民用建（构）筑物搬迁与保护等问题，大幅度降低吨煤成本，且由于海域下采煤不涉及留设村庄保护煤柱问题，故可使煤炭资源回收率最大化，同时可避免采煤引起的海水倒灌、沿海农田及淡水资源遭受破坏等，有利于在资源开发上实现绿色环保开采。

（3）海域下采煤标志着我国煤炭资源开发进入了海域开发的新阶段，对于促进开发我国大量水体下煤炭资源，满足国民经济对煤炭的需求，提高我国在国际煤炭开采技术市场上的竞争力具有战略意义。

海域下采煤具有良好的经济效益、社会和环境效益，符合我国“环境保护日益加强的中长期可持续发展能源战略”的要求和“科学发展观的重大战略思想”。目前，在水体下开采的矿山为数不多，而海底开采的顶板稳定性又不同于露天开采，一旦覆岩发生破坏，水体的水流入或溃入井下，将会对矿床开采带来很大威胁。

对于安全进行海下采煤工作，首要问题是需要进行采空区上覆岩层破坏规律及安全厚度研究。采空区覆岩破坏高度及形态研究是矿井开采中合理确定开采边界的基础，一旦确定正确的覆岩破坏高度和形态就可以据此合理确定井下开采边界，从而实现海底下安全采矿。

本书在中国科学院宋振骐院士的倡导下，以“以覆岩运动为中心的矿压理论体系”为核心内容，通过相似模拟试验、数值分析、理论计算以及现场实测，得出开采矿体时采空区覆岩临界安全厚度，为矿山的安全生产提供参考。全书共分为7章。第1章主要介绍国内外海下采煤研究进展，较为全面系统地总结了国内外海下采煤相关安全保障措施及导水裂隙带研究现状；第2章主要探讨龙口海域煤矿断层构造特征，总结了海下采煤充水水源以及导水通道类型及特征；第3章阐述海下开采基本理论，通过运用材料力学、普氏拱法及结构力学梁理论对海下开采隔离层厚度进行了预估，并建立海下开采覆岩运动结构力学模型，计算导水裂隙带高度；第4章主要通过相似模拟试验分析海下采煤覆岩运动规律，为确定导水裂隙带高度提供试验指导；第5章借助大型数值模拟软件（UDEC、FLAC3D）模拟海下开采覆岩运动规律，确定海下开采煤层合理开采上限；第6章阐述海域开采工作面覆岩导高实测技术，探讨井下仰斜钻孔导高观测原理与方法，在H2101、H2103工作面进行应用并加以验证；第7章阐述海下安全开采防水煤柱设计及相关安全开采技术措施，运用AHP决策分析方法对海下开采安全性进行评价。

衷心感谢本书所列参考文献的作者，是其卓越的研究成果为作者的科研提供了丰富资源；更要感谢那些虽然参考了其研究成果但由于作者疏漏而未能在参考文献中列出的各位作者们。

由于作者水平所限，书中不妥之处，欢迎读者批评指正。

作　者

2015年5月

目　录

1 绪 论

1.1 海下采煤工程实践

我国重点煤矿受水威胁的煤炭储量大约250亿吨，其中受地表水体（江、河、湖、海等）、松散含水层、基岩含水层等水体威胁的煤炭储量近百亿吨。仅就受河流影响来看，就有200多个矿井受百余条大小河流威胁，而华北、华东、东北地区的煤田普遍被第四系和第三系松散层含水层覆盖，造成其开采效益相对最好的浅部露头区煤层开采困难。开发大型水体下煤炭资源不仅能够增加我国东部经济发达地区的煤炭产量，缓解煤炭紧张的局面，而且能够使煤炭资源回收率最大化，有效保护耕地和环境。

21世纪是人类开发利用海洋资源的世纪。随着现代社会和工业对各种矿产资源需求的增大以及陆上矿产资源的逐渐枯竭，研究和开发大洋海底矿产资源的问题就变得越来越迫切。由于海下采煤具有经济效益好、不破坏环境和资源回收率高等优势，世界上有海下煤炭资源的国家均优先开发海下煤炭资源。

在我国东部沿海地区，环渤海湾经济圈的胶东半岛从龙口到蓬莱已经勘测到海域下煤炭储量丰富，黄河入海口海域下也赋存有特厚煤层。龙口煤田含煤面积350km^2，其中延伸至渤海海域的煤田面积约150km^2，已探明煤炭储量为26.8亿吨，其中陆地为13.9亿吨，海域下为12.9亿吨。蓬莱海域和黄河口海域尚未对煤炭资源进行有计划地勘探，但仅龙口煤田海下局部已探明地质储量就使我国大型水体下压煤资源量得到极大地扩容。一方面，海域下煤炭资源作为东部煤田的补充和扩展，研究大型水体下安全开采，对稳定东部地区煤炭生产能力，保持东部地区煤炭生产长期可持续发展具有积极作用，对缓解环渤海湾经济圈、胶东半岛煤炭紧张的局面具有重要作用，对东南沿海等地区煤炭市场的支持具有潜在价值。充分利用和安全合理地开发海域下煤炭资源，尽快进行我国海域下综合机械化采煤技术的研究与开发具有重要的现实意义。另一方面，我国东部陆上煤田具有村庄密集、高产农田多而人均耕地少的特点。煤矿开采不可避免地引起土地塌陷、耕地减少和农作物产量降低问题，从而发生房屋损坏，导致工农关系紧张。而海域下采煤不涉及农田塌陷和工业民用建（构）筑物搬迁与保护等问题，可节省土地塌陷赔偿、房屋损坏赔偿或村庄搬迁等巨额费用，大幅度降低吨煤成本，且由于海域下采煤不涉及留设村庄保护煤柱问题，故可使煤炭资源回收率最大化。同时可避免采煤引起的海水倒灌、沿海的农田及淡水资源遭受破坏等，所以海域下采煤具有良好的经济效益、社会和环境效益，符合我国“环境保护日益加强的中长期可持续发展能源战略”的要求和“科学发展观”的重大战略思想。

北皂煤矿位于龙口矿区西北部，濒临渤海，其海域扩大区处于井田北部渤海海域内，东至海域21勘探线，西和北至煤层露头，南至渤海海岸线，面积约18.1km^2。区内地势平坦，海域内除近岸潮间滩涂外，海水水深0~15m，由南向北渐深。北皂煤矿海域扩大区的西部、北部煤层自然抬升，存在煤层露头，上部为第四系冲积层及海水覆盖，在浅部开采受第四系水及海水的威胁。为了确保浅部开采过程中不导通第四系及海水，需留设第四系防水煤柱，即确定海下开采上限高度。该研究是海下安全开采关键技术之一。《北皂煤矿海域扩大区开拓延伸初步设计》和《山东省龙口矿业集团有限公司北皂煤矿海域扩大区延伸初步设计安全专篇》，确定“第四系底界面向下至基岩垂高不小于80m的原则，各煤层露头部分在XF-57断层以西南部各煤层留出-175m、在XF-57断层以东留出各煤层-150m及F8断层以北至露头为防水安全煤柱”。山东省煤炭工业局鲁煤安管字［2006］46号文批复“首采区开采范围控制在-200m水平标高以下，-200m水平以上的开采必须另行专题研究”。所以在没有进行上限专题研究前，开采深度不能超过-200m。

鉴于上述问题，首要问题是需要进行采空区上覆岩层破坏规律及安全厚度研究。采空区覆岩破坏高度及形态研究是矿井开采中合理确定开采边界的基础，一旦确定出正确的覆岩破坏高度和形态就可以据此合理确定井下开采边界，从而实现海底下安全采矿。因此，针对海域矿井覆岩类型和开采条件，通过相似模拟试验、数值分析、理论计算以及现场实测得出开采矿体时采空区覆岩临界安全厚度，为矿山的安全生产提供参考，对合理解决水体下资源开发利用与矿井安全之间的矛盾、充分利用该矿山的地下资源、延长矿山生产年限、提高企业经济效益，都有重要的意义。

1.2 海下采煤研究进展

1.2.1 国外海下开采研究现状

1.2.1.1 国外海下开采情况

世界上进行过海下采煤的国家有：英国、澳大利亚、日本、加拿大和智利，采煤方法多为房柱式部分开采，也有长壁综采。国外海下采煤有着悠久的历史，英国早在1560年就已开始开采海底煤田，日本于1863年在长崎县高岛矿建了一座深45m的竖井开采海底煤田，加拿大海下采煤始于1874年。

国外海下采煤产量最多的是英国和日本，英国曾达到1300万吨/年，日本曾达到1235万吨/年。一般多在海滩及浅海下开采，离岸距离英国约为5~8km，日本约为12km以上。英国海下采煤煤层厚度一般介于0.6～3m，海水深度为7m，没有发生过透水事故。当采用长壁或房柱式全部开采时，英国、日本规定第四系黏土层厚度 $h_{厚}$ <5m时，采深应大于105m，其采深采厚比约为60，英国还规定煤系地层厚度应大于60m；在第四系黏土层厚度 $h_{厚}$ >5m时，采深应大于70m。加拿大规定深厚比大于100时，才允许用长壁垮落法开采。英国海下采煤的煤层厚度一般为0.6～3.0m，海水深度为7m左右，没有发生过透水事故。

日本海下采煤的海水深度一般0～15m，局部达70～80m，采深一般在海下200～500m，井筒大多建在陆地，井底至工作面一般7～12km。由于工作面远离井筒，造成运输和通风等条件恶化，因此，从20世纪50年代开始，日本就在海域水深约10m处填筑人工岛开凿竖井解决通风问题，人工岛最大直径达205m，并逐渐向海域深部发展。日本海下采煤积累了许多经验，并制定了许多海下采煤的法律法规。由于资源枯竭，大部分矿井已停止海下开采，目前进行海下采煤的有原隶属于太平洋兴发株式会社的钏路煤矿等。日本宇部煤田曾发生80余次透水事故，透水原因多数为断层受采动引发突水（61次），覆岩塌落引起的13次。

1.2.1.2 国外海下采煤的相关安全技术规定

（1）国外海下长壁法采煤的相关安全技术规定。海域下采煤的一条重要经验就是必须制定特殊的采掘计划和详细的安全措施。国外海下采煤国家多数采用房柱法或宽房回柱法，而较少采用长壁法进行海下采煤，且对允许采用长壁法的开采条件制定了较为严格的规定（见表1－1）。根据历年海下及其他水体下采煤矿井的涌水事故统计分析，英国在20世纪50年代就对海下采煤提出了一些约束条件，以后经几次修改，有的以法律形式固定下来，有的作为国家煤炭局颁发的指导性文件。日本煤矿保安规程对海下采煤规则和安全技术措施进行了原则性的规定。1975年1月，澳大利亚制定的《海下采煤指南草案》对海洋、湖泊等水体下采煤条件实行了较严格的规定。

表1－1 国外海下长壁法采煤的相关安全技术规定

国　家	允许全采的最小覆盖层厚度/m	允许最小深度下全采的最大采厚/m	备　注
英国	105	1.7	石炭纪地层的最小厚度为60m
澳大利亚	大于采厚的60倍	无限制	限制基岩面变形量
日本	100（无第四系地层）	无限制	采区内必须建防水闸门
智利	150	无限制	最大可采厚度为1.4m
加拿大	213	无限制	最大可采厚度为2.74m

（2）国外海下房柱法采煤最小覆盖层厚度的规定。实际上，国外海下采煤大量地采用房柱法或宽房回柱法，除了其传统习惯和技术装备外，采用部分开采

法进行海下采煤其安全性相对要高，且最小覆盖层厚度相对较小，即其开采上限可以相对提高，达到提高矿井回采率的目的。有资料表明，澳大利亚在水体下大范围内采用房柱法开采时，其最小覆盖层厚度大于36.58m。国外对采用房柱法进行海下采煤时的最小覆盖层厚度的规定，见表1-2。

表1-2 国外海下房柱法采煤最小覆盖层厚度的规定

国 家	允许部分开采的最小覆盖层厚度/m	规定形式	备 注
英国	60	命令（国家煤炭局）	仅用于部分开采
澳大利亚	46	指南（州政府）	仅用于部分开采
日本	93	法规	仅用于部分开采
智利	70	命令（矿山指导处）	仅用于部分开采
加拿大（新斯科舍）	55	命令（皇家法案）	仅用于部分开采

（3）国外海下采煤基岩面变形的规定。国外海下采煤在对允许开采煤层的覆盖层厚度做出规定的同时，更进一步地对基岩面变形量做出规定。实际上，当允许开采煤层厚度一定的情况下，其覆盖层厚度与其顶面变形量是相关的，这样做的目的主要是为了避免超强度开采引起基岩面过度开裂，导致井下涌水量增大，见表1-3。

表1-3 国外海下采煤基岩面变形量的规定

国 家	允许最大拉伸变形值/mm·m^{-1}	规定形式
英国	10	命令（国家煤炭局）
澳大利亚	7.5	指南（州政府）
智利	5.03	命令（矿山指导处）
加拿大（新斯科舍）	7.71	命令（皇家法案）

澳大利亚根据其地质开采条件和海下采煤实践，对采动引起的基岩面变形开裂极为重视，并进行了地表移动规律观测研究，总结出具有普遍意义的预计公式。新南威尔士煤田得出的确定海床最大拉伸变形值的普遍公式：

$$E_{max} = K\frac{S_{max}}{D}$$

式中，E_{max}为最大拉伸变形值，mm/m；K是由观测结果求出的系数为0.75；S_{max}为大范围全部回采的最大下沉值，由观测结果求出为$0.6M$，M为煤层采厚；D为基岩厚度。

设基岩面的最大允许拉伸变形值为7.5 mm/m，于是上述公式可写成：

$$D = K\frac{S_{max}}{E_{max}} = 0.75 \times \frac{0.6M}{0.0075} = 60M$$

也就是说，如果产生在基岩面的最大拉伸变形不超过7.5mm/m，当全部回采时，采厚为1.0m，基岩厚度应为60m。该经验公式对第四系厚度小、基岩岩性较硬、开采深度相对较浅的大型水体下采煤具有很高的参考意义。

1.2.1.3 国外海下开采安全保障措施

英国海下采煤防水措施，主要是从采煤方法、开采顺序、回采工作面布置、探查断层构造以及水质分析等综合措施，达到控制海下采煤的涌水量，而不采取为了堵水在井下设置防水闸门或防水墙的措施。实际上进行海下采煤，首要的是严格执行有关法律条文和国家煤炭局的有关规定，其次是在覆岩厚度小的地段按规定将长壁开采改为短壁、房柱或条带开采，一般不采用充填开采。

日本煤矿保安规程制定了一系列详细的安全技术措施，最主要的包括：(1) 对预定采掘的区域及其周围海域，必须进行周密的探测，通过钻孔探明海底至煤层之间的地层情况，钻孔必须用水泥封孔。(2) 掘进巷道时，如果地质条件不明，应打10m以上的超前钻孔。必要时，还应在巷道前进方向的旁侧方向打超前钻孔，探测有无出水的可能性。掘进工作面推进到离超前钻孔孔底5m时，应重新钻孔。巷道掘进面要比采煤工作面超前50m以上。

日本在井下防水安全措施方面取得相当成功的经验。在宇部煤田过去发生的80多次出水事故，大部分防止了海水的大量溃入，或限制了灾害的扩大。宇部煤田突水经验是：(1) 出水地点多在断层附近，因此在断层两侧需留20m的防水安全煤岩柱，掘进时需打超前钻孔，并视具体条件设置永久和临时性防水闸门。(2) 采用临时性水闸墙，不失时机地尽快和尽可能接近出水点将水堵住是极为重要的。井下发生突水，具有较强烈的自然充填的特点，自然充填的结果，不仅可以避免断层或裂缝等的扩展，而且使得突水通路堵塞。在自然充填的作用下，临时水闸墙可以抵抗200m高的水头。(3) 构筑临时水闸墙的位置和材料，必须尽可能地设置在出水地点附近。构筑临时水闸墙的材料可用木板或木垛，并在其间填塞滤水材料。(4) 在海下采煤时，海水渗透到矿井，掌握矿井水中海水含量的变化，可以作为矿井突水危险性尺度。

1.2.1.4 国外海下开采指导国内海下开采的主要经验

根据对国外海下采煤资料的综合分析可知，国外海下采煤的安全性（评价）及其设计依据，主要套用一系列相关的法律、法规，而这些法律、法规来源于开采实践，经不断修改、补充直至完善。尽管国外对采场覆岩破坏没有明确的“两带”高度概念，研究思路与我国也不尽相同，以英国和澳大利亚为例，其思路是在保证海下采煤的安全前提下，寻求采煤量与排水量的最佳平衡点，达到最好经济效益。但分析研究国外海下采煤经验对我国海下采煤的研究仍有所启迪或参考，其中与我国水体下采煤具有共性且较有价值的经验主要有：

(1) 国外海下采煤都根据各自的开采条件和开采方法，制定了适应本国或本矿区的有关海下采煤的条例、规定、准则等法规，并通过多年的开采实践，以法律法规的形式固定下来。以日本为例，日本是海下采煤发生突水事故最多的国家，凡是按照保安规程，并在符合保安规程规定的条件下，进行海下采掘作业的均未再发生突水事故，其安全性是有保障的。

（2）断层构造是海下采煤突水的最主要因素。通过对日本宇部煤田 80 次突水事故原因的分析可知，由断层构造因素所引起的突水为 61 次，顶板冒落所引起的突水为 13 次。可见，断层构造因素是海下采煤突水的最主要原因。分为两种突水类型：其一是由于地质条件不清楚，掘进面遇断层突水。这种情况，通过严格执行一系列相关安全技术措施，可以避免该类突水事故的发生；其二是地质条件较清楚，回采面遇断层突水。这种情况的突水原因与以下的分析应属同类突水。另外在顶板冒落所引起的突水原因中，设其开采条件符合保安规程，则在很大程度上是由于断层构造开采条件下的采场“非正常”覆岩破坏高度的异常增大，超高发育的导水裂缝带与上覆含水层沟通引起突水。该分析结果虽然已经不可能得到现场的依据，但国内水体下采煤现场观测研究结果，使我们不得不对断层构造开采条件下的采场“非正常”覆岩破坏高度问题引起足够的重视。

1.2.2 国内水体下开采研究现状

我国在湖下、河下、水库下、含水层下的煤炭开采有着丰富的实践经验，制定有水体下采煤的相关规程《建筑物、水体、铁路及主要井巷煤柱留设与压煤开采规程》，从而使得水体下压煤的安全开采，有了可遵循的技术法规。我国建立并发展了覆岩破坏由垮落带、导水裂缝带和整体移动带组成的“三带”理论，得出了用分式函数预计“三带”高度的经验公式，用于指导水体下采煤的设计与实践。我国水体下采煤主要在含水松散层和地表水体下进行了大量的开采和相关研究，如枣庄柴里煤矿在复合含水松散层下开采时仅保留不足 20m 防砂煤柱，安全开采了厚度大于 5m 的煤层；河北邢台矿区在弱含水松散层下开采时仅保留不足 10m 垂高的防塌煤柱，实现了 4.5m 厚煤层综采一次采全高安全开采；兖州矿区在中等富水含水松散层下开采时保留不足 53m 或 78m 防水煤柱，实现了 8.65m 厚煤层分层综采和综放开采；在微山湖、淮河等地表水体下均实现了厚煤层安全开采。

我国多年来全面、深入地研究了炮采、普通机采、综采、分层综采、综放等不同采煤方法条件下的覆岩破坏规律、探测技术和手段以及防水安全措施等，取得了水体下采煤的丰富经验。我国水体下采煤方法基本为长壁全部垮落法，安全开采标高主要是根据覆岩破坏高度加以确定，所作研究工作较深入，规律掌握较清楚，设计方法较合理，安全生产较有保障，根据水体下采煤生产实践或按照《建筑物、水体、铁路及主要井巷煤柱留设与压煤开采规程》规定，所设计的保护煤柱厚度一般仅10~30倍采厚（个别矿甚至小于10倍采厚），明显小于国外海域下采煤情况。

综放开采在我国水体下采煤领域的应用开始于20世纪90年代初，如兖州、邢台、龙口、大屯、淮南等矿区，针对不同富水性的松散含水层水体和不同类型的覆岩，在留设防水、防砂及防塌煤柱等条件下都成功地实现了综放安全开采。由于采煤方法的变革，也对覆岩破坏高度及程度产生了十分明显的影响。这些经验均可为我国海域下采煤在技术、理论上以及安全措施等方面提供借鉴。

虽然我国在江、河、湖泊和水库等一般水体下开采积累了丰富的经验，但海域下采煤研究在我国尚无先例，海域下综放开采在世界上也无先例，没有针对海域下采煤特殊条件进行全面、系统地研究和实验，更缺少海域下采煤实践经验。

（1）目前我国指导水体下采煤的相关规程为《建筑物、水体、铁路及主要井巷煤柱留设与压煤开采规程》，主要根据几十年来对中厚煤层或厚煤层分层开采后覆岩破坏规律实测和研究，对厚煤层综放开采条件下覆岩破坏高度的预测和保护层厚度的确定没有进行规定。随着煤矿机械化水平的不断提高，综放开采逐渐普及，采煤方法的变革，对覆岩破坏高度及程度产生了十分明显的影响。因此，采用新的研究方法深化研究不同采煤方法，尤其是较准确地预测综放开采条件下的导水裂缝带发育高度，合理确定水体下综放条件下保护层厚度，对于水体下综放安全采煤具有重要的现实意义。

（2）由于多种原因，目前国内对断层构造条件下“非正常”覆岩破坏规律的实测研究相对甚少，对断层构造条件下的采场“非正常”覆岩破坏高度的异常增大问题，至今尚未引起足够的重视，这也是在大型水体下开采需要加强研究的一个重要问题。

（3）预警系统和应急预案在我国矿井瓦斯和煤层底板突水预测方面应用较多，且多是针对某个工作面的短期监测，没有形成长期、系统的监测系统，在体系结构、通讯方式等方面与煤矿现代化生产的需要之间存在较大差距；在大型水体下开采中，不管是理论研究和实际应用都处于起步阶段，新的理论和方法需要综合统一后形成系统体系，并在实践中开展应用。

（4）同一般水体下采煤相比，海下采煤有其特殊性。海下采煤从广义上讲是属于水体下采煤范畴，除了存在一般水体下开采所遇到的共性问题之外，尚存在一些特殊的困难和问题：

1）海下采煤以前，难以取得足够的地质资料，由于勘探费用过高，很难按煤田地质勘探的要求进行勘探，因而达不到陆上采煤地质勘探的精度。

2）水文地质资料几乎完全依赖陆地资料向海下的推演，井下钻孔局限性的钻探资料难以满足海下采煤的实际需要，断层导水性等类似问题很难解决。

3）海下采煤决不允许发生任何由于海床变形与破坏而造成海水溃入和淹井，

一旦发生海溃将造成巨大的灾害。

因此，针对海下采煤的安全问题，建立完善的地质保障、信息管理和监测体系、设立防灾害性溃水工程设施及其应急预案、研究海域下开采覆岩破坏和地下水流场变化规律、确定合理的回采上限、保证海下开采的安全等是实现海底安全采煤的重要内容，对实现大型水体下煤炭资源的安全高效回采，形成我国大型水体下安全高效开采的理论与拥有自主知识产权的关键技术、设备，全面提升我国水体下采煤的综合技术水平具有重大意义。

1.2.3 导水裂隙带研究现状

导水裂隙带高度及形态研究是矿井开采中合理确定开采边界的基础，是矿井水体下采煤安全生产的关键。对于近水平煤层矿井的开采，合理确定其开采边界，不但是安全生产的问题，更是提高开采上限、扩大矿井储量，延长矿井服务年限，提高经济效益的有效途径。

1.2.3.1 国外导水裂隙带研究现状

国外对导水裂隙带的理论也进行了长期研究，并各自根据本国实际制订了相关规程与规定。英国矿业局早在1968年就颁布了海下采煤条例，对覆岩的组成、厚度、煤层采厚以及采煤方法等作了相应的具体规定；日本曾有11个矿井进行过海下采煤，海下采煤的水患防治措施严密，安全规程针对冲积层的组成与赋存厚度作出了允许与禁止开采规定；俄罗斯于1973年出版了确定导水裂隙带高度方法指南，1981年颁布了有关水体下开采的规程，根据覆岩中黏土层厚度、煤厚、重复采动等条件的变化来确定安全采煤，但这些规定与规程大多是统计经验而没有深入的理论与方法研究。

1.2.3.2 国内导水裂隙带研究现状

我国对导水裂隙带的研究仍基本处于经验统计、类比、数值模拟（包括以ADINA、ANSYS、FLAC为主的有限元，以及UDEC、MDEC等离散元、边界元、离散元与边界元祸合等）、相似材料模拟、实测钻孔冲洗液法、钻孔电视法、瞬变电磁法、高密度电阻率法、超声波穿透法、声波CT层析成像技术、井下仰孔注水测漏法以及某一类条件的简单理论分析等研究阶段。对于导水裂隙带高度的计算，《建筑物、水体、铁路及主要井巷煤柱留设与压煤开采规程》中给出一组统计经验公式，该公式是基于当时炮采与普通机采、推进速度在40m/月左右的开采条件下取得的，并且每一公式都有其应用条件。随着生产力水平的提高和发展，出现了分层综采、厚煤层一次采全高、厚煤层综放开采及快速推进高产高效的新采煤技术。《建筑物、水体、铁路及主要井巷煤柱留设与压煤开采规程》中的导水裂隙带高度的预测公式不再完全适用，而针对海下三软煤层的开采则有必要对其进行新的探讨和研究，获得在海下开采条件下导水裂隙带的发育规律及导水裂隙带高度的预测公式。表1-4和表1-5分别为全国部分工作面分层开采和综放开采冒裂带的有关数据。

表1-4 分层开采冒落带高度统计表

煤层类别	岩 性	顶板管理方法	冒高采厚比
缓倾斜	坚硬	全部垮落	3~4
	中硬	全部垮落	3~3.2
中倾斜	坚硬	全部垮落	4~5
	中硬	全部垮落	
急倾斜	坚硬	全部垮落	4~7
	中硬	全部垮落	3~5

表1-5 部分综放面冒裂带高度统计表

工 作 面	煤层厚度/m	冒裂带高度/m	冒高采厚比/m
三河尖7131	9.0	20.32	2.31
扎局11#综放面	12.0	32.0	2.67
三河尖7121	6.5	13.34	2.05
旗山3119	4.5	10.5	2.33
大屯徐庄矿综放面	5.5	15.18	2.76
鹤壁六矿2503-2	7.02	14.2	2.02
扎局灵北矿综放面	12.0	22.0	1.83
阳泉一矿8603	6.38	13.2	2.01
兴隆庄矿5306	7.83	17.56	2.24
鲍店煤矿1310	8.7	21	2.41

纵观国内导水裂隙带发育规律研究的历史，大致可分为三个阶段：

(1) 20世纪70年代以前。煤炭资源开采的重点多集中在开采技术条件较好地区，因此，对导水裂隙带高度的研究基本上处于认识性阶段。这些都主要是从岩层移动造成的地质灾害出发，定性分析煤岩层的地质环境条件，进而利用类比法对导水裂隙带高度进行初步预计。其特点为：以煤岩层赋存条件为主要研究内容；研究方法主要为定性描述和分析。

(2) 20世纪70~80年代。为适应水体下采煤技术的迫切需要，开展了大量的裂高孔现场观测和试验性研究工作（相似材料模拟技术），在许多矿区裂高孔现场观测资料和试验性研究的基础上，结合煤层的采出厚度、岩体的强度类型等，总结出不同覆岩类型条件下，煤层采出厚度与冒高、裂高的相关关系式，并以此来指导实际生产。总体上说该阶段仍处在经验积累阶段。诸如：刘天泉

(1981年）等对水平煤层、缓倾斜煤层、急倾斜煤层开采引起的覆岩破坏与地表移动规律作了深入的研究，提出了导水裂隙带概念，建立了垮落带与导水裂隙带计算公式，为提高煤层开采上限，减少煤炭资源损失做出了很大贡献；李增琪（1983年）应用积分变换法推导出层状岩层移动的解析解；杨伦、于广明（1987年）的岩层二次压缩理论，将地表沉陷与岩层的物理力学性质联系起来；张玉卓（1989年）应用边界元法研究了断层影响下地表移动规律及提出了岩层移动的错位理论等。其研究特点为：1）以覆岩体工程地质环境和岩体力学环境为主要研究内容；2）以导水裂隙带高度与岩体强度类型之间的关系为研究重点；3）研究方法虽然仍以定性描述和分析为主，但已向定量化研究迈出了可喜的一步。

（3）20世纪90年代至今。我国开展了许多水体下采煤的专题研究，取得了不少突破性进展：邓喀中（1993年）提出了开采沉陷的结构效应；吴立新、王金庄（1994年）建立了条带开采覆岩破坏的托板理论；杨硕（1990年）建立了开采沉陷的力学模式；麻凤海（1996年）应用离散元法研究了岩层移动的时空过程；赵经彻等（1997年）应用内外应力场理论对分层开采网下综放、全厚综放三种不同开采条件下冒落岩层厚度、导水裂隙高度、地表沉陷特征、支撑压力大小及分布特点进行分析和探讨，建立了相应的计算模型；崔希民、陈至达（1997～1999年）利用平均整旋角概念和裂纹产生与扩张的几何准则，建立了确定实时位形上，水下采煤导水裂隙带高度的方法；钱鸣高等（1997～2004年）应用模型实验、图像分析、离散元模拟等方法，对上覆岩层采动裂隙分布特征进行了研究，揭示了长壁工作面覆岩采动裂隙的两阶段发展规律与“O”形圈分布特征，并将其用于指导生产实践，取得了显著效果；梁运培、文光才（2000年）通过综合运用组合岩梁理论、顶板岩层破断裂隙计算以及有限元数值分析，对顶板岩层“三带”进行了定量划分；黄庆享（2000年）运用特制的相似材料立体精细模拟实验系统，对浅埋煤层开采引起顶板的空间结构特征和裂缝分布规律进行了研究；张永波等（2004年）利用相似材料模拟实验模拟采动岩体裂隙的形成过程和分布状态，运用分形几何理论研究采空区冒落带、裂隙带和弯沉带岩体裂隙分布的分形规律；涂敏等（2004年）通过对厚松散层及超薄覆岩的含、隔水层及基岩风氧化带工程岩组性质的分析，采用相似模拟试验与数值模拟等手段研究不同采放比条件下覆岩最大冒高和有效导水高度等。其研究特点为：1）理论上更先进。开始引入现代统计数学、损伤力学、断裂力学、弹塑性力学、流变力学等理论和现代测试技术及计算机技术；2）研究内容更广泛。重点研究地质构造、地层岩性、水文地质特征、岩体结构等地质条件外，还广泛研究了与覆岩移动变形有关的原岩应力场。在深入研究岩体力学特性、时间效应的基础上，对裂隙带的演变过程进行动态分析；3）研究方法更先进。广泛应用物理模拟和数值模拟方法，使研究的深度不仅仅局限于覆岩移动变形、破坏现象，而且从覆岩变形破坏过程、影响因素等方面去探讨导水裂隙带的形成机制，在此基础上进行有效的预计。

从总体上看，这些研究成果将会对导水裂隙带发育规律的研究奠定一定的基础，但是还存在下列几个方面的不足：

（1）煤层开采是一个动态过程，随着工作面的推进，上覆岩层的受力状态将会不断地发生变化，而传统的岩层分析中把其上的垂直压力简化为均布载荷，且以静载处理。

（2）准确地预计导水裂隙带高度，既可据此留设合理的防水煤（岩）柱尺寸来保证矿区的安全生产，又可减少对矿区宝贵地下水资源的破坏，而现有的高度预计方法大多数都是通过实际观测资料建立经验公式或者通过神经网络、分形理论等进行预计，以及凭借数值模拟、相似材料模拟等试验手段进行预计，真正从导水裂隙带形成机理角度的研究却较少。因此，从机理角度研究导水裂隙带高度的预计新方法具有十分重要的理论与实用价值。

（3）龙口矿区海下三软煤层部分埋深在 -200m 以内的浅部。采动覆岩中导水裂隙带的形成过程及机理具有一定的特殊性，而现有的导水裂隙带理论已不能很好解释这一现象和机理。因此，确定三采区合理开采上限，其裂断拱的高度及导水裂隙带的形成过程机理也是目前急需解决的新问题。

1.3 本书研究内容

本书充分运用实用矿山压力理论、岩石力学理论、水力学理论，结合反演分析方法和可靠度理论等，研究岩土体内变形、移动、破坏及渗流场的变化规律。综合考虑多种因素，包括工程地质类型及组合、岩土体结构、岩土物理力学性质指标的变异性、开采条件等，建立覆岩变形破坏模型，围绕龙矿集团北皂海域三采区煤层合理开采上限技术研究开展相关内容的细致研究。主要研究内容如下：

1.3.1 裂断拱形成及上部岩层沉降规律研究（即裂断拱稳定性研究）

（1）工作面推进过程中裂断拱形成发展规律研究。

（2）开采周围环境条件、工作面开采参数与裂断拱发展及上部岩层沉降规律研究。

（3）工作面开采上部松软岩层裂隙时空演化规律研究。

1.3.2 不同裂断拱高度条件下隔水岩层演化规律研究

（1）导水裂隙带发育与裂断拱发展规律研究（包括导水裂隙带、非导水裂隙带与裂断拱高关系）。

（2）导水裂隙带裂隙场分层演化规律（贯通裂隙带与非贯通裂隙带划分范

围确定)。

(3) 既定裂断拱高度下隔水岩层范围的确定。

1.3.3　海域开采工程地质条件研究

(1) 龙口矿区陆地第四系含水沙砾层下提高煤层开采上限实践及研究情况分析。

(2) 海域开采正常和非正常条件下的导水裂隙带实测与预测研究成果分析。

(3) 海域覆岩岩石力学性质研究成果及覆岩运动规律研究成果分析。

(4) 结合海域三维勘探资料和海域钻孔，分析研究第四系松散层结构特征及含水、隔水性能；分析研究第四系松散层与第三系基岩间的水力联系特征。

1.3.4　确定合理开采上限

依据相似准则采用类岩石材料仿真覆岩结构特征，再现回采工作面开采过程。通过回采工作面围岩及覆岩应力变形实时测试，断裂拱形成及发展规律实验图像处理，阐明覆岩变形破坏规律，建立基于软岩地层条件下的裂断拱模型，为开采上限研究提供试验依据并利用 UDEC，FLAC－3D 大型商业数值模拟软件，进行程序的二次开发，模拟不同工作面长度、采深、工作面推进长度等开采条件下的覆岩变形、沉降及断裂拱形成发展规律，找出影响开采上限的主要影响因子，为确定开采上限提供依据。

基于以上研究成果和实验成果，综合分析回采上限，合理确定海域开采煤层开采上限，并提出开采期间的技术安全措施。该书内容对条件类似的矿井具有参考价值。

2 海下采煤水体来源及导水通道特征

防止海水溃入矿井是海下采煤的重要安全技术工作。根据英国、日本、加拿大等国家海下采煤造成的海水溃入矿井实例分析，主要是断层带透水、开采煤层上限与海底的安全距离、海水与第四系冲积层及含水地层的联系、海域特殊的地质构造等因素造成的。导水通道是矿井突水、海水溃入的必备条件。查明导水通道类型和特征，采取有针对性的防治措施，可防止海水溃入，确保海下安全采煤。本章以龙口矿区海域北皂煤矿为研究对象，分析不同导水通道结构特征和影响因素，为相应的探测方法及防治水技术措施提出理论指导。

2.1 井田边界及断层构造特征

2.1.1 井田边界

北皂井田位于黄县煤田的西北隅，西及北部为煤系地层的隐伏露头，南及东部与梁家井田、桑园井田及柳海井田相邻。

（1）西及北部边界。井田西部及北部地层自然抬起被剥蚀，与上覆第四系地层呈角度不整合接触，煤层及煤系地层各含水层隐伏于第四系地层之下。第四系底部存在含砾泥岩，由于其泥质含量较高，富水性弱。基岩以泥岩为主，风氧化后岩层结构被破坏，呈风化黏土。海域 BH10 钻孔对第四系底部、古近系顶部的基岩风化带进行的简易抽水试验结果表明，古近系顶部基岩风化带富水性极弱，属于隔水层。矿井在 20 多年的生产过程中，长期排泄地下水，煤系地层含水层水位大幅度下降或被疏干，第四系含水层未产生明显的水位下降，表明第四系水与煤系地层各含水层未产生明显的水力联系。但同位素测试表明，浅部地下水与大气降雨有一定的关联，有第四系水的弱渗透补给迹象。所以，井田西部及北部隐伏露头区可以接受第四系含水层的缓慢渗透补给，其水力性质属于弱透水边界。

（2）井田东部边界。井田东部边界以第 11、21 勘探线与柳海井田为界，该边界是人为边界，边界两侧各含水层互为一体，相互连通，水力性质属于透水边界。边界两侧各留 50m 作为边界煤柱。

（3）井田南部边界。井田南部以 F6 断层（落差 40m）、草泊断层（落差 100m）及其支断层与梁家井田及桑园井田为界。由于断层透水性较差，在一定程度上阻隔两侧井田间的水力联系。但又由于断层的不连续性及草泊断层的局部导水性，存在局部透水通道，所以南部边界为一局部透水边界。边界两侧各留50m 作为边界煤柱，部分区域（4210 及 4405 工作面南侧）北皂矿未留边界煤柱，梁家煤矿留 100m 边界煤柱。

2.1.2 断层构造及其水文地质特征

海域地层未知的断层构造是海下采掘过程中不可避免的潜在威胁（或隐患），特别是可能存在的导水断层构造，对海域下安全生产的威胁性程度更大。国外海下采煤经验表明，断层因素是引起井下透水的主要原因。迄今，海域对断层构造及其水文地质特征的了解程度仍然较低，是海域下开采条件中最薄弱的环节。

在 30 余年陆地开采过程中，通过对北皂井田断层构造及其水文地质特征不断探索与认识，对海域勘探资料的地层结构分析，以及通过暗斜井和海下一采区部分巷道揭露断层的实际情况与陆地的对比，特别是由于勘探资料的误差，导致回风暗斜井施工中意外地“上漂”到仅距泥岩夹泥灰岩互层含水层 7.5 ~ 8.0m 的岩层中，5 个探放水钻孔穿过断层，观测并分析了断层、泥岩夹泥灰岩含水层和煤$_1$、油$_2$ 含水层等，根据这些实测资料与陆地的对比分析表明，海域下断层构造及其水文地质特征与陆地相比具有较强的相似性。换言之，海域中除海水和第四系上部地层外，至少基岩以下地层具有与陆地类似的水文地质特征。故可以此为基础，对海域下断层构造及其水文地质特征进行评价。

（1）构造特征。由海域地质勘探和陆地开采实际揭露断层的情况均表明，北皂井田断层具有沿其走向表现为迅速尖灭、断层在垂向上所切割的层位差别较大、同一条断层在不同地段断开的层位也不相同、断面倾角一般较大等特点。

海域三条暗斜井开拓，实际揭露落差 10m 以下的断层约 20 余条，远多于勘探控制的断层数量，揭露出不同地质时期断层间的切割，以及落差较小的逆断层。海域掘进和回采工作面揭露小断层 50 余条，落差最大的 2.8m，多数在 2m 以下。表明海域扩大区构造应力和地质构造成因较陆地相对复杂。

（2）分布特征。海域下断层走向大体分两组，即北东、北东东向和北西向，前者是区内主要断层，表现为落差大、数量多、延伸长等特点。同时区内发育比较宽缓的褶曲 6 条，其中北西向褶曲是区内主要褶曲形态，北东向褶曲为次级褶曲，且分布在区域中西部。海域下断层构造分布特征与陆地的基本类似。

根据对海域井下采掘工程揭露的断层分析，海域三维地震勘探资料提供的落差较大的断层（$H>10$m）往往是一组落差较小的断层组，而对于实际揭露出落差 5m 左右的断层，海域三维地震勘探资料基本不能辨别。因此，海域下断层构造的具体分布情况，只能采用巷道实际揭露和物探验证，这是海下采煤与其他地表大型水体下采煤最大的不同处之一。

(3) 富水性特征。陆地开采表明，矿井内各出水点大部分在断层附近，断层带一般无水，出水点大部分在断层带以外，即断层带以外张裂隙发育部位比断层带的富水性相对要好，掘进施工过程中有先出水后见断层的特点，说明断裂构造具有储水性较差的特征。北皂矿勘探期间断层带抽水（1－35孔）试验，其单位涌水量为0.013L/(s·m)；梁家矿（7－4孔）和雁口井田（L3－1孔）泥灰岩与断层带混合抽水试验，其单位涌水量分别为0.00102L/(s·m)、0.007L/(s·m)，断层富水性均为弱。根据井下实际揭露断层富水性的经验是，若断层发育于脆性岩层中时，富水性相对就好，若发育于软弱岩层中，则富水性差。

海域下三条暗斜井实际揭露和超前钻探钻孔至少揭露了大小20余条断层(最大落差为10m左右)，基本无充水现象，仅有个别断层初始揭露时有少量淋水，但也很快干涸，海域下暗斜井基本是在干燥状态下施工的。海域掘进和回采工作面揭露小断层50余条，均无充水现象，表明海域下断层构造富水性弱，富水性特征与陆地类似。

(4) 导水性特征。断层构造的导水性是影响海下采煤安全的最大潜在威胁(或隐患)，从以下四方面进行分析可知：

1）从实验室实验分析可知：第三系煤系地层的岩石成岩性较差，大部分为软弱岩层，具有抗压强度低、松软易破碎、膨胀性强、遇水极易泥化等岩石物理性质、水理性质，普遍存在断层构造导水性差的一般性规律。

2）从抽水试验和水文长观孔观测可知：梁家矿对草泊断层两侧7－3孔和7－4孔进行抽水试验，静止水位分别为－35.77m和－35.44m，在分别连续抽水71h、24h，水位降深分别达到43.09m和51.06m情况下，观测井水位毫无变化。试验结果说明断层的导水性极差，但由于抽水地层静止水位均低于原始水位，说明其已受到北皂矿井下排水疏降影响，故不能完全排除断层存在局部导水的现象。另外，结合钙质泥岩与泥灰岩水文长观$_1$孔、长观$_4$孔和泥岩夹泥灰岩互层水文长观$_3$、长观$_4$孔水位动态观测，两含水层水位均在持续下降，观测结果表明，不能完全排除断层存在局部导水的可能。

3）从井下出水点分析可知：梁家矿四采区油$_2$集中运输巷中距草泊断层30～50m的出水点（标高为－190～－220m），涌水量从最大60m^3/h逐渐下降到28m^3/h左右，而后经2407面回采袭夺部分水量后，现稳定涌水量为15～16m^3/h左右。说明其出水点通过断层补给的水源较为稳定。

4）从海域开拓、采掘实际揭露情况可知：海域掘进和回采工作面揭露断层50余条，均未见导水断层。

海域H2106工作面断层条件下覆岩破坏高度观测钻孔实测，断层带在泥质岩层中非常破碎，岩层的原始连通型裂隙很发育，无充水现象。

由于导水断层对海域下采煤威胁极大，因此，海域下断层的导水性还应在今后的掘进和回采中予以足够的重视，并通过基于海域下强化的安全技术措施和科学管理予以保障。

2.2　海下采煤充水水源及隔水层

矿区的水体主要分为地表水和地下水两大类。影响海域开采的煤系地层含水层主要有4个：海水、第四系含水层水及煤系地层中的泥灰岩含水层水、泥岩夹泥灰岩互层含水层水。在巷道直接揭露含水层，或由于断层作用使其与可采煤层接触，或间距偏小时，或工作面回采覆岩导水裂隙带涉及含水层时，均可发生突水事故。

2.2.1　地表水

赋存在地球水圈中，积聚在海洋、湖泊、河流，水库、稻田、水渠和塌陷坑中的水统称为地表水。地表水特别是大型地表水储存量大，补给充分，且常常互相连通，对矿井安全威胁极大。

井田北部19.24 km^2 面积被海水覆盖，陆地由于采矿地表塌陷形成三处积水区，积水量约207万立方米。地表水与第四系一含具有较为密切的水力联系，与第四系二含连通性较差。矿井20多年的开采实践证明，矿井涌水与大气降水及地表水不存在相关关系，在自然条件下，不具备向矿井充水条件，但在有封闭不良钻孔等人为条件下，地表水可能成为充水水源。

2.2.2　地下水

赋存在地球岩石圈中，积聚在岩石空隙中的水称为地下水，例如，第四纪和第三纪松散层中的含水、基岩含水、岩溶水和老采空区积水等。地下水比地表水距离煤层更近一些，而且赋存情况不易搞清，因此对其下方开采的安全更构成威胁。

2.2.2.1　第四系含水层

第四系地层厚29.50～119.70m，平均78.08m，呈中东部厚，向南、西、北方向逐渐变薄分布，最厚处位于陆地东北，最薄处位于东南边界角3－12孔。西部及北部煤层隐伏露头区附近第四系厚度在50～60m。由含水的砾、粗、中、细砂层和隔水的黏土、砂质黏土相间沉积。第四系包含两个含水层，一含为上部砂层，最厚处17.83m，单位涌水量0.1186～3.713L/(s·m)，富水性中等至强；二含为中下部砂层，该层黏土质含量较多，多为黏土质砂，局部夹薄层黏土，最厚处10.07m，单位涌水量0.00019L/(s·m)，富水性弱。

2.2.2.2　泥灰岩（泥质白云岩）含水层

该含水层受矿井陆地开采疏水影响，水位呈逐年下降趋势，漏斗中心位于陆地。该含水层主要补给水源为露头区及井田边界的缓慢渗透补给，但补给条件差，长期水位观测及水质变化表明，含水层呈封闭条件，以存储量为主，具有疏干的趋势。由于该层与煤$_1$之间有煤上$_1$、煤上$_2$和炭质泥岩类隔水层相隔，在正常情况下该层水对矿井开采无影响；但在巷道施工时直接揭露到该层或由于断层作用使其与可采煤层对口接触或间距偏小时，该层水可直接进入矿井。泥灰岩层煤$_1$、煤$_2$、煤$_4$间距一般分别为41.18m、62.80m、83.40m。在正常情况下，由于各层间隔水层的存在，煤$_1$、煤$_2$、煤$_4$层开采冒落带波及不到泥灰岩层。但受断层影响层间距减小情况下，采掘工作面则可能导通泥灰岩含水层，发生泥灰岩水充入矿井。

2.2.2.3 泥岩夹泥灰岩互层含水层

由灰白色泥灰岩夹绿色泥岩薄层组成，块状构造，含白云质高，质地坚硬，遇盐酸微弱起泡。局部为粒屑灰岩，厚度3.65~11.00m，平均5.97m，由南向北逐渐变薄。该含水层主要补给水源为露头区及井田边界的缓慢渗透补给，但补给条件差。含水层上距泥灰岩6.80m，在断层影响下，两含水层具有一定的连通性，互为补给。长期水位观测及水质变化表明，含水层呈封闭条件，以存储量为主，具有疏干的趋势。

泥岩夹泥灰岩互层含水层下距煤$_1$、煤$_2$、煤$_4$层分别为24.70m、46.32m、83.40m，正常情况下，开采煤$_1$、油$_2$层时冒裂带波及该层，开采煤$_2$及煤$_4$时，冒裂带波及不到该含水层，但受断层影响层间距减小情况下，采掘工作面则可能导通互层含水层，发生互层水充入矿井。

2.2.2.4 煤$_1$、油$_2$含水层

陆地部分煤$_1$厚0.60~1.10m，平均0.83m，油$_2$厚一般5.00m左右，海域内揭露煤$_1$厚度为0.95~1.21m，平均1.07m，油$_2$平均厚度4.87m。煤$_1$、油$_2$裂隙发育，含裂隙水，但裂隙连通性较差。

该层水呈封闭条件，无显著的补给源，循环条件较差，以存储量为主，易于疏干。该含水层为煤$_1$、油$_2$开采时直接充水含层，由于该含水层下距煤$_2$和煤$_4$分别为20.78m和104.18m，正常开采煤$_2$和煤$_4$时，煤$_2$冒裂带波及该含水层，由于距煤$_4$较远，对煤$_4$正常开采影响较少。

2.2.2.5 煤$_2$及底板砂岩含水层

煤$_2$厚3.51~6.50m，平均4.44m。煤层裂隙发育，煤$_2$底板为黏土岩、砂岩，砂岩以石英、长石为主，分选性极差，黏土质胶结，松散、易碎，富水性弱。

该层水呈封闭条件，无显著的补给源，循环条件较差，以存储量为主，易于疏干。该含水层为煤$_2$开采时直接充水含层，其下部距煤$_4$为78.96m，正常情况下开采煤$_4$层时冒裂带波及不到该含水层。

2.2.2.6 煤$_3$及底板砂岩含水层

煤$_3$、油$_3$平均厚0.73m，其底板有多层砂岩，黏土质胶结，松散易碎，多呈透镜状赋存。陆地5号孔抽水单位涌水量0.09L/(s·m)，海域井下钻孔揭露该含水层时涌水量不大于3 m^3/h，富水性弱。建井期间风井掘进中，顶板冒落，煤$_3$出水，涌水量40~50m^3/h，3天后减至3~5m^3/h，距风井216~217m处有淋水，水量为10m^3/h左右。矿井生产过程中巷道掘进揭露煤$_3$底板砂岩时有淋水，水量均小于3m^3/h。2007年1月16日海域-350大巷JK-3孔监测到水位为-97m，在采动破坏煤$_2$底板情况下，该层水有时会补给煤$_2$底板砂岩含水层充入矿井，开采煤$_4$时冒落裂缝影响至该层时也会充入矿井，但其水量不大，在正常情况下不会影响煤层开采。该层水以存储量为主，循环和补给条件较差，易于疏干。该层水呈封闭条件，无显著的补给源，循环条件较差，以存储量为主，易于疏干。

2.2.2.7 煤$_4$含水层

陆地部分煤$_4$厚7.45~10.90m，平均9.75m，向北到海域内逐渐相变为炭质泥岩。海域内煤$_4$平均厚度2.26m。建井期间风井井筒掘进至-84.80m时，下距煤$_4$层约1.00m，煤$_4$水通过黏土岩裂隙涌入井内，最大涌水量27.6m^3/h，风井回风巷E3点西145m处施工探水立眼，在孔深22.50m处出水，涌水量为29.7m^3/h。生产过程中井巷施工仅有淋水和渗水，海域井下钻孔揭露水量小于3m^3/h。该层水呈封闭条件，无显著的补给源，循环条件较差，以存储量为主，易于疏干，为煤$_4$开采的直接充水含水层。

2.2.3 主要隔水层

井田7个含水层之间均存在以泥岩为主的厚度不同的隔水层，对各含水层形成了有效的隔水，现对主采煤层以上的煤系地层上覆隔水层和泥岩夹泥灰岩互层顶板隔水层描述如下。

2.2.3.1 煤系地层上覆隔水层

煤系地层上覆岩层平均85.9m，最厚195.1m，西及北部风化剥蚀。由灰绿色、淡青色钙质泥岩夹多层泥岩构成，岩性致密，隔水性能良好，抗压强度多为20~30MPa；局部裂隙发育较少的含钙泥岩和泥岩为半坚硬岩，单轴抗压强度可达60MPa。除隐伏露头区外，其他区域起到了有效的隔水作用。基岩风氧化带多为灰绿色泥岩或钙质泥岩。岩层结构被破坏，局部裂隙发育，受风化作用影响形成碎块，偶夹石英砾石。风化泥岩属极软弱岩层，具有良好的隔水性及再生隔水性。

2.2.3.2 煤$_1$顶板隔水层

煤$_1$顶板隔水层为煤$_1$顶板到泥岩夹泥灰岩互层含水层之间的岩层，最小

15.85m，最大33.93m，平均厚度23.75m。下部为灰褐色含油泥岩及条带状泥岩，致密均一，上部为煤$_1$层位，以炭质泥岩夹泥岩为主，岩层软弱，塑性较强。该层在全区稳定分布，有效地阻隔了煤层与顶板含水层间的水力联系。

2.2.3.3 煤$_2$顶板隔水层

煤$_2$直接顶板为浅棕褐色、灰色含油泥岩，局部为泥岩，具水平层理。直接底板为泥质砂岩或泥岩夹黏土质砂岩，局部为黏土质砂岩夹黏土岩，泥岩具可塑性，遇水泥化膨胀，无层理，节理不发育。

煤$_2$顶底板泥质类岩石的含黏量高（70%～85%），黏土矿物以黏结性、分散性和膨胀性能很强的Na基蒙脱石为主。同时，泥质类岩石天然含水量高，固结程度低、结构强度不大，因此，一般表现为膨胀性强、易崩解泥化的特性，属强膨胀型软岩。但是，局部块段煤$_2$顶板泥质类岩石受有机质和结构构造的影响，表现出相对较弱的膨胀性，甚至比煤$_2$底板高岭石黏土岩稳定性还要好。有机质含量高尤其是含油量多、与粘粒胶合程度高、微层理发育、结构中集聚体平行紧密叠置的黏土岩，具有水稳定性强，膨胀性弱的特性。

2.2.4 岩层渗透性质

总体来看，在全应力-应变过程中，岩层性质呈现出低应变渗透→导通性渗透→应变软化渗透3个阶段的变化性质。其具体性质分布阐述如下：

（1）低应变渗透。指试样在受力产生较小幅度变形过程所显现的渗透性，因此，低应变渗透主要发生于应变初始阶段，这个阶段试样内的渗流通道主要为孔隙或微裂隙。由于此阶段试样主要产生压密变形，即便局部剪裂，但渗流通路不畅，渗流阻力较大，因此岩样的渗透率较低，$k-\varepsilon$曲线相对稳定在低值段。这个阶段不同试样的渗透性大小差异主要与孔隙、微裂隙大小及其连通性的差别有关，与岩性差别关系不大。从渗透率-应变关系曲线的对比关系看，大多数试样的低应变渗透基本稳定到进入屈服变形阶段。

（2）导通性渗透。指试样变形达到一定的幅度后，试样内的剪切裂隙已相互贯通，水沿裂隙的渗流阻力急剧降低，表明试样内集中渗流通道基本形成。形成低应变渗透过渡到导通渗透的标志是在$k-\varepsilon$曲线上的渗透率随变形的变化幅度急剧增大。从试验结果看，绝大多数试样是在达到峰值应力前即出现导通渗透，对应的试样变形多集中在屈服变形阶段，由于多数试样屈服变形直至破坏主要是体积扩容，裂隙空间随变形扩大，其渗透性也表现为随之增大。总体而论，泥质岩试样的低应变渗透转换到导通渗透所对应的应变，大致为岩性由弹塑性变形过渡为屈服破坏变形的转化点。

（3）应变软化渗透。试样导通性渗透标示出其渗透性达到峰值阶段，反映出试样破碎的最大渗透强度。其后随着试样继续变形，破碎状态的试样不断被压密，渗透空隙空间也随之缩小，渗透性也相应多表现有随变形呈不同幅度的下降趋势。这一过程即为试样的应变软化渗透，反映的是试样破坏后的塑性流变阶段渗透性随变形的变化特点。从试验结果看，试样的岩性越软，应变软化阶段的渗透性较渗透峰值的差值就越大，表明试样破坏后继续变形过程其裂隙性随之降低。而强度相对较高的钙质泥岩（含钙泥岩）、泥灰岩，二者的差值相对较小，即破坏后的渗透率没有出现急剧降低的现象。

（4）渗透性质分析。全应力－应变过程的渗透性特征分析如下：

1）泥质岩类一般经历较大变形才出现渗透突变，实测起始渗透对应的应变幅度在0.44%～3.02%，其中较多在1.0%～1.5%范围，而对于不同岩性试样之间的差异性不明显。

2）岩样在变形过程中出现明显渗透变化之前的渗透率（低应变渗透阶段的均值）相对稳定，且其均值与试样破坏后的渗透率（渗透峰值或导通性渗透阶段的均值）的差异幅度普遍在1个数量级以内。这种情况说明泥质岩破坏表现为剪裂特点，裂隙性以剪切裂隙为主，连通性相对较弱，水在其内的渗透阻力仍比较大，因此没有出现渗透率在量值上的急剧突变。

3）泥质岩试样峰后段渗透率总体上呈现下降趋势，但下降幅度与岩性有关。分析认为，这种情况说明，即便是裂隙带，反映出岩层破坏后的继续变形主要受到压密作用，开裂变形形成的裂隙性也会持续降低，其隔水能力将随之增强。

以上特点反映出，岩层总体为良好的隔水层位，不但阻渗变形幅度较大，而且因其破坏变形主要以塑性剪裂为主，裂隙的连通性相对较弱。因此，即使遭受严重破坏，也不易形成贯通性的渗流通道，也就是说即便此类隔水层遭受整体破坏，也较难在短时间内形成贯入性的溃水通道。

2.3 导水通道类型及特征

通过龙口矿区陆地开采实践及北皂海域钻探、地震勘探资源综合分析，海下采煤的导水通道主要有以下4种类型。

2.3.1 构造裂隙类导水通道

构造裂隙是岩石在地质构造运动中因受力而产生的。由构造裂隙形成的断层破碎带，通常具有良好的透水性。对于一些大型的断裂，由于断层两盘的牵引裂隙发育，断层带除了具有导水性质外，本身还是一个含水体，具有导水、含水的双重性。

北皂海域断层多为高角度正断层，张性断裂较发育，断层带多为泥岩、钙质泥岩、泥灰岩、煤及砂岩碎屑重新胶结或半胶结，普遍存在断层构造导水性差的特点。根据龙口矿区的开采实践，构造裂隙是井巷施工和回采过程中的主要导水通道。对于落差较小的断层，巷道施工初次揭露时，涌水量一般较小，补给较差，易于疏干。而对于落差较大的断层，由于断层的切割作用，使得断层带成为上部含水层的导水通道。如北皂矿建井期间，在 -175m 水平掘进大巷时，揭露 F-2 断层（落差 $H=15\sim20$m），发生大冒顶，出现涌水，初始涌水量 40m^3/h，2 年后降至 25m^3/h。北皂海域发育多条落差较大的断层，个别断层发育到第四系底界，成为第四系水溃入矿井的重要导水通道。

2.3.2 采动导水裂隙带通道

采动形成的导水裂隙通道，是典型的采矿扰动类导水通道。地下煤层开采后，在采空区上方可划分出 3 个不同性质的破坏和变形影响带：垮落带、断裂带、弯曲带，垮落带和断裂带之和称为导水断裂带。当导水裂隙带波及到或沟通工作面上方含水层时，则可造成矿井突水。采动导水裂隙带的发育高度主要取决于岩层的岩性、倾角、采高、岩石的碎胀系数、重复采动程度等因素。断层带附近煤层覆岩相对较破碎，岩体强度低，受采动影响后，有利于破碎裂隙带沿断层（带）软弱面向上发展，其导水裂隙带较正常覆岩的导水裂隙带发育高度增大。据龙口矿区相邻矿井的观测资料，构造影响条件下的导水裂隙带高度要比正常条件下增大 20%~40%。特别是当二者构成某种条件组合的情况下，则会成为海下安全开采的最大威胁。

2.3.3 封闭不良钻孔造成的通道

封闭不良钻孔是典型的由于人工活动所留下的点状垂向导水通道，该类导水通道的隐蔽性强，垂向导水性畅通，不仅会使垂向上不同层位的含水层之间发生水力联系，而且当井下采矿活动揭露或接近时，会产生突发性突水事故。由于封闭不良钻孔在垂向上串通了多个含水层，所以一旦发生该类导水通道的突水事故，不仅突水初期水量大，而且还会有比较稳定的水补给量。

北皂煤矿陆地开采所有钻孔均未发现导水，但梁家煤矿曾发生过封闭不良钻孔导水现象，其瞬间导水量为 260m^3/h。所以，封闭不良钻孔是各个含水层产生水力联系的通道，是矿井的重要充水通道，也是海水溃入的主要通道。

北皂海域勘探初期阶段，施工了 4 个钻孔，其中 BH1 孔未封闭，BH4 孔内遗留有套管等物封孔，BH4 孔旁边有 1 个废孔且未封，另外 2 个钻孔按要求进行了封孔，但未能启封检查。这些钻孔贯穿了海域多个含水层，未封孔或封闭不良，都有可能将本来没有水力联系的含水层人为地连通起来，使煤层开采的充水条件复杂化。

这些未封或封孔质量不好的钻孔可能诱发的突水途径：一是海水顺这些钻孔直接进入煤层；二是海水顺这些钻孔揭露的导水断层溃入井下；三是海水顺这些

钻孔进入煤层地层的含水层而溃入井下；四是这些钻孔与开采引起的导水裂隙带连通把海水引入井下。

2.3.4 海域煤层露头带安全煤（岩）柱击穿形成的导水通道

采场露头带防水安全煤岩柱留设不足时，上部含水层水或水体就可能通过采场覆岩导水裂隙带溃入井下。山东某矿在含水冲积层下开采时，因开采上限过高发生了导水裂隙带突水，英国海下采煤也发生过突水事故。

北皂海域北部和西部发育煤$_2$和煤$_4$的隐伏露头，必须留设防水安全煤岩柱。在临近煤岩柱附近进行采掘活动，如果突破防水安全煤岩柱留设厚度或者由于构造影响造成抽冒时，将造成防水安全煤岩柱被击穿，导致裂隙带成为重要的水体溃入井下通道。

2.4 海下采煤危险程度分析

2.4.1 海水与煤层水力关系

采矿活动会在一定的地域内导致原地或异地环境地质效应，尤其是海下采煤，若措施不当，则会造成地表海水渗入地下，既威胁矿山设备的安全又会扰乱人们正常的生产和生活秩序，还会影响原来的生态平衡，所以采矿活动过程中对环境地质的影响不容忽视。海下采煤过程中临海部分必须留设护堤（岸）煤柱，防止因采矿活动引起海岸线发生改变。

海下采煤的技术关键是杜绝水害。水害发生的条件是具有（或形成）突水通道，海下采煤可能突水的通道主要有两类：一类是采掘形成的，即采场的导水裂隙带和采掘工作面局部抽冒形成的空洞；另一类是断裂构造形成的，即导水断层和开采扰动断层。海下采煤的可行性就在于能否保障不发生水害。

稳定的岩层结构和软弱的覆岩岩性是海下采煤难得的良好地层条件。地质勘查表明，海域区地层稳定、结构简单，基岩中煤$_2$顶板以上95%为泥岩，岩性软弱，结构细腻，易潮解、泥化、变形和压实，对断层起到良好的充填作用，导水裂隙闭合快，是海下采煤理想的地层条件。

由于覆岩软弱，导水裂带高度较小，以往北皂、梁家两矿实测导高采厚比为5.65～8.70，海域地层与陆地结构一致，由陆地实测导高预测海域导高十分可靠。

断层充填好、导水性差，采取相应的安全措施，完全可以避免断层涌水。陆地矿井生产所揭露的断层表明，该区域断层被风化泥岩所充填，上部有第四系松散层的黏土隔水层覆盖，断层为不导水或局部弱导水，与海水无直接联系。该海域海水深度为0～15m。据BH10孔和已有浅海和深海第四系松散层钻孔取芯资料说明，第四系顶部为厚3.50～4.40m的淤泥，其下以黏土、砂质黏土为主，其次为粉砂层，隔水性良好。因此海水不与煤系地层直接接触，不发生直接的水力联系。回采工作面留设合理的断层煤柱，完全可以避免断层突水事故。

2.4.2 海下采煤危害程度

根据海域地质及水文地质条件分析，由于第四系地层内有多层黏土层相隔，故一般情况下海水仅与第四系上部含水层发生水力联系，与基岩含水层无直接联系。经大量深入的研究工作，并安全开采五个工作面，进一步证明海域地层水文地质条件与陆地相似，开采主要受煤系地层含水层影响，煤系地层含水层含水性又较差，浅部开采只要留足第四系防水煤岩柱，第四系水不会对开采构成威胁，海水不会溃入井下。

根据《北皂煤矿海域扩大区开拓延伸初步设计》和《山东省龙口矿业集团有限公司北皂煤矿海域扩大区延伸初步设计安全专篇》确定的“第四系底界面向下至基岩垂高≥80m 的原则，各煤层露头部分在 XF－57 断层以西南部各煤层留出－175m、在 XF－57 断层以东留出各煤层－150m 及 F8 断层以北至露头为防水安全煤柱”。按照山东省煤炭工业局鲁煤安管字［2006］46 号文批复的“首采区开采范围控制在－200m 水平标高以下，但－200m 水平以上的开采必须另行专题研究”，2010 年海域开采标高均在－200m 水平以下。工作面煤$_2$ 平均厚度为 4.13m，回采后正常区域冒落裂隙发育高度预计为 $4.13\times8.3=34.27$m，在断层附近冒落裂隙发育高度预计为 $4.13\times9.5=39.24$m，煤层与第四系地层底界间还有 300m 左右的泥岩、含钙泥岩、钙质泥岩等隔水岩层，能阻隔第四系水与煤系地层含水层的联系，具备海下安全开采条件。

2.4.3 矿井防治水工作难易程度的评价

矿井煤$_2$、煤$_4$ 开采过程中留下了较多的采空区，部分采空区积水。周边采掘工作施工前，均采用超前的方式对积水进行探放，积累了成熟的防治经验，而且对采空区积水条件有了深刻的认识。矿井老空积水区主要集中在陆地区域，积水位置、积水范围、积水量清楚，通过设定积水线、探水线、警戒线并严格执行超前探测，可以超前疏放老空积水，消除老空水害。

矿井在 20 多年的采掘过程中，通过钻探、巷道揭露、涌水观测、分析等手段全面了解了各含水层及断层的水文地质特征，掌握了矿井涌水规律，进行了导高观测、水文地质测试、地下水水位及水质动态观测等工作，查明了采掘工程对周边水体的影响程度，总结了矿井水文地质规律，结合具体水文地质条件实施了防治水工程，达到了防治水目的，取得了较好的防基岩含水层水效果。实践表明，井田基岩含水层富水程度较弱，补给条件差，断层含导水层性差，岩层隔水能力强，海域水文地质条件与陆地具有水文地质相似性。在海域及陆地采掘过程中坚持“预测预报，有疑必探，先探后掘，先治后采”的防治水原则，采用物探、钻探手段做好超前探测，技术上具有消除含水层水害可行性。

井田煤层露头被第四系松散含水层覆盖，浅部开采受第四系水的威胁。围绕防治第四系水，矿井做了导高观测、岩石物理力学性质测试、水文地质条件研究等大量的地质及水文地质工作，实现了松散含水层下安全开采。开采实践表明第四系赋存条件清楚，煤层露头控制可靠，上覆岩层隔水性较高，第四系与基岩水无显著水力联系，采掘过程中覆岩破坏规律清楚，通过合理留设第四系防水煤柱，严格控制开采深度，杜绝超限开采，可以有效地防范第四系水及地表水对矿井生产的影响。总之，从技术方面评价，防治水工作较易进行，矿井防治水工作比较简单。

3 海下采煤安全开采上限理论分析

本章依据基本力学理论和工程实践经验分析海下煤层开采的结构特征，建立海下煤层开采的结构模型，深入研究提高海下煤层安全开采上限的基本方法和途径。

3.1 海下开采基本理论

3.1.1 海下开采代表性理论

采矿活动将有用矿物质从地下开挖出来，在地下形成采空区，由于改变了原有的应力状态，从而引起地层塌陷、位移和变形。通常受重力作用在垂直方向上形成三带，即冒落带、裂隙带和弯曲带。

冒落带为采空区上方的塌落带，岩石在自重作用下发生明显的离层与位移现象；裂隙带则为冒落带上方，岩体内部出现大量强烈而明显的裂纹和断裂；弯曲带则为裂隙带上方，岩体未发生整体破坏，其内部受弹性变形影响向下发生弯曲。

对于采空区岩层变形与移动规律，人们做过长期的理论探讨与试验研究，出现了多种研究方法与理论。在所有理论与方法中，除崩落块体理论外，大多假定岩体是弹性、黏弹性体或弹塑性体，因而在实际应用时存在严格限制。

目前几种有代表性的理论是：

（1）拱形理论。该理论仅适用于松散介质。拱形理论认为上覆岩层呈块状冒落，当冒落为拱形后采空区应力趋于平衡而相对稳定下来，然后应力再次改变，冒落继续，直至新的平衡拱再次形成。

（2）棱柱体理论。随着开采向下延深，采空区顶板会形成滑动棱柱体，从而引起地表的变形与移动。用该理论可以将地表的变形点或裂缝线与采空区边界的连线来圈定地表岩移范围。此理论在采深不大时与实际情况比较接近，但随着采深增加，岩移边界不是直线，会出现岩移发展不到地表的临界深度。

（3）覆盖总重理论。采场四周及其内部的点柱或间柱承受上覆岩层的载荷。当其承压超过矿柱或支柱的极限抗压强度时发生破坏，导致岩层发生位移或变形。作用在矿柱或支柱上的压力并不随采深呈正比增加，而主要与深跨比、空区形态、结构弱面等有关。

（4）悬臂梁理论。悬臂梁理论认为顶板岩体是层状的黏弹性梁。该梁随工作面向前推进而增长，作用在梁上的压力与载荷相应增大。当梁跨距增大至一定程度时上覆岩层的载荷引起梁的固定端沿矿壁剪断。水平或缓倾斜矿体开采时，用于计算控顶距和支柱载荷比较实际。

（5）崩落块体理论。崩落块体理论是建立在相似材料模拟试验和井下观测基础上的，它认为岩体是非连续介质，采空区顶板的破坏由不规则冒落递变为规则冒落。其理论依据是下层岩体冒落产生体积膨胀（碎胀性系数为 1.01～1.40），填塞空区，逐渐减缓岩层向上发展和冒落，致使上覆岩层由冒落转变为规则的裂隙带和弯曲带。

综观上述岩移理论与原理，可以得出如下结论：

（1）只要存在地下采空区，就会改变地应力状态与结构，上覆岩层就会发生改变与位移。

（2）均质稳固的岩层，埋深大，只发生上覆岩层局部变形与位移，岩移不会波及地表，即存在一个安全的临界深度。

（3）控制采动程度和开采跨度，能维持岩层与地表的稳定与变形。采空区放顶或充填可以阻止或延缓岩层与地表的变形与位移。

3.1.2 "三带划分"理论

采动引起的上覆岩层破坏是一种十分复杂的物理力学现象。大量的观测表明，采空区移动破坏程度可以分为"三带"，即垮落带、裂隙带和弯曲带，如图 3－1 所示。

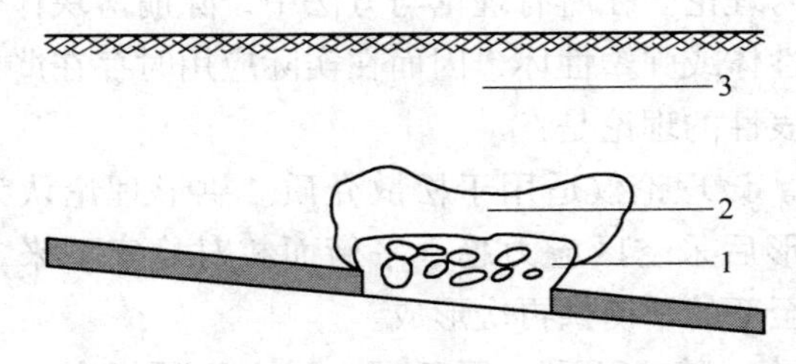

图 3－1 采场上覆岩层移动破坏的垂直分带

1—垮落带；2—裂隙带；3—弯曲带

（1）垮落带。破断后的岩块呈不规则垮落，排列也极不整齐，松散系数比较大，一般可达 1.3～1.5。但是经重新压实后，碎涨系数可达 1.03 左右。此区域与采区顶板相毗连，很多情况下是由于直接顶冒落后形成的。

（2）裂隙带。岩层破断后，岩块仍然排列整齐的区域即为裂隙带。它位于冒落带之上，由于排列比较整齐，因此碎涨系数较小，关键层破断块体有可能形成“砌体梁”结构。

（3）弯曲带。自裂隙带顶界到地表的所有岩层称为弯曲带。弯曲带内岩层移动的显著特点是，岩层移动过程的连续和整体性，即裂隙带顶界以上至地表的岩层移动是成层的、整体性的发生的，在垂直剖面上，其上下各部分的下沉值很小。若存在厚硬的关键层，则可能在弯曲带内出现离层区。

导水裂隙带即垮落带与裂隙带的合称，意指上覆岩层含水层位于“两带”范围内，将会导致岩体水通过岩体破断裂隙流入采空区和回采工作面。导水裂隙带的高度和岩性与采高有关，覆岩岩性越坚硬，导水裂隙带高度越大。一般情况下，对于软弱岩层，其高度为采高的9～12倍，中硬岩层为12～18倍，坚硬岩层为18～28倍。

3.2 海下煤层安全开采上限分析方法

结合导水裂隙带和安全隔离层厚度的预计，确定安全开采上限高度。安全开采上限高度的计算公式为：

$$H = a + s + h \tag{3-1}$$

式中 H——安全开采上限高度；

a——表面裂隙深度，基岩经验值取10～15m；

s——保护层厚度；

h——开采引起的导水裂隙带高度。

当基岩顶部有沉积层时（见图3－2），当沉积层厚度大于5m时，a 取零；当沉积层为相对隔水层时，其厚度可考虑在 s 值之内，即 $H=s+h$，保护层厚度 s 之内包括隔水层厚度。

由于海下采煤的特殊性，各国都以法规和规程的形式对海下采煤作了详尽和严格的规定（见表3－1）。

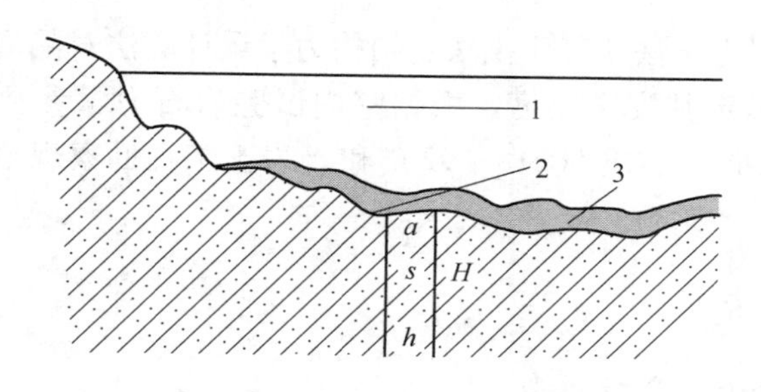

图3－2 海底基岩有沉积层时的开采上限

1—海水；2—海底基岩；3—沉积层；a—表面裂隙深度；s—最小保护层厚度；h—导水裂隙带高度；H—安全开采上限

表 3-1 国外海下采煤安全距离及开采规定

国别	长壁陷落法采煤		房柱法或充填法采煤		极限变形值法
	总高度/m	煤层厚度/m	总高度/m	煤层厚度/m	变形量/mm · m^{-1}
英国	>105	6.0	>60	>4.5	10
加拿大	>213 或 100 倍采厚	—	>76 或 100 倍采厚	—	6
澳大利亚	>60 倍采厚	>4.6	>60 倍	>4.6	—
智利	>150	—	—	—	5
日本	200~300	6.0~10.0	60~100	6.0~10.0	8

3.3 海下开采隔离层厚度预估方法及分析

3.3.1 力学模型与力学参数

北皂矿区目前开采 -200m 水平以下的矿体，预留安全隔离层。首先对海底安全隔离层厚度进行预估，为下一步数值模拟分析提供基础。考虑煤层开采方法及预设支撑煤柱，建立如图 3-3 所示的力学模型。

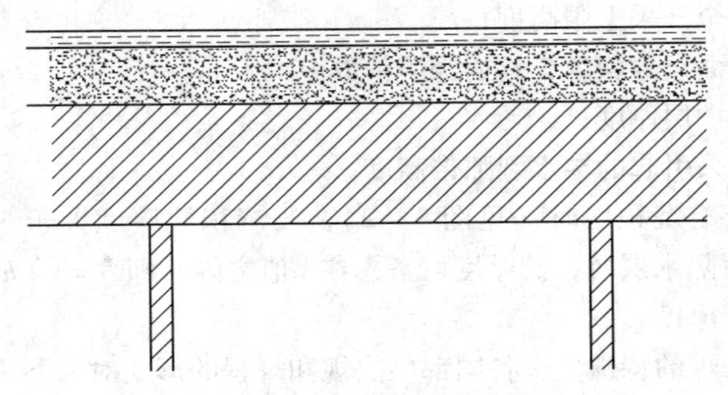

图 3-3 北皂海域海底采矿简化模型

综合采用材料力学法、普氏拱法、结构力学梁计算法对隔离层安全性和合理厚度进行分析，确定其安全厚度。根据室内试验岩石力学参数试验成果，参考《工程岩体分级标准》（GB 50218—92）和《岩土工程勘察规范》确定合理的隔离层厚度。

3.3.2 材料力学法

3.3.2.1 理论及分析模型

对于采空区上的隔离层，假定它是材料力学中两端固定的板梁，计算时将其简化为平面弹性力学问题，取其单位厚度进行计算，岩性板梁的计算简图和弯矩，如图 3-4 和图 3-5 所示。

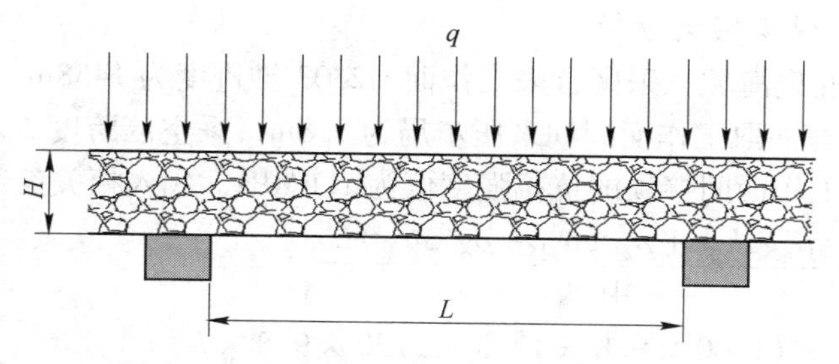

图 3－4 岩性板梁的支承条件（固支状态）

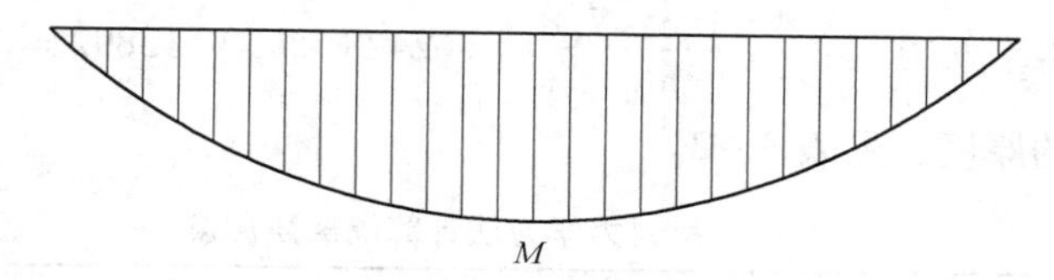

图 3－5 岩性板梁的弯矩大小示意图

根据图 3－5，可得：

$$M=\frac{1}{8}qL^{2} \tag{3-2}$$

式中 q——岩梁自重及外界均布荷载；

L——采空区跨度。

将顶柱受力认为是两端固定的厚梁，根据力学模型，可得到顶板厚梁内的弯矩与应力大小：

$$M=\frac{(\rho_{水}gh_{水}+\rho_{泥}gh_{泥}+\rho_{梁}gh_{梁})L^{2}}{8} \tag{3-3}$$

$$W=\frac{bh_{梁}^{2}}{6} \tag{3-4}$$

式中 M——弯矩，N·m；

W——阻力矩，N·m；

b——梁宽，m。

顶板允许的应力 $\sigma_{许}$ 等于：

$$\sigma_{许}=\frac{M}{W}=\frac{3(\rho_{水}gh_{水}+\rho_{泥}gh_{泥}+\rho_{梁}gh_{梁})L^{2}}{4bh_{梁}^{2}} \tag{3-5}$$

式中 $\sigma_{许}$——允许拉应力，MPa。

$$\sigma_{许}\leqslant\frac{\sigma_{极}}{n} \tag{3-6}$$

式中 n——安全系数；

$\sigma_{极}$——极限抗拉强度，MPa。

3.3.2.2 现场实例分析

龙矿集团北皂海域三采区首采工作面 H2303 推进度为 1458m，开切眼长度为 196m。式中梁宽 b 取工作面周期来压步局为 7.8m，采空区跨度 L 取为 196m，抗拉强度极限取工作面间接顶的抗拉强度值为 1.6MPa，代入相关参数得：

$$\frac{M}{W}=\frac{3(\rho_{水}gh_{水}+\rho_{泥}gh_{泥}+\rho_{梁}gh_{梁})L^2}{4bh_{梁}^2}$$

$$=\frac{3\times(1000\times9.8\times12.3+2150\times9.8\times h_{梁})\times196^2}{4\times7.8\times h_{梁}^2}\leqslant\frac{\sigma_{极}}{n}$$

简化后可得求解方程：$\frac{4\times1.6\times7.8}{n}h_{梁}^2-2428\times h_{梁}-13892=0$。通过计算可以得出隔离层的厚度，见表 3-2。

表 3-2 材料力学方法计算隔离层厚度

n	1.4	1.5	1.6	1.7	1.8	1.9	2.0	2.1	2.2	2.3	2.4	2.5
$h_{梁}$/m	73	78	83	88	94	98	103	108	112	117	122	129

3.3.3 普氏拱法

3.3.3.1 理论及分析模型

普氏拱理论又称破裂拱理论，它根据普氏地压理论，认为在巷道或采空区形成后，其顶板将形成抛物线形的拱带，空区上部岩体重量由拱承担。对于坚硬岩石，顶部承受垂直压力，侧帮不受压，形成自然拱；对于较松软岩层，顶部及侧帮有受压现象，形成压力拱；对于松散性地层，采空区侧壁崩落后的滑动面与水平交角等于松散岩石的内摩擦角，形成破裂拱。各种情况下的拱高用下式计算：

自然平衡拱高：

$$H_z=\frac{b}{f} \tag{3-7}$$

压力拱高：

$$H_y=\frac{b+h\times\tan(45°-\varphi/2)}{f} \tag{3-8}$$

破裂拱拱高：

$$H_p=\frac{b+h\times\tan(90°-\varphi)}{f} \tag{3-9}$$

式中 b——采空场宽度之半，m；

h——采空场最大高度，m；

φ——岩石内摩擦角，(°)；

f——岩石强度系数。

对于完整性较好的岩体，可以采用如下的经验公式：

$$f=\frac{R_c}{10} \tag{3-10}$$

式中 R_c——岩石的单轴极限抗压强度，MPa。

普氏压力拱理论计算的基本前提是硐室上方的岩石能够形成自然压力拱，这就要求硐室上方有足够的厚度且有相当稳定的岩体，以承受岩体自重和其上的荷载。因此，计算出压力拱拱高 H 之后，还要加上一定的稳定岩层厚度才为最终的安全顶板厚度。

3.3.3.2 现场实例分析

北皂海域三采区首采工作面 H2303 煤$_2$ 顶板属于较松软岩层，工作面采场的侧帮有受压现象，在工作面上覆岩层内形成压力拱。压力拱拱高计算公式中采空场宽度之半 b 取为 98m；采空场最大高度 h 取为 4.7m；岩石内摩擦角 φ 取为 32°。压力拱高：

$$H_y=\frac{98+4.7\times\tan(45^\circ-32/2)}{5.0}=20\text{m}$$

对于北皂海底采矿区，由于隔离层上面存在海水特殊情况，要留有较大的稳定岩层，在此定为压力拱高为 2.5～3.0 倍，并且引入安全系数的概念来进行计算，其计算结果见表 3-3。

表 3-3 普氏拱法计算隔离层厚度

安全系数 n	1.4	1.5	1.6	1.7	1.8	1.9	2.0	2.1	2.2	2.3	2.4	2.5
压力拱高 H_y/m	28	30	32	34	36	38	40	42	44	46	48	50
隔离层厚度 H/m（2.5 倍）	70	75	80	85	90	95	100	105	110	115	120	125
隔离层厚度 H/m（3 倍）	84	90	96	102	108	114	120	126	132	138	144	150

3.3.4 结构力学梁理论计算法

3.3.4.1 理论及分析模型

假定采空区顶板岩体是一个两端固定的平板梁结构，上部岩体自重及其附加载荷作为上覆岩层载荷，按梁板受弯考虑，以岩层的抗弯抗拉强度作为控制指标。顶板厚梁内的弯矩与应力大小：

$$M=\frac{(9.8\gamma h+q)l_n^2}{12} \tag{3-11}$$

$$\omega=\frac{bh^2}{6} \tag{3-12}$$

顶板允许的应力 $\sigma_{许}$ 等于：

$$\sigma_{许} \leqslant \frac{\sigma_{极}}{nK_C} \tag{3-13}$$

式中 n——安全系数；

$\sigma_{极}$——极限抗拉强度；

K_C——结构削弱系数。

K_C 值取决于岩石的坚固性、岩石裂隙特点、夹层弱面等因素。取 $K_C=1.5$。推导出采空区顶板的安全厚度（见表3-4）：

$$h = 0.25l_n \frac{0.98\gamma l_n + \sqrt{(0.98\gamma l_n)^2 + 8bq\sigma_{许}}}{\sigma_{许} b} \tag{3-14}$$

式中 h——安全隔离层厚度，m；

$\sigma_{许}$——允许拉应力，kPa；

γ——矿岩体积质量，kN/m^3；

l_n——顶板跨度，m；

b——顶板单位计算宽度，m，取 $b=7.8$；

q——附加荷载，kPa。

表3-4 结构力学梁理论法计算安全隔离层厚度

n	1.4	1.5	1.6	1.7	1.8	1.9
H/m	53.2	57	60.8	64.6	68.4	72.2
n	2.0	2.1	2.2	2.3	2.4	2.5
H/m	76	79.8	83.6	87.4	91.2	95

3.3.4.2 现场实例分析

根据北皂海域煤层具体开采情况，计算中允许拉应力 $\sigma_{许}$ 取为1600kPa；矿岩体积质量 γ 取为 $21.5kN/m^3$；顶板跨度 l_n 取为196m；顶板单位计算宽度 b 取为7.8m；附加荷载 q 取为123kPa。

$$h = 0.25l_n \frac{0.98\gamma l_n + \sqrt{(0.98\gamma l_n)^2 + 8bq\sigma_{许}}}{\sigma_{许} b}$$

$$= 0.25 \times 196 \times \frac{0.98 \times 21.5 \times 196 + \sqrt{(0.98 \times 21.5 \times 196)^2 + 8 \times 7.8 \times 123 \times 1600}}{1600 \times 7.8}$$

$$= 38m$$

3.4 海下开采覆岩运动结构力学模型及参数计算

3.4.1 预测推断模型

根据海下煤层采场推进运动特征，建立采场结构模型，在采场推进上覆岩层运动发展过程中，根据各岩层运动和特征的差异可以划分为三部分，如图3－6所示。

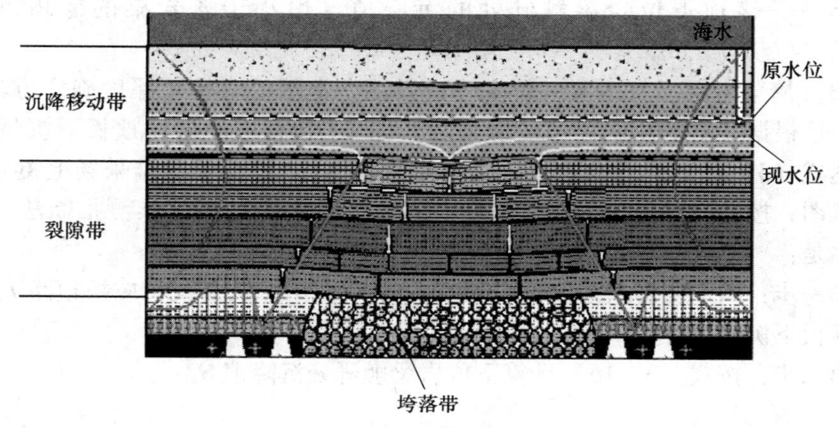

图3－6 推断的结构模型

（1）垮落带。由“破坏拱”中垮落岩层组成。该部分岩层在老塘已经垮落，在采场由支架暂时支撑，在推进方向上不能始终保持传递水平力的联系。

（2）裂隙带（砌体梁带）。由“破坏拱”中裂断岩梁（传递岩梁）组成。砌体梁带内岩层在推进方向上裂隙较发育，各岩层的裂隙浓度已扩展到（或接近扩展到）全部厚度。在采场推进过程中能够以“传递岩梁”的形式周期性裂断运动，在推进方向上能始终保持传递水平力的联系，该部分岩层也是内应力场的主要压力来源。由于龙口矿区软岩的特点，裂隙在比较短的时间就被充填愈合，因而在裂隙带中可分为导水裂隙带和不导水裂隙带。

（3）沉降移动带。包括“破坏拱”上的缓沉带和“破坏拱”两侧参与移动的岩层。缓沉带的岩层在采场推进很长一段距离后才会开始运动，其运动缓慢，运动结束后在推进方向上形成的裂隙，无论在数量上还是在深度上都比裂隙带少和小，缓沉带运动的最终结果是在地表形成沉降盆地。

3.4.2 垮落岩层范围（直接顶厚度 M_z 的推断）

（1）推断的结构力学模型。垮落岩层范围（M_z）指老塘已冒落的“直接顶”，如图3－6所示。

（2）数学模型。直接顶厚度的数学表达式如下：

$$M_z = \sum_{i=1}^{n} M_i = \frac{h - S_A}{K_A - 1} \tag{3-15}$$

式中 n——老塘已冒落的岩层数；

M_i——已冒落岩层的厚度，m；

h——采高，m；

K_A——已冒岩层碎胀系数；

S_A——老顶下位岩梁触矸处的沉降值（恒小于该岩梁的老顶沉降值 S_0），m。

（3）垮落岩层（直接顶）厚度确定方法。常用的直接顶厚度确定方法有2种。一是根据实测下位岩梁第一次来压步距 C_0 和相应的采场顶板下沉量 Δh_0，用表达式（3-15）进行推断的“实测推断法”；二是直接根据采场上覆岩层钻孔柱状图，按各岩层冒落条件判断的“钻孔柱状推断法”。“实测推断法”的推断程序是：

第一步：确定实测老顶下位岩梁第一次来压步距 C_0，及相应控顶距 L_k 下的采场顶板下沉量 Δh_0。

第二步：按式（3-16）计算下位岩梁触矸处沉降值 S_A：

$$S_A = \frac{C_0}{L_k}\Delta h_0 \tag{3-16}$$

第三步：用表达式（3-15）推断直接顶厚度：

$$M_z = \frac{h - S_A}{K_A - 1}$$

式中，碎胀系数 K_A 值表示直接顶各岩层岩性强度确定。岩性强度越高，K_A 值愈大，一般可取 $K_A = 1.25 \sim 1.35$。

“钻孔柱状推断法”按直接顶各岩层厚度小于其下部允许运动的自由空间高度的原理，由下而上逐层判断，即

$$M_z = \sum_{i=1}^{n} M_i \tag{3-17}$$

其中

$$M_n \leqslant h - \sum_{i=1}^{n} M_i(K_A - 1)\text{，岩层塌落}$$

$$M_{n+1} > h - \sum_{i=1}^{n} M_i(K_A - 1)\text{，岩层进入老顶范围}$$

3.4.3 裂断岩梁运动发展过程

裂隙带（裂断岩梁）中覆岩运动的发展过程包括两个阶段：

（1）第一次裂断运动阶段（采场第一次来压阶段）。该发展阶段自工作面从开切眼推进开始，到裂隙带中最上部一个“传递岩梁”第一次裂断运动完成止，为裂隙带覆岩的第一次运动阶段，如图3-7所示。

在该运动阶段，随着工作面的不断推进，覆岩运动范围逐渐扩大。采场上方的压力由小到大逐渐向上方岩层扩展。根据相似材料模拟实验的结果，当工作面

推进距离大约为工作面长度时，压力向上扩展到最高处，高度约为工作面长度的1/4。在此过程中，裂隙带中下位1~2个传递岩梁（老顶）已完成了初次运动和数个周期运动。在该运动阶段工作面推进的距离称为裂隙带覆岩第一次运动步距。

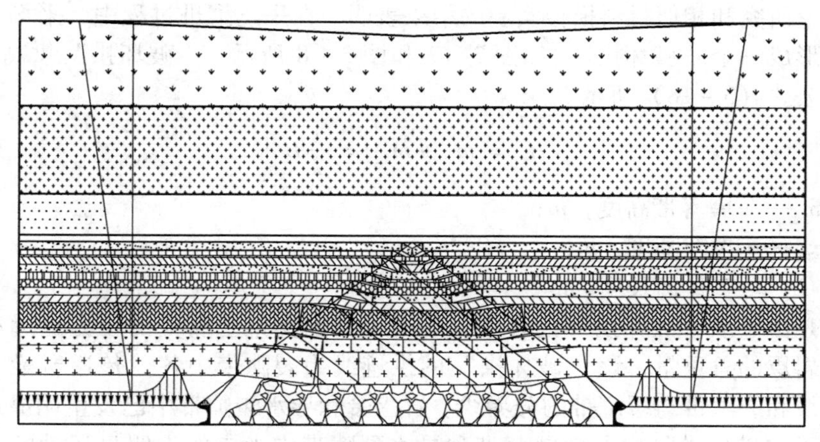

图3-7 裂隙带覆岩第一次运动阶段

（2）正常运动阶段（周期来压阶段）。包括“破坏拱”最上部岩层第一次运动完成到回采工作面推进结束的全部推进过程，如图3-8所示。在正常运动阶段，“破坏拱”不再向上方岩层扩展，保持恒定的高度随工作面向前方推进。

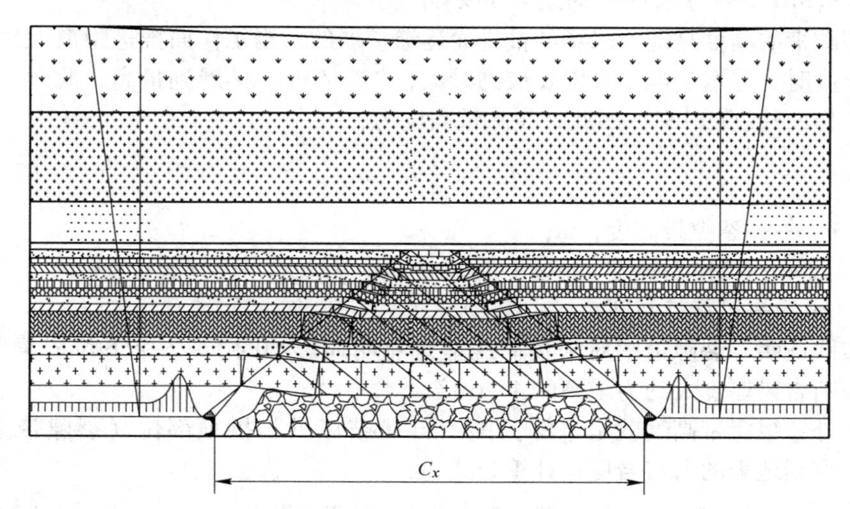

图3-8 裂隙带覆岩正常运动阶段

由上述分析可知，裂隙带岩层第一次运动阶段为采场上方“破坏拱”在工作面前方和工作面上方2个方向上逐渐扩展的阶段。当第一次运动阶段结束时，

"破坏拱"在工作面垂直方向上不再扩展，然后进入正常运动阶段，"破坏拱"将只在工作面前方方向上跳跃式向前扩展。此时"破坏拱"拱顶为一近似水线。

3.4.4 破坏拱高度的推断

理论研究和相似材料模拟实验的结果表明，在采场推进过程中，采场上覆岩层中会形成一个"破坏拱"，如图3－7和图3－8所示。"破坏拱"拱高（H_g）计算如公式（3－18）所示。

$$H_g = m_z + m_{Lx} = \frac{1}{2}L \tag{3-18}$$

式中 m_z——垮落带高度，m；

m_{Lx}——裂隙高度，m；

L——工作面长度，m。

正是由于该"破坏拱"的存在，使得工作面支架上所受的压力远远小于采场上覆岩层的总重量，该"破坏拱"的拱迹线为裂隙带中各"传递岩梁"的端部裂断线和裂隙带与缓沉带的分界线。冒落带和导水裂隙带中已发生明显运动的岩层位于"破坏拱"内，而冒落带和导水裂隙带中尚未发生明显运动的部分岩层及缓沉带岩层位于"破坏拱"外。

3.4.5 导水裂隙带高度计算

3.4.5.1 导水裂隙带高度计算分析

裂隙带的高度是随着采场的推进而逐渐扩展的。当工作面推进距离大约为工作面长度时，导水裂隙带高度发展到最大，"破坏拱"扩展到最高，此时，拱高约为工作面长度的1/4。因此，裂隙带高度为：

$$m_{Lx} = \frac{1}{4}L - m_z \tag{3-19}$$

式中 m_{Lx}——裂隙带高度，m；

L——工作面长度，m；

m_z——冒落带高度，m。

实践证明，裂隙带中对采场矿压显现有明显影响的1～2个下位岩梁厚度，也即裂断岩梁厚度大约为采高的4～6倍。

此外，缓沉带高度就是采深范围中自"破坏拱"拱顶部位（裂隙带上部）开始一直到地表的所有岩层；计算公式为：

$$m_{hc} = H - m_{Lx} - m_z \tag{3-20}$$

式中 m_{hc}——缓沉带高度，m；

H——工作面采深，m；

m_{Lx}——裂隙带高度，m；

m_z——冒落带高度，m。

以首采面H2303工作面为例，本工作面采用ZF5200型支架长壁后退式开采，其中工作面推进度为1458m，开切眼长度为196m，采高4.7m。

根据传递岩梁理计算：

（1）根据公式（3－18）计算，垮落带高度为：

$$m_z = 9.85\text{m}$$

（2）根据公式（3－19）计算，裂隙带高度为：

$$m_{Lx} = \frac{1}{4}L - m_z = \frac{1}{4} \times 196 - 8.95 = 40.05\text{m}$$

（3）根据公式（3－17）计算，破坏拱高度为：

$$H_g = m_z + m_{Lx} = 8.95 + 40.05 = 49\text{m}$$

3.4.5.2 规程公式计算

根据《煤矿防治水规定》第106条规定："进行水体下开采的防隔水煤（岩）柱留设尺寸预计时，覆岩垮落带、导水裂缝带高度、保护层尺寸可以按照'三下'规程中的公式计算"。北皂矿煤$_2$一般厚度较大，工作面为综采放顶煤开采，现行规程中没有该条件下导水裂缝带高度的具体规定，若仍套用现行规程的规定，结合煤$_2$顶板的岩性及强度指标，煤$_2$顶板为偏软地层，则可参考原煤炭工业部颁布的"三下"规程计算导水裂隙带发育高度，具体公式如下：

$$H = \frac{100\sum M}{1.6\sum M + 3.6} \pm 5.6 \tag{3-21}$$

式中 H——导水裂隙带高度，m；

M——矿体开采厚度，m。

目前，北皂矿各工作面采放高度均为全煤厚，从偏安全角度，本次评价采用最大厚度4.7m进行计算。因此，根据"三下"规程公式计算结果为43.2（±5.6）m，其最大值为48.8m。

3.4.5.3 经验公式计算

导水裂隙带即垮落带与裂隙带的合称，意指上覆岩层含水层位于"两带"范围内，将会导致岩体水通过岩体破断裂隙流入采空区和回采工作面。导水裂隙带的高度和岩性与采高有关，覆岩岩性越坚硬，导水裂隙带高度越大。一般情况下，对于软弱岩层，其高度为采高的9～12倍，中硬岩层为12～18倍，坚硬岩层为18～28倍。导水裂隙带高度预计准确与否，则是关系到防水矿柱尺寸是否合理乃至海下开采安全与否的关键问题。可采用经验类比分析法和有限元数值模拟计算方法预计导水裂隙带的高度。水下采煤的研究结果表明，导水裂隙带发育高度与采厚有着密切的联系，一般情况下，二者成近似分式函数关系。但综放开采时，由于其一次采放厚度明显增加，即当开采同样厚度的厚煤层时，若采用分层方法将其分为 2 ~3 层开采，则导水裂隙带一般发育较低。若采用放顶煤方法将其一次采放出来，则导水裂隙带的高度将会明显增加，仍呈近似分式函数关系。根据水下采煤的经验，导水裂隙带的经验计算公式如下：

$$h = a_s d \tag{3-22}$$

式中 h——开采引起的导水裂隙带高度；

d——采厚；

a_s——比例系数。

目前，北皂矿各工作面为偏软地层，从偏安全角度，本次评价采用最大厚度 4.7m 进行计算。因此取平均系数值，其计算结果为 56.4m。

4 海下采煤安全开采上限相似模拟试验研究

4.1 引言

相似材料模拟实验是在实验室里利用相似材料，依据现场柱状图和煤、岩石力学性质，按照相似材料理论和相似准则制作与现场相似的模型，然后进行模拟开采。在模型开采过程中，对由于开采引起的覆岩移动情况以及支撑压力分布情况进行连续观测。总结模型中的实测结果，利用相似准则，求算或反推该条件下现场开采时的顶板运动规律和支撑压力分布情况，以便为现场提供理论依据。

所采用的相似材料模拟方法是在确保相似条件的情况下，对物理模型做尽可能的简化后，研究地下开采引起的覆岩运移和破坏过程机理。在做相似材料模拟实验尤其是大比例模型实验，当基岩厚度较大时，模型往往只铺设到需要考察和研究的范围为止。其上部岩层不再铺设，而以均布载荷的形式加在模型上边界，所加载荷大小为上部未铺设岩层的重力。这一方法是建立在牛顿的力学相似理论基础之上的。其满足条件是，模型和被模拟体必须保证几何形状方面、质点运动的轨迹以及质点所受的力必须相似。本章节以北皂煤矿三采区为研究背景，分析海下采煤覆岩运动规律，为确定导水裂隙带高度提供试验指导。

4.2 相似模拟材料试验原理

在工程结构力学和岩体力学领域中，试验力学方法是研究工程结构力学性态的重要途径。相似材料模拟试验作为一种试验岩石力学方法，它以相似理论为基础，通过建立相似物理模型，来观测研究难以用数学描述的系统特性及原型系统与模型系统间的相似特性。模型能够直观地反映所研究对象的物理现象，给出较为明确的结论，可以解决目前理论分析和数值分析方法不能解决的多种物理力学问题。对矿山采动岩体力学问题，相似材料模拟试验是一种很有效的研究方法。它能够全面、形象、直观地反映采动覆岩的形成与破坏过程。相似材料模拟实验原理依据相似理论，该理论由 3 个定律组成。

4.2.1 相似第一定律—相似正定理

此定律由 J. Neuton 于 1686 年首先提出，此后由法国科学家 J. Bertrand 于 1948 年给予严格的证明。描述为：对于两个相似的力学系统，在任何力学过程中，它们相对应的长度、时间、力及质量的基本物理量应有如下的关系：

几何相似：

$$a_l = \frac{l_p}{l_m} \tag{4-1}$$

运动相似：

$$a_t = \frac{t_p}{t_m} \tag{4-2}$$

动力相似：

$$a_m = \frac{m_p}{m_m} \tag{4-3}$$

对于两个运动力的相似系统有：

原型：

$$F_p = m_p a_p \tag{4-4}$$

模型：

$$F_m = m_m a_m \tag{4-5}$$

$$\frac{F_p}{m_p a_p} = \frac{F_m}{m_m a_m} = \prod \tag{4-6}$$

式中　a_l，a_t，a_m——几何相似常数、时间相似常数、质量相似常数；

l_p，t_p，m_p，a_p，F_p——原型长度、时间、质量、加速度、力；

l_m，t_m，m_m，a_m，F_m——模型长度、时间、质量、加速度、力。

4.2.2　相似第二定律—π定理

该定律是由俄国学者 A. Ф. Eэрман 于 1911 年导出的。1914 年美国学者 E. Buckinghan也得到了同样的结论。该定律的核心是约束两相似现象的基本物理方程，可以用量纲分析的方法转换成用相似判断 π 方程来表达的新方程。

如果规定一个方程所需的物理量为 n 个，在 n 个物理量中含有 m 个量纲，则独立的相似判据 π 值的量纲为 $n-m$ 个，用下式可以表示两个相似现象的基本方程：

$$\varphi(\pi_1, \pi_2, \pi_3, \cdots, \pi_{n-m}) = 0 \tag{4-7}$$

或

$$\pi_1 = \varphi(\pi_2, \pi_3, \cdots, \pi_{n-m}) \tag{4-8}$$

在所研究的现象中，若还未找到描述它的方程，但是决定其物理意义的物理量，可以通过量纲分析，运用 π 定理来确定相似判据，从而建立好模型与原型之间的相似关系。

4.2.3　相似第三定律—存在定律

该定律是由俄国学者 M. B. Кирпчеть 及 A. A. Гухман 于 1930 年提出的。该

定律认为只有具有相同的单值条件和相同的主导判据时，现象才相似。

对巷道顶板变形、下沉及破坏，进行相似材料模型实验研究，一般而言，应考虑几何相似、物理相似、初始状态相似及边界条件相似。在几何相似中除了前面谈及的模型与原型的长度相似外，还有模型与原型的面积与体积也得相似。在物理量相似中：

$$a_\gamma = \frac{\gamma_p}{\gamma_m} \tag{4-9}$$

$$a_\sigma = \frac{\sigma_p}{\sigma_m} \tag{4-10}$$

$$a_E = \frac{E_p}{E_m} \tag{4-11}$$

$$a_\varepsilon = \frac{\varepsilon_p}{\varepsilon_m} \tag{4-12}$$

研究变形和破坏时，并考虑时间因素：

$$a_{\sigma c} = \frac{\sigma_{cp}}{\sigma_{cm}} \tag{4-13}$$

$$a_{\sigma t} = \frac{\sigma_{tp}}{\sigma_{tm}} \tag{4-14}$$

$$a_c = \frac{c_p}{c_m} \tag{4-15}$$

$$a_\varphi = \frac{\varphi_p}{\varphi_m} \tag{4-16}$$

$$\frac{T_p}{T_m} = \sqrt{\frac{L_p}{L_m}} \tag{4-17}$$

或

$$a_t = \sqrt{a_l} \tag{4-18}$$

式中 p，m——原型、模型物理量下标；

a——相似常数；

γ，σ，E，ε，c，φ——分别表示容重、应力、弹性模量、应变、内聚力和内摩擦角。

对于初始条件和边界条件相似，要求模型与原型在岩体结构、力学性质以及边界条件尽可能相似。对于同一类物理现象，若单值条件相似，且由单值条件组成的相似准数的数值相等，则现象相似。

上述三定理说明了现象相似的必要和充分条件，由于描述矿山压力现象的微分方程很难在单位条件下进行微积分，而第二、第三相似定律并未涉及微分方程能否求解。因此，相似理论在研究矿山压力等问题时就显得极其重要。

4.3　实验模型制作与测点布置

4.3.1　相似材料模拟实验设计的目的及要求

4.3.1.1　相似材料模拟实验设计的目的

通过现场调查，结合北皂煤矿三采区钻孔柱状图和综合地质柱状图，并综合各柱状资料，选择 BH7 号钻孔资料为相似模拟实验柱状，该模拟研究建立在以下的基本假设基础上：

（1）煤、顶底板岩层为均质弹性体，断裂后形成自由面，破碎后块体之间接触成铰接。

（2）所研究的对象为二维模型。

（3）初始地应力及采动影响而产生的支承压力，均由支架、老塘冒落的矸石及工作面前方煤壁承担。

针对建立整体采场二维结构力学模型和现实的实验条件，涉及的定性研究内容如下：

（1）导水裂隙带发育与裂断拱发展规律研究。

（2）贯通裂隙带与非贯通裂隙带划分范围确定。

（3）裂断拱高度下隔水岩层范围的确定。

4.3.1.2　模型试验基本流程

为了达到上述目的，对模拟试验及试验过程做如下的要求：

（1）严格按照相似理论进行模拟设计。

（2）模拟材料配制按岩石试块试验后确定的参数进行，部分参照以前的实验数据。

（3）按北皂煤矿钻孔资料及岩石相关参数进行相似材料模拟。

（4）在模拟试验过程中，要求测量顶板及煤壁的围岩应力、位移状况，要求对直接顶、老顶初次断裂、周期断裂的典型结构图进行拍照，对试验过程进行全程摄像记录。

4.3.2　相似材料模拟实验模型

4.3.2.1　相似模拟试验方案设计

（1）原型工作面特征。北皂矿 2303 工作面倾斜长度为 196m，走向为 1483m，煤厚为 4.7m，埋藏深度为 265.92m，其顶板岩层覆存条件如图 4－1 所示，岩层力学参数如表 4－1 所示。

（2）几何相似比的确定。模拟试验台采用辽宁省灾害预测与防治重点实验室中“物理模拟实验室”的平面应力相似材料模拟试验台。试验台规格：长×

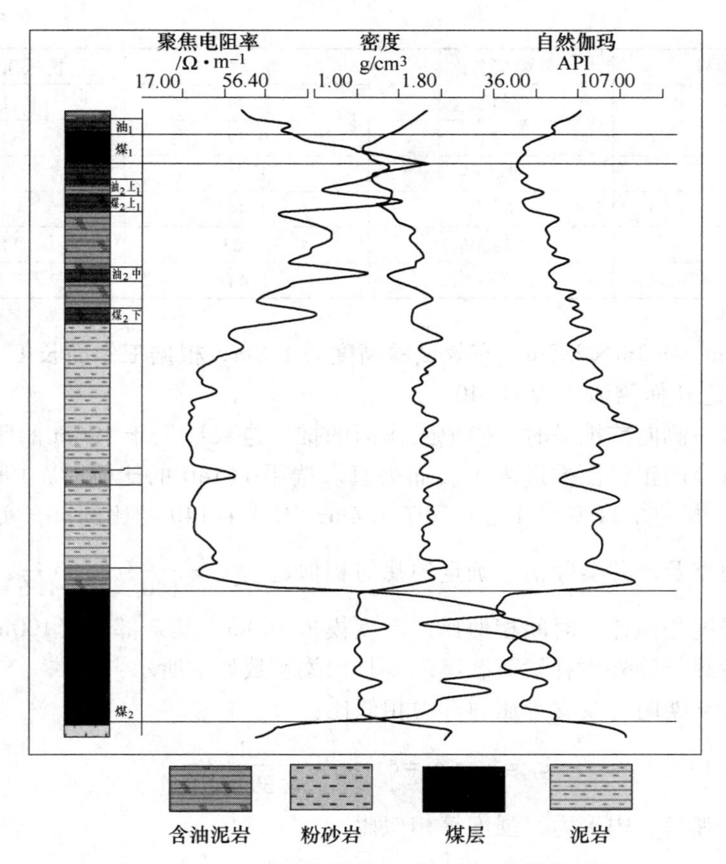

图4-1 北皂煤矿海域扩大区BH7—钻孔柱状图

表4-1 煤层及其覆岩岩石物理力学性质简表

岩层编号	岩层名称	厚度/m	抗压强度/MPa
r17	海水	12.33	
r16	第四系	67.7	17
r15	泥岩互层	17.5	17
r14	泥岩4	2.56	17
r13	钙质泥岩	43.31	30
r12	煤上$_3$ 油上$_3$	4.53	17
r11	钙质泥岩	23.4	30
r10	泥灰岩	9.7	30
r9	煤上$_2$	9.85	5
r8	互层	6.77	25
r7	煤上$_1$	8.37	30
r6	泥灰岩	20.6	30

续表 4 - 1

岩层编号	岩层名称	厚度/m	抗压强度/MPa
r5	含油泥岩	12.56	11.9
r4	煤$_1$	0.89	30
r3	油$_2$ 上$_2$	1.81	30
r2	油$_2$ 上$_1$	1.44	30
r1	含油泥岩	17.83	11.9
m	煤$_2$	5.44	5

宽×高为 3m×0.3m×2.8m，有效试验高度为 1.8m，根据工作面长度 196m 及埋深 260m 确定几何相似比为 1∶140。

从模型一侧向前推进时，模拟工作面的推进进尺应大于 196m 的距离，否则实验结果将会因工作面推进度不实而失真。选用 1∶140 的比例时，196m 在模型上为 1.4m，推进的模型尺寸必须大于 1.4m，因此 1∶140 的比例符合实验要求。

根据模型及矿井实际情况确定的几何相似比为 $c_l=\frac{1}{140}$、$c_\gamma=\frac{1}{1.6}$，确定容重相似比、强度相似比、时间相似比，高度模拟 160m，其余部分（100m）采用荷载铁块、荷载袋等外力补偿荷载实现，其相关参数如下所示：

荷载、支架阻力及支承压力等力相似比：

$$c_F=c_N=c_f=c_r\cdot c_l^3=\frac{1}{4.39\times10^6}$$

应力、弹模、内聚力、强度等相似比：

$$c_\sigma=c_\tau=c_c=c_E=c_{[\sigma]}=c_r\cdot c_l=\frac{1}{2.24\times10^2}$$

时间相似比：

$$c_t=\sqrt{c_l}=\frac{1}{11.83}$$

北皂煤矿海域扩大区 2303 工作面开采相似材料模拟试验的相似比确定如表 4 - 2 所示。

表 4 - 2 北皂煤矿海域扩大区 2303 工作面开采相似材料模拟试验的相似比

相似比	c_l	c_γ	c_F	c_N	c_f	c_σ	c_τ	c_c	c_E	$c_{[\sigma]}$	c_t
值	$\frac{1}{140}$	$\frac{1}{1.6}$	$\frac{1}{4.39\times10^6}$	$\frac{1}{4.39\times10^6}$	$\frac{1}{4.39\times10^6}$	$\frac{1}{2.24\times10^2}$	$\frac{1}{2.24\times10^2}$	$\frac{1}{2.24\times10^2}$	$\frac{1}{2.24\times10^2}$	$\frac{1}{2.24\times10^2}$	$\frac{1}{11.83}$

（3）相似材料的选取。为了保证模型与原型的相似，相似材料必须达到以下的要求：

1）模型与原型相应材料的物理、力学性能相似；

2）相似材料的力学指标稳定，不因大气温度、湿度变化的影响而改变力学性能；

3）相似材料配合比改变后，其力学指标有大幅度变化，以便于模拟不同的原型材料；

4）模型方便、凝固时间短、成本低、来源丰富，最好能重复使用；

5）便于设置量测传感器，在制作过程中没有损伤工人健康的粉尘及毒性等。

相似材料是用石英细砂为骨料，石灰和石膏为胶凝材料，用重晶石粉作为容重调节剂，云母作为节理裂隙。

（4）相似材料模拟试验试块强度的确定。相似材料的内摩擦角 φ 完全取决于细砂、水泥和石膏，胶质料对其不起作用，可通过单独改变胶凝材料和细砂的密度，独立控制凝聚力和 φ 值。

本次模拟实验在选取相似材料时，选用石英砂和云母作为制作模型的骨料，以石灰和石膏作为胶结材料，选择硼砂作为缓凝剂。相似材料配比是按不同的材料组分组合起来的，以使其达到模拟某种岩体的目的。本文所做的相似材料模拟实验系统地对材料配比做了实验与研究，共做试件162块，通过整理分析得到了不同配比要求。

在强度试验时，采用WE－2建材试验机加载，加载速率为2mm/s测定试块的单项抗压强度。试件规格为：8cm×4cm×4cm的长柱体试件，考虑到试验时的离散性和偶然性，每组试件做3块，按不同配比计算各种材料所需量，把所需材料按比例配好，搅拌均匀，用量筒或量杯加入所需水量，迅速搅匀。每块分量均匀铺入试模内压缩至所需容重体积，然后放到平整木板上，自然养护风干后脱模即成试件。试验取平均值结果见表4－3所示，其表中配比号的意义，第一位数字表示砂胶比，第二、三四位数字表示在一份胶结物中，石灰、石膏、云母粉的比例。如配比号3:40 40 20，表示砂胶比为3:1，在1份胶结物中，石灰:石膏:云母为0.40:0.40:0.20；加水量为混合物的1/9；试件干燥至含水率的8%。

表4－3 相似材料配比

总配比	配比号	砂/kg	石灰/kg	石膏/kg	云母/kg	水/kg	抗压强度/kPa
3:1	3:40 40 20	1.125	0.150	0.150	0.075	0.231	150.00
	50 30 20	1.125	0.188	0.113	0.075	0.231	114.13
	70 20 10	1.125	0.263	0.075	0.038	0.231	64.65
3:2	3:40 40 20	0.900	0.240	0.240	0.120	0.250	569.38
	50 30 20	0.900	0.300	0.180	0.120	0.250	311.67
	70 20 10	0.900	0.420	0.120	0.060	0.250	97.60

续表 4－3

总配比	配比号	砂/kg	石灰/kg	石膏/kg	云母/kg	水/kg	抗压强度/kPa
3:3	3:40 40 20	0.750	0.300	0.300	0.150	0.250	624.00
	50 30 20	0.750	0.375	0.225	0.150	0.250	288.44
	70 20 10	0.750	0.525	0.150	0.075	0.250	194.38
4:1	4:40 40 20	1.200	0.120	0.120	0.060	0.214	80.52
	50 30 20	1.200	0.150	0.090	0.060	0.214	50.73
	70 20 10	1.200	0.210	0.060	0.030	0.214	48.13
4:2	4:40 40 20	1.000	0.200	0.200	0.100	0.250	355.73
	50 30 20	1.000	0.250	0.150	0.100	0.250	287.81
	70 20 10	1.000	0.350	0.100	0.050	0.250	247.79
4:3	4:40 40 20	0.857	0.257	0.257	0.129	0.250	387.81
	50 30 20	0.857	0.321	0.193	0.129	0.250	228.65
	70 20 10	0.857	0.450	0.129	0.064	0.250	150.94
5:1	5:40 40 20	1.250	0.100	0.100	0.050	0.200	44.17
	50 30 20	1.250	0.125	0.075	0.050	0.200	41.04
	70 20 10	1.250	0.175	0.050	0.025	0.200	35.10
5:2	5:40 40 20	1.071	0.171	0.171	0.086	0.231	137.92
	50 30 20	1.071	0.214	0.129	0.086	0.231	129.68
	70 20 10	1.071	0.300	0.086	0.043	0.231	109.90
5:3	5:40 40 20	0.938	0.225	0.225	0.113	0.250	304.96
	50 30 20	0.938	0.281	0.169	0.113	0.250	157.60
	70 20 10	0.938	0.394	0.113	0.056	0.250	132.19
6:1	6:40 40 20	1.286	0.086	0.086	0.043	0.188	40.63
	50 30 20	1.286	0.107	0.064	0.043	0.188	38.54
	70 20 10	1.286	0.150	0.043	0.021	0.188	34.75
6:2	6:40 40 20	1.125	0.150	0.150	0.075	0.231	111.98
	50 30 20	1.125	0.188	0.113	0.075	0.231	91.56
	70 20 10	1.125	0.263	0.075	0.038	0.231	66.04
6:3	6:40 40 20	1.000	0.200	0.200	0.100	0.250	264.85
	50 30 20	1.000	0.250	0.150	0.100	0.250	150.52
	70 20 10	1.000	0.350	0.100	0.050	0.250	124.85
7:1	7:40 40 20	1.313	0.075	0.075	0.038	0.176	34.17
	50 30 20	1.313	0.094	0.056	0.038	0.176	32.71
	70 20 10	1.313	0.131	0.038	0.019	0.176	31.88

续表 4-3

总配比	配比号	砂/kg	石灰/kg	石膏/kg	云母/kg	水/kg	抗压强度/kPa
7:2	7:40 40 20	1.167	0.133	0.133	0.067	0.231	94.38
	50 30 20	1.167	0.167	0.100	0.067	0.231	68.23
	70 20 10	1.167	0.233	0.067	0.033	0.231	61.88
7:3	7:40 40 20	1.050	0.180	0.180	0.090	0.231	252.60
	50 30 20	1.050	0.225	0.135	0.090	0.231	114.23
	70 20 10	1.050	0.315	0.090	0.045	0.231	89.69
8:1	8:40 40 20	1.333	0.067	0.067	0.033	0.167	27.08
	50 30 20	1.333	0.083	0.050	0.033	0.167	24.06
	70 20 10	1.333	0.117	0.033	0.017	0.167	21.25
8:2	8:40 40 20	1.200	0.120	0.120	0.060	0.214	75.31
	50 30 20	1.200	0.150	0.090	0.060	0.214	52.08
	70 20 10	1.200	0.210	0.060	0.030	0.214	44.44
8:3	8:40 40 20	1.091	0.164	0.164	0.082	0.231	174.96
	50 30 20	1.091	0.205	0.123	0.082	0.231	120.21
	70 20 10	1.091	0.286	0.082	0.041	0.231	86.15

（5）实验观测手段。本次模拟实验的观测方法，包括压力传感器连续监测法、摄影记录法、拉线观测法和经纬仪观测法。

4.3.2.2 实验模拟的建立

（1）实验材料及相似比。根据北皂矿 2303 工作面钻孔柱状图，结合实验台长×宽×高=3m×0.3m×1.8m，二维相似模型设计长 3m、宽 0.3m、高 1.6m。模拟的煤层厚度 4.7m，分多阶段开采，每次采出 1cm 相当于实际开采 1.4m，采煤方法为走向长壁垮落式。

本实验根据给定的岩石力学参数选取的配比及相似材料用料，如表 4-4、表 4-5 所示，层理及节理由铺设云母解决。

（2）模型铺设。

1）在模型一侧安装好钢板，并做好岩层分层标记。在模型另一侧将钢板安装到一定高度，准备进行铺料建模；

2）称好所需材料，按照配比倒入搅拌机中搅拌均匀，然后倒入模型中，沿做好的标记铺平，并捣实压平；

3）在每层岩层间撒云母粉以示分层，然后压平，再铺下一层，直到所需高度；

4）在铺设过程中将准备好的压力传感器按设计位置布置在煤层中。

表 4-4 北皂煤矿海域扩大区 2303 工作面开采原型及相似材料模型参数表

标号	岩层	真实厚度/m	模拟厚度/cm	累厚/cm	岩层的真实强度/MPa	模拟岩层强度/kPa	原型容重 g/cm³	模型容重 g/cm³
r17	海水	12.33	12.33	265.15				
r16	第四系	67.7	67.7	252.82	17	106.25	2.4	1.5
r15	泥岩互层	17.5	17.5	185.12	17	106.25	2.4	1.5
r14	泥岩$_4$	2.56	2.56	167.62	17	106.25	2.4	1.5
r13	钙质泥岩	43.31	43.31	165.06	30	187.5	2.4	1.5
r12	煤上$_3$ 油上$_3$	4.53	4.53	121.75	17	106.25	2.4	1.5
r11	钙质泥岩	23.4	23.4	117.22	30	187.5	2.4	1.5
r10	泥灰岩	9.7	9.7	93.82	30	187.5	2.4	1.5
r9	煤上$_2$	9.85	9.85	84.12	5	31.25	2.4	1.5
r8	互层	6.77	6.77	74.27	25	156.25	2.4	1.5
r7	煤上$_1$	8.37	8.37	67.5	30	187.5	2.4	1.5
r6	泥灰岩	20.6	20.6	59.13	30	187.5	2.4	1.5
r5	含油泥岩	12.56	12.56	38.53	11.9	74.37	2.09	1.31
r4	煤$_1$	0.89	0.89	25.97	30	187.5	2.2	1.38
r3	油$_2$ 上$_2$	1.81	1.81	25.08	30	187.5	2.17	1.36
r2	油$_2$ 上$_1$	1.44	1.44	23.27	30	187.5	2.47	1.54
r1	含油泥岩	17.83	17.83	21.83	11.9	74.37	2.16	1.35
m	煤$_2$	4.7	4.7		5	31.25	1.6	1

（3）模型压力换算。模型实际铺层厚度为 160m，按 260m 深度计算，未铺设岩层的地应力为：

$$q = 2.4 \times 9.8 \times 100/1000 = 2.35\text{MPa}$$

换算为模型压力（未模拟岩层的相似压力）为：

$$q_m = q/(1.5 \times 100) = 0.015\text{kPa}$$

可知模型上方需要施加的压力（实际加载压力）为：

$$Q_m = q_m \times 0.3 \times 3 = 0.14\text{kN}$$

（4）断层铺设。在距工作面开切眼 75m，距底板 84m 布置正断层，断层落差为 20m，如图 4-2 所示。

表 4 – 5 北皂矿海域扩大区 2303 工作面开采相似模拟试验材料用量计算表

标号	岩层	真实厚度/m	模拟厚度/cm	累计厚度/cm	配比号	对应加量/kg	总用量干重/kg	砂子/kg	石灰/kg	石膏/kg	云母/kg	水/kg	备注
r17	海水	12.33	12.33	265.15									每一层厚度超过 2cm 时，均分多次铺平
r16	第四系	67.7	67.7	252.82	7:3:2	1/9	913.95	799.71	57.12	34.27	22.85	88.86	
r15	泥岩互层	17.5	17.5	185.12	7:3:2	1/9	236.25	206.72	14.77	8.86	5.91	22.97	
r14	泥岩$_4$	2.56	2.56	167.62	7:3:2	1/9	34.56	30.24	1.73	1.73	0.86	3.36	
r13	钙质泥岩	43.31	43.31	165.06	8:2:1	1/9	584.69	519.72	25.99	25.99	12.99	57.75	
r12	煤上$_3$ 油上$_3$	4.53	4.53	121.75	7:3:2	1/9	61.16	53.51	3.82	2.29	1.53	5.95	
r11	钙质泥岩	23.4	23.4	117.22	8:3:1	1/9	315.90	280.80	14.04	14.04	7.02	31.20	
r10	泥灰岩	9.7	9.7	93.82	8:3:1	1/9	130.95	116.40	5.82	5.82	2.91	12.93	
r9	煤上$_2$	9.85	9.85	84.12	7:1:2	1/9	132.98	116.35	8.31	4.99	3.32	12.93	
r8	互层	6.77	6.77	74.27	8:3:2	1/9	91.40	81.24	5.08	3.05	2.03	9.03	
r7	煤上$_1$	8.37	8.37	67.5	8:3:1	1/9	113.00	100.44	5.02	5.02	2.51	11.16	
r6	泥灰岩	20.6	20.6	59.13	8:3:1	1/9	278.10	247.20	12.36	12.36	6.18	27.47	
r5	含油泥岩	12.56	12.56	38.53	8:2:1	1/9	148.08	131.63	6.58	6.58	3.29	14.63	
r4	煤$_1$	0.89	0.89	25.97	8:3:1	1/9	11.05	9.83	0.49	0.49	0.25	1.09	
r3	油$_2$ 上$_2$	1.81	1.81	25.08	8:3:1	1/9	22.15	19.69	0.98	0.98	0.49	2.19	
r2	油$_2$ 上$_1$	1.44	1.44	23.27	8:3:1	1/9	19.96	17.74	0.89	0.89	0.44	1.97	
r1	含油泥岩	17.83	17.83	21.83	8:2:1	1/9	216.63	192.56	9.63	9.63	4.81	21.40	
	煤$_2$	4.7	4.7		7:1:2	1/9	48.60	42.53	3.04	1.82	1.22	4.71	
合计							3346.81	2955.28	174.88	138.34	78.29	328.38	

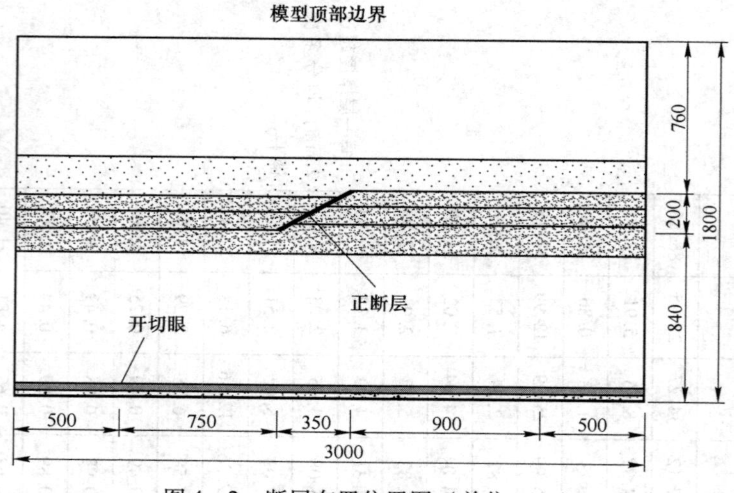

图4-2 断层布置位置图（单位：cm）

4.3.2.3 开采设计方案及测点布置

（1）开采设计方案（见图4-3）。模型自距离边界0.5m处开始布置工作面，实际1d（24h），模型时间相似比为：1/11.83，可得模型的1d为：$t_m=24/11.83=2.02$h。

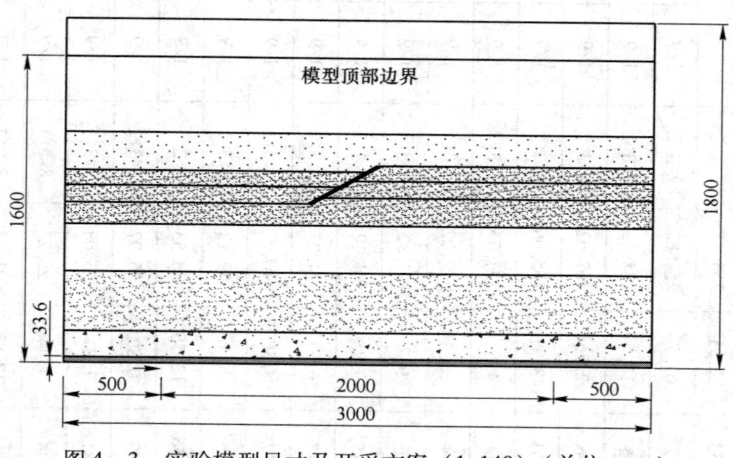

图4-3 实验模型尺寸及开采方案（1∶140）（单位：cm）

（2）压力测点布置。共布置5条水平测线，测线间距为200mm，测线距离。底板距离分别为0cm、10cm、24.83cm、42.53cm、60cm（可以根据铺设的岩层重新确定传感器位置）。应力测点编号如图4-4所示，合计应力测点70个。

（3）位移测点布置。为了更加精确地测量开采过程中上覆岩层的运移情况，在模型的正面不同层位布设了位移基点，用电子经纬仪来观测其随开采过程的变

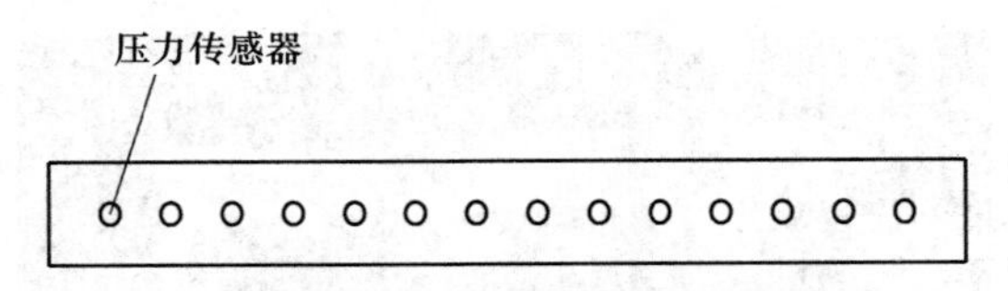

图4-4 应力测点位置俯视图（单位：cm）

化情况。位移基点沿煤层上方共布设了8层，每层均匀布置，间距100mm，计14个基点，8层计112个，如图4-5所示。

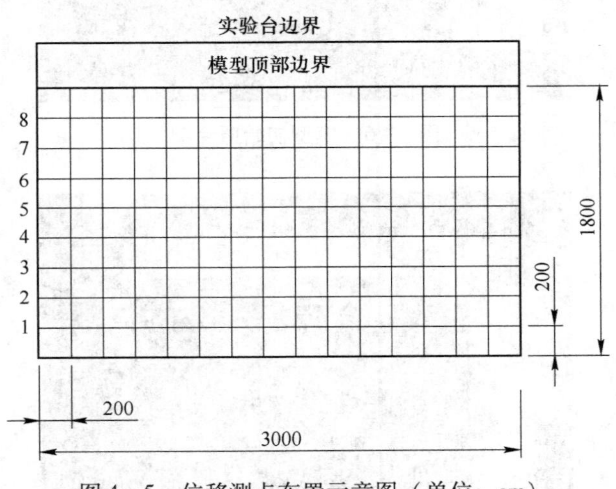

图4-5 位移测点布置示意图（单位：cm）

4.4 海下开采覆岩运动规律

本次实验上覆岩层运动通过压力传感器连接YE2539静态数据采集系统采集相应实验数据进行处理，导入EXCEL形成数据库文件。整个实验数据较好地反映了煤层开采引起的覆岩与地表移动变形规律，具体分析如下。

（1）试验过程及分析。模型自2011年4月18日开始，每天推进4cm，相当于实际每天推进5.6m。模型两端分别保留了50m煤柱，以消除边界条件的影响，模型的初始照片和推进10cm的照片如图4-6和图4-7所示。

随着煤层的开挖，当开挖过开切眼后，9m的含油页岩分层随采随冒并逐渐向上扩展，当工作面推进到30cm（33.6m）时，状态如图4-8所示，直接顶垮落完毕，8.87m厚的含油页岩作为老顶开始出现离层，状态如图4-9所示。当工作面推进到40cm（42m）时，老顶来压，老顶裂断形态如图4-10所示。当工作面推进到60cm（84m）时，老顶来压，裂断形态如图4-11所示。工作面推进到80cm（112m）时，老顶裂断高度继续向上发展，其高度为30cm（42m），如图4-12所示。当工作面推进到190m时，裂断高度为42cm（56m），状态如图4-13所示。

图 4－6 模型初始照片图

图 4－7 工作面推进 10cm 状态图

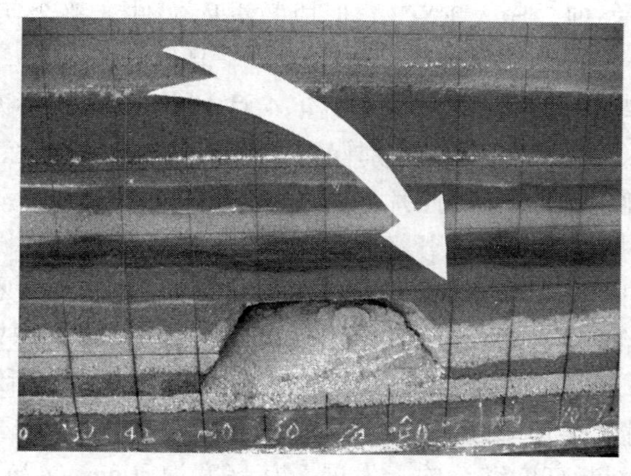

图 4－8 工作面推进 30cm 时直接顶垮落完毕图

图4－9 工作面推进30cm时直接顶上出现离层

图4－10 工作面推进40cm时老顶裂断状态图

图4－11 工作面推进60cm时老顶裂断状态图

图4－12 工作面推进到80cm时老顶裂断状态图

图4－13 推进到190cm时老顶裂断状态图

（2）采动覆岩破坏规律分析。直接顶的破坏随采场的推进处于不断地变化过程中。对于硬岩在一般情况下，直接顶中直接赋存于煤层之上的岩层在整个开采过程中随工作面的推进，一直呈不规则冒落，即冒落后散乱的堆积在采空区中，并逐渐被压实。直接顶的其他部分，基本上呈规则垮落，即垮落后能保持原来的层序不变。但是直接顶的厚度和组成随工作面推进速度和工作面地质条件的变化，其厚度和组成也是不断变化的。特别当老顶下位岩层是非厚硬岩层时，直接顶和老顶可以相互转化。

从二维相似材料模拟实验和压力应变曲线可以看到，随着工作面的推进，工作面煤层顶板岩层，经历了采动集中应力作用；当煤层采出后，直接顶的垮落与传统的硬岩有明显的区别，其并不是逐层垮落，而是在采动影响下产生缓慢下沉，直至触矸，但采动覆岩中岩组之间的下沉秩序仍然是自下而上的。本试验中直接顶初次垮落步距为15～30m。

（3）老顶的破坏规律。采场的上覆岩层的运动破坏呈现与硬岩也有明显的不同，对于硬岩在一般情况下，上覆岩层并不是简单的一层一层由下而上运动，而是形成一个个组合结构有规律的运动，也可以认为覆岩就像一系列薄厚不均匀的岩板有序叠合；通常离层现象均出现在较坚硬岩层或几个连续岩层组合起来的较硬岩层组合的下方，这说明硬岩层或者组合起来的岩层在岩层移动过程中起着主导作用。把上述这种岩层组合结构的运动机制抽象成在开采扰动下发生的多组合结构的弯曲组合，由于在组合结构中岩层挠度一般不同，故在组合结构中及组合结构间不可避免要产生离层。

该实验从二维相似模拟实验和压力应变曲线可以看出，随工作面推进，离层裂隙范围增大、高度增加，并在采动应力影响下，裂隙迅速愈合。由于裂断拱内岩梁沉降和愈合的速度快，在增加推进速度的条件下，开采上限与硬岩覆盖条件相比，可以较大幅度地提高。

随工作面推进离层裂隙范围、高度增加，其与工作面之间近于线性关系，离层发展的高度就会在某高度时趋于稳定，不再向上发展。这是因为由于岩石本身的碎涨作用，当发展到一定高度时上覆岩层已没有碎涨空间，因此离层裂隙不再增加。在工作面推进过程中，若岩性较软，离层裂缝发育高度大；若岩性较硬，离层发育高度较小。

从图4－6～图4－13覆岩老顶（导水裂隙带）岩层破坏特征图看出，硬岩导水裂隙带岩层的破坏主要是沿层面的离层或开裂，以及垂直或斜交于层面的开裂或断裂；而软岩尽管仍有上述硬岩的特征，但因为其愈合速度较快，从图像上可以看到软岩的上覆裂断岩层类似整体下沉，并在一定高度产生明显裂断拱。

由以上分析，我们可以知道软岩在采动过程中产生裂隙和离层与硬岩有明显的区别，工作面推进过程中，其离层量、离层最大值位置和离层愈合时间是不断变化的。从本试验中，可以得知老顶的初次来压为35m左右；老顶周期来压为10m左右。

（4）支撑压力分布规律。煤层采出后，在围岩应力重新分布的范围内，作用在煤层、岩层和矸石上的垂直压力称为“支撑压力”。通过三维相似材料模拟试验证明，从采场推进开始至需控岩层第一次来压结束期间的支撑压力及其显现的变化，可以划分为3个阶段，根据不同层位的监测数据可以得到图4－14～图4－16。

通过二维相似模拟得到的压力曲线及模型开采时状态分析，得到如下结论：

1）由应力曲线图可以看出，在较大应力作用下，随回采工作面向前推进时，前方煤壁会出现较大范围塑性而失去承载能力，应力峰值同时向前方移动。

2）由应力曲线图可以看出，随工作面的向前推进，采空区逐渐增大，原来由采空区煤体承担的那部分上覆岩层的重量都由两侧煤壁来承担，采空区上方的

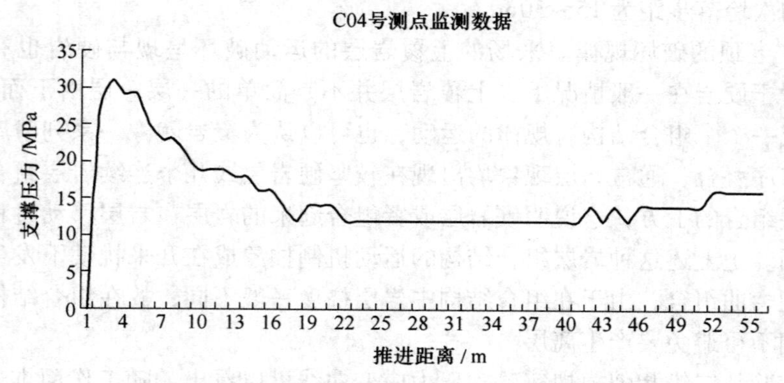

图 4－14 工作面推进距离与支撑压力曲线图

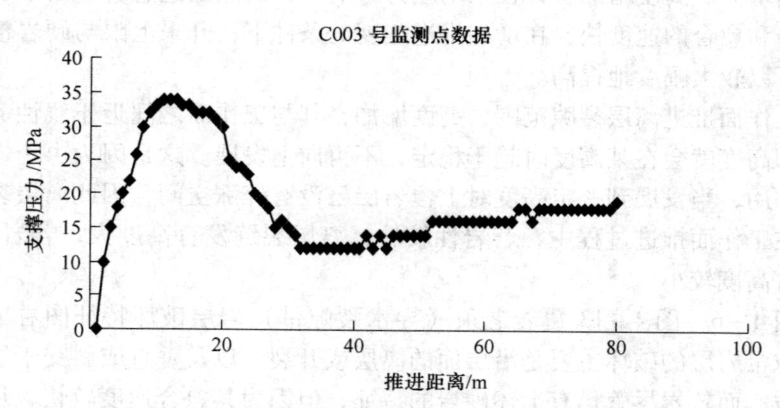

图 4－15 工作面推进距离与支撑压力曲线图

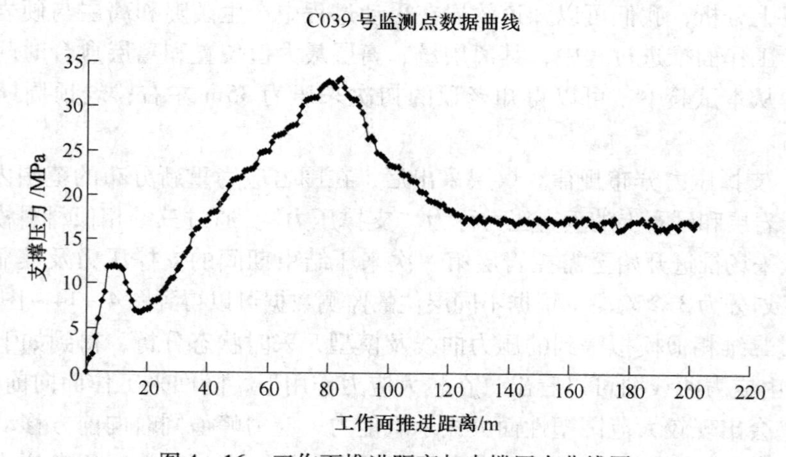

图 4－16 工作面推进距离与支撑压力曲线图

岩梁断裂增多，煤壁前方的煤层达到破坏，上覆岩层作用在煤（或岩）层上的支撑压力明显分为两个部分，支撑压力值和工作面距离的关系曲线开始出现两个波峰值。

3）重新分布的应力场，按分布的应力大小差异分为“低应力区”和“高应力区”。“低应力区”包括由裂断岩层重力直接作用的“内应力场”和塑性破坏区应力小于原始应力的一部分。“高应力区”包括弹塑性区中应力超过原始应力的部分，以及未受采动影响的“原始应力区”等三个部分。

4）由应力曲线图可知，工作面初次来压完成后，随工作面向前推进，由于煤层开挖空间变大而引起采区外煤柱支撑的上覆岩体重量逐渐增加，从而引起煤柱上方的支撑压力集中值逐渐增大，支撑压力集中系数逐渐增大；由于支撑压力集中值增大使集中点附近的煤体和岩层进入塑性状态，其承载能力降低，而使支撑压力集中点位置后移，即支撑压力的集中点距工作面的距离逐渐增大。

5）工作面初次来压完成后，随工作面向前推进，由于开挖空间的增大，工作面推进单位距离引起的支撑压力集中值的增大量逐渐变小，其变化趋势曲线趋于平缓。

6）由应力曲线图可以看出，随着回采工作面向前推进的过程中，前方煤壁的垂直应力会逐步增加，当工作面推进至相当于既定工作面长度时达最大值；受采动影响，内应力场范围为8m左右，应力高峰距煤壁80m左右，前方煤壁应力挠动范围在200m左右。

（5）煤层开采上覆岩层随时间的沉降变化：

1）模型深部测点观6号测线下沉分析。该测线位于采区中央正上方，最上方A号点为地表，最下方H号点距煤层顶板13m，图4－17给出了该测线各点下沉与工作面推进距离及开采时间的关系曲线。

从图中可以看出，当工作面推至测线之前，各测点反映出微小的下沉量，其值由两部分组成，一是模型材料的残余干缩量，二是由采动引起的下沉量。当工作面推过测线位置后，覆岩立即产生剧烈的移动与破坏，这种破坏程度由下向上逐渐减轻。随着工作面的推进，F、G、H号点随老顶呈断裂性破坏而下沉，并在G、H号点间出现明显的下沉差，即产生了离层。继而在下位岩层中的离层逐渐减小或被压实，并转向上位岩层中，如F号点间产生的离层值最大，此时工作面已推过测线70m。从图中曲线看，这一离层位置存在时间相对持久；再往上的A、B、C、D号测点间基本没有明显离层现象，说明在该开采条件下，离层发展最大高度为60m左右。

另外可以看出，在互层厚度较均匀条件下，也未必在每一层面都产生离层，可能以层簇形式呈现同步下沉状态，如B、C号点和D、E号点间的岩层就表现出了同步运动过程。

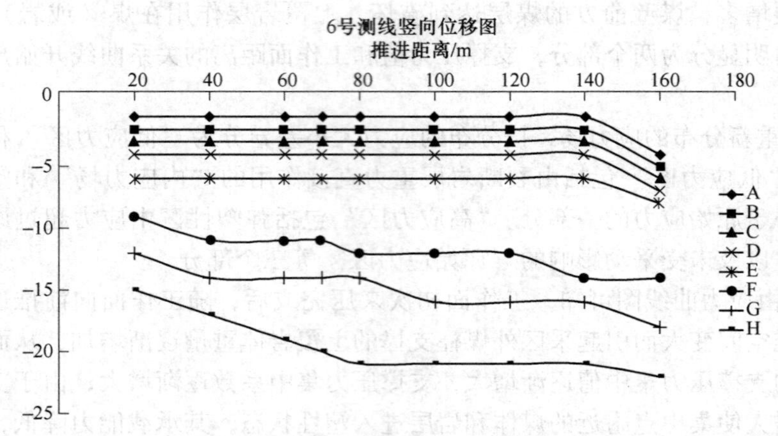

图 4－17　6 号竖向观测线下沉综合曲线图

各测点的下沉曲线形态表明，离层发展不仅是由下向上逐渐发展，而且最大值位置也随高度的增加而在水平方向上远离开切眼，整体分布范围位于采空区正上方。

根据观测数据及下沉综合曲线图可以看出，在工作面上方 75m 处的断层，其下沉值较小，而且整体缓慢下沉，对采动基本没有较大的影响。

2） 地表与岩层内部走向观测线观测结果分析。

地表下沉规律表明，当采空区双向尺寸达到采深的 1.2 倍时，地表最大下沉值可达到煤层采出厚度的 80% ~90%，覆岩中的离层及裂隙均被压实。然而在单一工作面开采条件下，就我国目前开采技术分析，工作面长度一般不会超过 H，此时即使工作面推进距远超过开采深度，也只是单向充分采动状态。在这种情况下，地表下沉量达不到该地质采矿条件下的最大值，开采厚度不能以下沉值的形式完全传至地表，而是大量存在于覆岩之中。

图 4－18 为地表与岩层内部沿层面方向观测线的最终下沉曲线，可以看出，

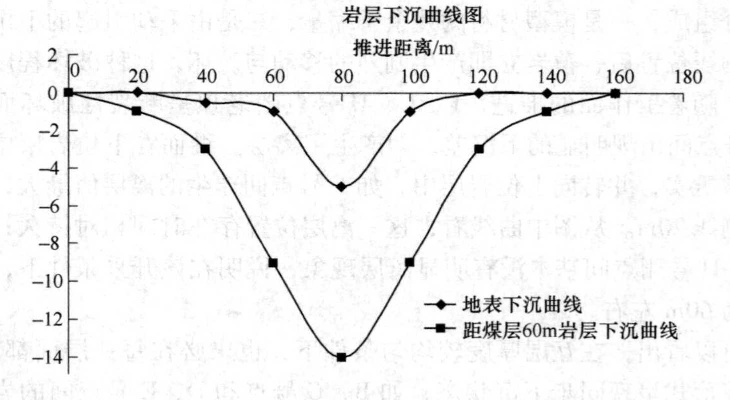

图 4－18　模型 $D=60$m 时岩层与地表下沉曲线（距煤层距离）

地表最大模拟下沉值为5mm，实际下沉值为0.5m，为占煤层采出厚度（4.7m）的12.5%，而距煤层60m处岩层的最大模拟下沉值为15mm，实际下沉值1.5m，占煤层采出厚度的37.5%。这说明，有62.5%的煤层采出厚度以离层、断裂、裂隙及垮落等形式存于煤层上方。同时根据观测数据及地表下沉曲线图，可以说明开采空间的传播结果主要包含两部分：第一部分是地表的沉陷；第二部分是离层、断裂和垮落所形成的岩体内部的残留空间。

5 海域下煤层合理开采上限数值模拟分析

当煤层被采动，将引起其周围岩层的应力变化，围岩的原始状态遭到破坏，采场围岩直至地表产生移动和变形，形成垮落带、裂隙带和沉降移动带。进行大型水体下开采，首先要正确地确定出因工作面开采参与的运动岩层范围和直接关联的应力场范围以及开采工作面覆岩运动破坏的范围。

龙口北皂海域扩大区开采的煤$_2$为典型的三软煤层，鉴于所采煤层和覆岩（顶底板）强度低，海域开采深度较大，加之覆盖海水将在开采覆岩沉陷过程中入浸沉陷盆地的“随动加载作用”。海域“三软煤层”开采覆岩运动和矿山压力显现特征、有效控制决策出发点及实施的关键都与一般开采条件采场有重大的差异。主要表现在覆岩运动由下而上跟进迅速，发展很快。采场支架承载煤壁压缩、底板鼓起等“压力显现”强度高，工作面正常推进情况下，随采场推进和岩梁的周期性裂断显现的来压强度差异不明显，而当工作面处于停滞状况（特别是处于下位岩梁裂断来压位置）时，压力显现强度随时间延续强化，即是“蠕变特征”突出。因此，需要通过海域下开采工作面的预测实验研究和实测检验，揭示海下三软煤层采用放顶煤开采条件下的覆岩运动和支撑压力分布规律，充分运用现代计算机信息技术手段，达到超前预测、控制减少事故的目的，为实现北皂矿海域下安全高效开采目标奠定基础。

5.1 岩层力学性质和渗透性实验研究

5.1.1 试验原理

本次伺服试验，也就是全应力－应变过程渗透性试验采用有渗透装置的岩石力学电液伺服系统（美国 MTS 公司生产的 815－02 型）进行。该试验系统配备轴压、围岩和孔隙水压等 3 套独立的闭环伺服控制系统，具有单轴压缩试验、假三轴试验、单轴拉伸试验功能。该试验通过瞬态渗透法在试件两端形成渗透水压差 Δp_w，引起水体通过试件渗流。在施加每一级轴向压力过程中，测试其轴向应变和渗透性，进而计算出试样在全应力－应变状态下的渗透率。只要测出试样破坏前后各点的渗透率，就可以得到岩样在全应力－应变过程的渗透率变化曲线。试验全过程由计算机控制，包括数据采集和处理。在渗流过程中，Δp_w 不断减小，其减小的速率与岩样种类、结构、试件长度、试件截面尺寸、流体密度与黏度以及应力状态和应力水平等因素有关。岩样渗透率 k 公式为：

$$k = \frac{1}{A}\sum_{i=1}^{A} m\log\left[\frac{\Delta p_{w}(i-1)}{\Delta p_{w}(i)}\right]$$

式中，A 为数据采集行数；m 为试验参数，值为 526×10^{-6}；Δp_w（$i-1$）和 Δp_w（i）分别为第 $i-1$ 行和第 i 行的渗透压差值。

5.1.2 试验条件

本次试验条件主要考虑取样深度及岩性，综合确定如下：

（1）围压：取样深度 100m 以浅为 1.0MPa；取样深度 100～200m 为 1.5MPa；200m 以深为 2.0MPa；

（2）渗透压差：1.5MPa；

（3）孔隙压力：1.8MPa；

（4）应变幅度控制：根据试验过程确定，以试样形成明显渗透峰值为基本要求，并尽量控制岩样在应力－应变过程的渗透性特征；

（5）测点：试样的测点大都控制在 10～12 个左右，其中以控制破坏前渗透性特征为重点，多数岩样基本保证了渗透峰值后测取 3 个以上的渗透率值。

为使测点设置合理，所有试样均进行了单轴抗压强度标定，主要测取试样的破坏应变，以作为测点设置的依据。

5.1.3 试验结果分析

5.1.3.1 岩性结构特征

本次接收的北皂海域 BH6、BH8、BH9 及 BH10 孔的岩样不同岩性的结构表现有较大差异，总体上含钙泥岩、钙质泥岩、泥灰岩以块状结构为主，岩样完整；而含油泥岩和泥岩（多为炭质泥岩）则水平层理发育，比较松软，部分岩样因顺层理碎裂而无法制样。

从岩样自然状态浸水的水稳情况看，以钙质泥岩水稳性最好，浸水 24h 后仍保持较好的完整状态，但出现掉渣并明显软化；以炭质泥岩的水稳性最差，浸水 3min 后即开始发生碎解，浸水 24h 后基本处于泥化状态。其他含钙泥岩、含油泥岩等岩样浸水 24h 后发生不同程度崩解和碎裂。

5.1.3.2 岩样力学性质

根据单轴压缩试验结果，BH6、BH8、BH9 及 BH10 等 4 孔岩样中，以钙质泥岩、含钙泥岩及泥灰岩的抗压强度相对较高，大都在 10MPa 以上，而含油泥岩和炭质泥岩、粉砂质泥岩等相对较低，普遍低于 10MPa，其中多数在 7MPa 以下。10 个钙质泥岩、含钙泥岩分层试样单轴抗压强度在 8.5～17.9MPa 范围，平均为 14.41MPa；5 个分层泥灰岩试样单轴抗压强度在 9.8～16.4MPa 范围，平均 12.84MPa；6 个含油泥岩分层试样单轴抗压强度在 4.7～9.6MPa 范围，平均

6.72MPa；16个炭质泥岩、粉砂质泥岩、泥岩的分层试样单轴抗压强度在3.2～10.2MPa范围，平均6.26MPa。从测试情况看，结构面发育对含油泥岩和炭质泥岩的抗压强度影响较大。

从伺服渗透试验测试的结果看，三向受力状态下各类岩性试样的峰值强度的差异与单轴压缩状态大致表现有相似的特点。钙质泥岩、含钙泥岩分层试样的峰值强度在9.6～18.6MPa范围，平均为14.41MPa；泥灰岩分层试样的峰值强度在9.4～15.3MPa范围，平均为13.3MPa；含油泥岩分层试样的峰值强度在6.2～10.7MPa范围，平均为8.0MPa；炭质泥岩、粉砂质泥岩、泥岩的分层试样的峰值强度在5.3～10.3MPa范围，平均为7.5MPa。

5.1.3.3 伺服渗透性特征

（1）伺服渗透曲线的几何特征。渗透率-应变关系曲线反映了岩样全应力-应变过程渗透性随变形变化的基本特点。本次接收的BH6、BH8、BH9及BH10等4孔岩样均为泥质岩类，从试样的渗透率-应变和应力-应变关系曲线看，渗透性随变形过程发生的变化在总体趋势上表现有一定的共性特征，但峰值渗透性出现的变形阶段及破坏变形大小两方面，不同岩性试样的试验结果显现较大差异。

总体上，在全应力-应变过程中，所有试样都经历有低应变渗透→导通性渗透→应变软化渗透等3个阶段。

1）低应变渗透。指试样在受力产生较小幅度变形过程所显现的渗透性，因此，低应变渗透主要发生于应变初始阶段，这个阶段试样内的渗流通道主要为孔隙或微裂隙。由于此阶段试样主要产生压密变形，即便局部剪裂，但渗流通路不畅，渗流阻力较大，因此岩样的渗透率较低，$k-\varepsilon$ 曲线相对稳定在低值段。这个阶段不同试样的渗透性大小差异主要与孔隙、微裂隙大小及其连通性的差别有关，与岩性差别关系不大。从渗透率-应变关系曲线的对比关系看，大多数试样的低应变渗透基本稳定到进入屈服变形阶段。

2）导通性渗透。指试样变形达到一定的幅度后，试样内的剪切裂隙已相互贯通，水沿裂隙的渗流阻力急剧降低，表明试样内集中渗流通道基本形成。形成低应变渗透过渡到导通渗透的标志是在 $k-\varepsilon$ 曲线上的渗透率，随变形的变化幅度急剧增大。从试验结果看，绝大多数试样是在达到峰值应力前即出现导通渗透，对应的试样变形多集中在屈服变形阶段，由于多数试样屈服变形直至破坏主要是体积扩容，裂隙空间随变形扩大，其渗透性也表现为随之增大。总体而论，泥质岩试样的低应变渗透转换到导通渗透所对应的应变，大致为岩性由弹塑性变形过渡为屈服破坏变形的转化点。

3）应变软化渗透。试样导通性渗透标示出其渗透性达到峰值阶段，反映出试样破碎的最大渗透强度。其后随着试样继续变形，破碎状态的试样不断被压密，渗透空隙空间也随之缩小，渗透性也相应多表现有随变形呈不同幅度的下降趋势。这一过程即为试样的应变软化渗透，反映的是试样破坏后的塑性流变阶段渗透性随变形的变化特点。从试验结果看，试样的岩性越软，应变软化阶段的渗透性较渗透峰值的差值就越大，表明试样破坏后继续变形过程其裂隙性随之降低。而强度相对较高的钙质泥岩（含钙泥岩）、泥灰岩，二者的差值相对较小，即破坏后的渗透率没有出现急剧降低的现象。

（2）临界抗渗强度与起始渗透率。

1）定义及物理意义。起始渗透率 k_m 和临界抗渗强度 σ_m 是描述岩样变形过程渗透率－应力关系的两个重要参数。岩样渗透性达到应力 σ_m 时发生突变反映出其内部结构出现了质的变化，剪切裂隙相互贯通，裂隙性渗流通道基本形成，岩样阻水能力发生质的变化，其物理意义可表述为导致岩样开始形成裂隙导通性渗流的临界压力及相应的渗流强度。

2）确定方法及测试结果。如图 5－1 所示，由 BH6－14－1 号岩样伺服渗透曲线，可确定出临界抗渗强度 σ_m 大约为 4.5 MPa，起始渗透率约为 12.5×10^{-6} k_m，对应的起始渗透应变幅度为 1.5%。

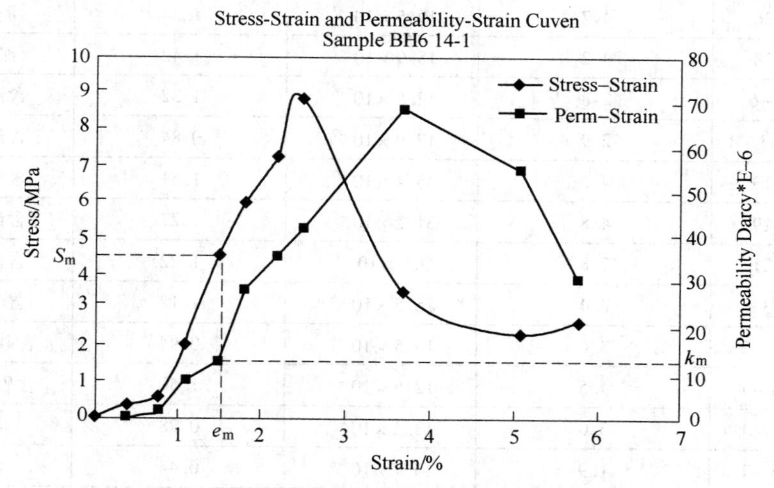

图 5－1　起始渗透率 k_m 和临界抗渗强度 σ_m 图

其他岩样的起始渗透率 k_m、临界抗渗强度 σ_m 及起始渗透应变 ε_m 均可按以上方法确定，结果见表 5－1。

（3）试验岩样的渗透性特征。伺服渗透试验是模拟一定水头压力和围压环境下岩石受力变形过程渗透性变化的试验。由于岩石渗透性不但与岩石内部渗透流通道的通畅程度有关，也受渗透压力、围压大小等多种因素的明显影响。因此，渗透试验结果不能作为确定试样渗透率绝对值大小的衡量依据，而可以通过应力－应变（$s-e$）曲线、应变－渗透率（$e-k$）曲线的对应关系，分析试样由

表 5-1 岩样抗渗透性参数统计表

试样编号	临界抗渗强度 σ_m/MPa	起始渗透率 k_m	起始渗透应变 ε_m/%	岩 性
BH6-17-1	4.3	15.6×10^{-7}	0.85	含钙泥岩
BH6-19-1	5.6	12.6×10^{-6}	0.78	含钙泥岩
BH8-s-1	3.6	7.1×10^{-6}	0.83	含钙泥岩
BH8-s-2	5.5	17.9×10^{-6}	0.82	含钙泥岩
BH9-12-1-1	6.2	9.3×10^{-6}	0.77	含钙泥岩
BH10-4	4.7	16.3×10^{-6}	1.28	含钙泥岩
BH10-27	3.5	11.6×10^{-6}	1.17	含钙泥岩
BH10-8	4.5	15.9×10^{-6}	1.23	钙质泥岩
BH10-10	3.7	20.8×10^{-6}	1.15	钙质泥岩
BH10-23	5.6	24.5×10^{-6}	1.35	钙质泥岩
BH8-s-3	3.2	14.3×10^{-6}	1.22	泥灰岩
BH8-s-4	7.4	10.4×10^{-6}	0.93	泥灰岩
BH10-22	5.5	6.6×10^{-7}	1.46	泥灰岩
BH10-26	4.7	19.5×10^{-7}	1.34	泥灰岩
BH10-28	4.2	15.9×10^{-7}	1.42	泥灰岩
BH8-s-6	2.8	12.5×10^{-6}	1.32	含油泥岩
BH9-20-1-1	2.9	17.9×10^{-7}	0.84	含油泥岩
BH10-13	4.2	45.4×10^{-7}	1.51	含油泥岩
BH10-19	4.8	31.2×10^{-7}	1.27	含油泥岩
BH10-21	2.8	9.7×10^{-7}	1.22	含油泥岩
BH10-33	3.4	16.5×10^{-6}	1.12	含油泥岩
BH6-13-2	3.6	19.5×10^{-6}	0.94	含砂质泥岩
BH6-14-1	4.5	12.5×10^{-6}	1.50	含砂质泥岩
BH6-15-1	3.0	13.2×10^{-6}	0.78	泥岩
BH6-16-1	1.9	15.7×10^{-6}	0.44	泥岩
BH6-21-1	4.0	12.3×10^{-6}	0.85	泥岩
BH6-23-1	1.8	11.7×10^{-6}	0.80	炭质泥岩
BH6-24-1	2.7	18.8×10^{-7}	0.87	泥岩
BH8-s-5	3.4	10.7×10^{-6}	1.10	泥岩
BH9-11-1-1	2.9	10.2×10^{-6}	3.02	粉砂质泥岩
BH9-16-1-1	4.2	19.6×10^{-7}	1.51	泥岩
BH9-19-1-1	3.7	17.5×10^{-6}	1.23	粉砂质泥岩
BH10-1	2.8	6.2×10^{-6}	1.20	泥岩

续表 5-1

试样编号	临界抗渗强度 σ_m/MPa	起始渗透率 k_m	起始渗透应变 ε_m/%	岩 性
BH10-3	2.7	17.5×10^{-6}	1.08	泥岩
BH0-5	1.1	13.8×10^{-7}	1.14	泥岩
BH10-29	2.8	29.2×10^{-6}	1.17	泥岩
BH10-31	3.8	23.3×10^{-7}	1.32	泥岩

完整→变形（初期压密变形、弹性变形、屈服变形）→破坏→软化压密的变形全过程的渗透性变化特点，由此大致确定岩层破坏前的阻渗能力和破坏后的导渗特点。

根据本批试样的伺服渗透试验结果，可以对其全应力-应变过程的渗透性特征做出如下分析判断：

1）本批试样全部为泥质岩类，试样一般经历较大变形才出现渗透突变，实测起始渗透对应的应变幅度在0.44%~3.02%，其中较多在1.0%~1.5%范围，而对于不同岩性试样之间的差异性不明显。

2）岩样在变形过程中出现明显渗透变化之前的渗透率（低应变渗透阶段的均值）相对稳定，且其均值与试样破坏后的渗透率（渗透峰值或导通性渗透阶段的均值）的差异幅度普遍在1个数量级以内。这种情况说明泥质岩破坏表现为剪裂特点，裂隙性以剪切裂隙为主，连通性相对较弱，水在其内的渗透阻力仍比较大，因此没有出现渗透率在量值上的急剧突变。

3）泥质岩试样峰后段渗透率总体上呈现下降趋势，但下降幅度与岩性有关。分析认为，这种情况说明，即便是裂隙带，反映出岩层破坏后的继续变形主要受到压密作用，开裂变形形成的裂隙性也会持续降低，其隔水能力将随之增强。

以上特点反映出，本次试验的岩样总体为良好的隔水层位，不但阻渗变形幅度较大，而且因其破坏变形主要以塑性剪裂为主，裂隙的连通性相对较弱，因此，即使遭受严重破坏，也不易形成贯通性的渗流通道，也就是说即便此类隔水层遭受整体破坏，也较难在短时间内形成贯入性的溃水通道。

5.2 覆岩破坏规律离散元模拟

5.2.1 离散元分析软件 UDEC 简述

UDEC（Universal Distinct Element Code）是由美国明尼苏达州 Itasca 咨询集团有限公司开发出的一款基于离散单元法的数值分析软件。目前该软件开发得相当成熟，功能强大，已经在岩土工程、采矿工程、地质工程领域得到广泛应用，被公认为对节理岩体进行数值模拟的一种行之有效的方法。

UDEC 是针对非连续介质开发的平面离散元程序在数学求解方式上采用了与

FLAC 一致的有限差分方法，力学上则增加了对接触面的非连续力学行为的模拟。因此，UDEC 被普遍用来研究非连续面（与地质结构面）占主导地位的工程问题。

UDEC 程序的功能与特征如下：

（1）显示求解方式，可以实现对物理非稳定问题的稳定求解；

（2）非连续介质材料被认为是多边形块体的集合体；

（3）界面为不连续面，被处理成这些块体的边界；

（4）非连续介质材料（如节理岩体）中沿离散界面的滑动和张开大位移等问题的数值模拟；

（5）块体沿不连续面的运动在法向和切向方向都服从线性和非线性力与位移间的关系；

（6）块体可以处理为刚体或变形体，或者是刚体与变形体的组合；

（7）多种内置变形体材料模型，如开挖模型（Null）/弹性模型（各向同性）、塑性模型（Drucker－prager 模型、Mohr－Coulomb 模型、应变硬化/软化模型、遍布节理模型和双曲线屈服模型）；

（8）多种内置非连续面模型，如库仑滑动模型（点接触式和面接触式，其中面接触包括库仑滑动和有残余强度的库仑滑动）、连续屈服模型、和 Barton－Bnadis 节理模型；

（9）热与热力学计算、节理面渗流与固液耦合计算、无限域问题计算、真时间历程动力计算并吸收模型边界的折射和反射波；

（10）结构加固单元模拟各种岩体加固措施并实现与周围介质（连续与非连续）的完全耦合；

（11）边坡稳定系数计算方便边坡设计需要，内置隧道生成器和节理生成器方便建立模型。

5.2.2 UDEC 节理模型

UDEC 中开发了 4 种节理本构模型用以表述不连续面，但对于大部分模型分析，最适宜的模型为库仑滑动模型（完全弹塑性），因为该节理模型具有下述几个特性，这些特性是实际情况下岩体节理的典型力学响应，故本文中仅将对该模型进行说明。

在法线方向，假定应力与位移关系为线性的，则其表达式如下：

$$\Delta\sigma_n = -k_n\Delta u_n \tag{5-1}$$

式中 $\Delta\sigma_n$——有效法向应力增量；

Δu_n——法向位移增量；

k_n——节理刚度。

在法线方向，节理具有抗拉强度 T。如果节理达到抗拉强度时，即 $\sigma_n < -T$ 时，则认为节理不能再承受拉应力，此时 σ_n 应变为零。

类似地，在剪切方向，如果满足 $|\tau_s| \leqslant C + \sigma_n \tan\varphi = \tau_{max}$，则节理的应力与位移的关系可表述为：

$$\Delta\tau_s = k_s \Delta u_s^e \tag{5-2}$$

如果 $|\tau_s| \geqslant \tau_{max}$，那么节理的应力与位移的关系应表述为：

$$\tau_s = \mathrm{sign}(\Delta u)\tau_{max} \tag{5-3}$$

式中 τ_s——剪切应力；

k_s——节理剪切刚度；

C——黏聚力；

φ——摩擦角；

Δu_s^e——剪切位移增量的弹性分量部分；

Δu_s——剪切位移的总增量。

节理在出现滑动的初始阶段有可能发现剪胀。故在库仑滑动节理模型中引入剪胀角 ψ 描述节理的剪胀现象。但在高应力水平下或大剪切位移情况下，节理则一般不会发生剪胀。

从上图可以看出，节理剪胀的数学表达式可表述为：

若 $|\tau_s| \leqslant \tau_{max}$，则 $\psi = 0$；

若 $|\tau_s| = \tau_{max}$，且 $|u_s| = u_{cs}$，则 $\psi = 0$。

式中，u_{cs}为最大允许剪切位移。

节理的剪胀与剪切方向有关，如果节理位移增量与节理总位移方向相同，则节理剪胀增大；反之，如果节理位移增量与节理总位移方向相反，则节理剪胀减小。该节理本构模型可以较好地描述出节理岩体中所表现出来的位移弱化现象，主要用于模拟节理的渐进式破坏，常用于采矿工程。

5.2.3 煤层上覆岩层裂隙扩展贯通 UDEC 软件二次开发

5.2.3.1 水压作用下裂隙扩展判据

地下水对岩体裂隙的力学作用表现为渗透静水压力 p 和动水压力 t_w（面力），前者对裂隙产生扩张作用。而作用在岩块上的分布力包括传递的有效应力和渗透压力 p。裂隙岩体内有效应力破坏准则应具备两个前提：（1）介质内有足够的渗透率允许流体运动，并存在连接的孔隙系统；（2）孔隙流体是不活波的（即没有应力腐蚀），只存在单纯的力学作用。岩体内渗透水压力给裂隙壁施加的法向渗透压力计算式为：

$$p = \gamma(H - z) \tag{5-4}$$

式中，γ 为渗透流体的容重；H 为沿裂隙水头分布；z 为位置高度。

煤层及上下覆岩层都是属于沉积岩类，煤层采动使煤层顶底板岩梁产生新断裂，形成裂隙带，承压水透过裂隙带进入工作面形成工作面突水。渗透水压对岩梁破裂及工作面突水有着控制性的影响，期间岩梁脆性破裂和裂隙摩擦效应可应用有效应力定律来描述。

当岩梁内裂隙发育程度较低，渗流流速较小时，承压水没有透过裂隙带形成工作面突水时，岩体内渗透静水压力 p 将起主导作用。渗流对岩体应力场的力学作用，从宏观上可看做是渗透体积力，且是一个动态变化量，须经渗流场分析后确定。计算岩体变形时，要用总应力，而计算裂隙系统变形时，应采用有效应力，因此当有效应力与渗透压力 p 同时增长时，裂隙不会压缩。

在渗透压力作用下，基于格里菲斯（Griffith）准则，应用有效应力表示压剪状态下的摩尔－库仑（mohr－coulomb）准则可表示为：

$$\sigma_1 - p = \sigma_c + q(\sigma_3 - p) \tag{5-5}$$

式中，σ_c 为岩石单轴抗压强度；$q = \tan^2\alpha = (\sqrt{\tan\varphi^2 + 1} + \tan\varphi)^2$；$\alpha$ 为破裂面法向于第一主应力作用方向的夹角；φ 为岩体内摩擦角。

渗透压作用下考查最小正应力 $\sigma'_3 = \sigma_3 - p$。当 p 增大到 $p > \sigma_3$，使得 $\sigma'_3 < 0$，变成张应力。一旦 $\sigma'_3 = -T_0$，$-T_0$ 为岩石介质的抗拉强度，就会发生张破裂。用 Griffith 理论，就是岩石内部的最大长度为 $2a$ 的裂纹，裂纹面受 $\sigma'_3 = -T_0$ 的有效张力，应力强度因子为：

$$K_{\mathrm{I}} = Y|\sigma'_3|\sqrt{\pi a} \tag{5-6}$$

式中，Y 为几何修正因子。当 $K_{\mathrm{I}} = K_{\mathrm{IC}} = Y|\sigma'_3|\sqrt{\pi a}$ 时，这部分裂纹开始扩展。如果孔隙内流体通过渗透不断得到补充，从而保持孔隙压力，这会使部分裂纹持续扩展。

5.2.3.2 裂隙扩展判断方法与计算流程

UDEC（Universal Discrete Element Code）是以离散单元法为基础编制的通用离散元有限差分程序，主要根据牛顿第二定律及力－位移定律处理岩块及节理面的力学行为。首先根据牛顿第二定律计算块体（BLOCK）的运动，由已知作用力求出岩块运动的速度及位移；再配合力－位移定律，根据所求得的岩块位移，计算出岩体中不连续面间的作用力，作为下一时阶计算循环时所需的初始边界条件。在变形块（BLOCK）内预设潜在节理面，应用 UDEC 内嵌的 FISH 语言，依据节理面受力状态和上述判据，判断节理面的开裂。节理面开裂后，应用 UDEC 内嵌的节理模型（库仑滑动模型）模拟其节理面的变形性质。节理面开裂后根据其破坏形式降低其力学参数。潜在节理面的 UDEC 计算流程和判断循环流程，分别如图 5－2 和图 5－3 所示。

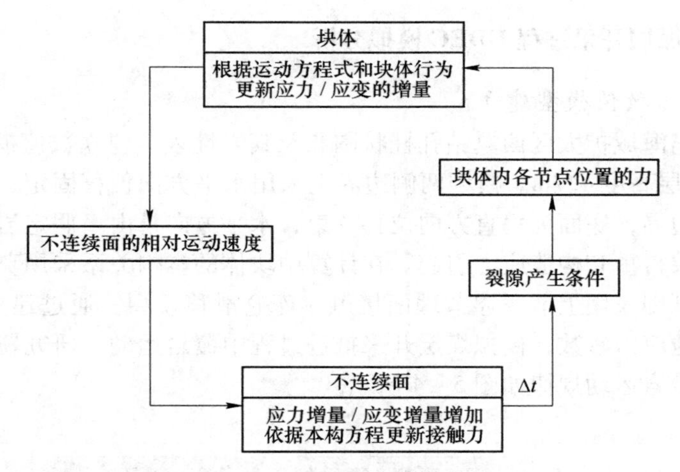

图 5-2 UDEC 计算流程图

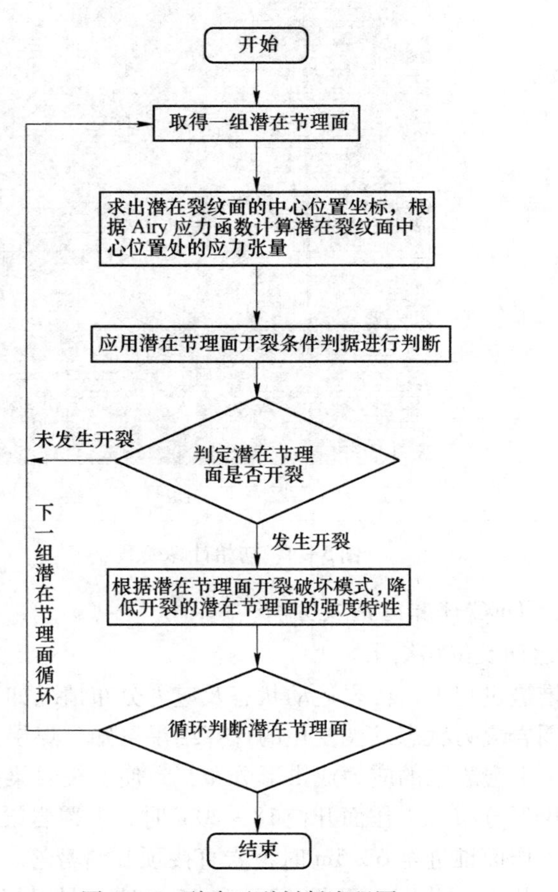

图 5-3 裂隙开裂判断流程图

5.2.4 海下煤层开采过程 UDEC 模拟分析

5.2.4.1 数值模型建立

根据北皂海域扩大区西翼钻孔柱状图和及其岩性表，建立数值模型长 500m、高 400m、煤层高度 4.7m。模型两侧边界上采用水平方向位移固定；竖直方向上顶面为自由边界，底面为垂直方向位移约束，水平方向自由。假定岩体的初始应力主要由岩层自重和构造应力引起。在计算中块体的本构关系采用莫尔 - 库仑准则，节理模型则采用上节所述节理面接触 - 库仑滑移模型。通过建立数值模型，输入地层和地应力参数，模拟煤层开采推进过程中覆岩运动，研究覆岩裂隙扩展特征，分析覆岩运动规律如图 5 - 4 所示。

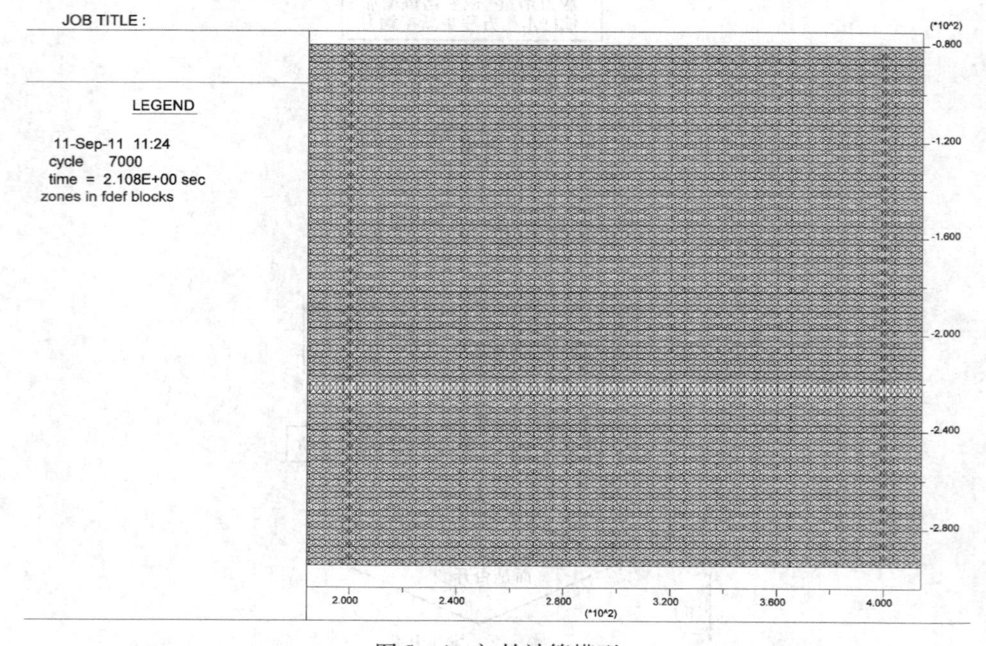

图 5 - 4 初始计算模型

5.2.4.2 UDEC 计算结果及分析

（1）覆岩运动及位移结果。

煤层开挖推进过程中，覆岩运动状态及应力分布情况如下各图所示。分析上覆岩梁运动、围岩应力状态发展变化的计算结果可知，煤层开采对顶板岩层位移发展影响明显，上覆岩梁的应力成拱形分布，致使上覆岩梁内产生裂隙扩展，岩梁断裂，并呈拱形分布。工作面开挖 18 ~ 20m 时，上覆岩梁裂隙扩展明显，部分开始坍塌，当工作面推进至 62.5m 时覆岩直接顶开始垮落。

图 5 - 5 和图 5 - 6 分别为开挖 10m 和 15m 时上覆岩层运动及位移矢量图。

从图中可以看出，煤层开采对顶板岩梁未造成显著断裂和坍塌，只在煤层紧邻的上部及下部岩层顶底板岩梁内发生了显著位移。

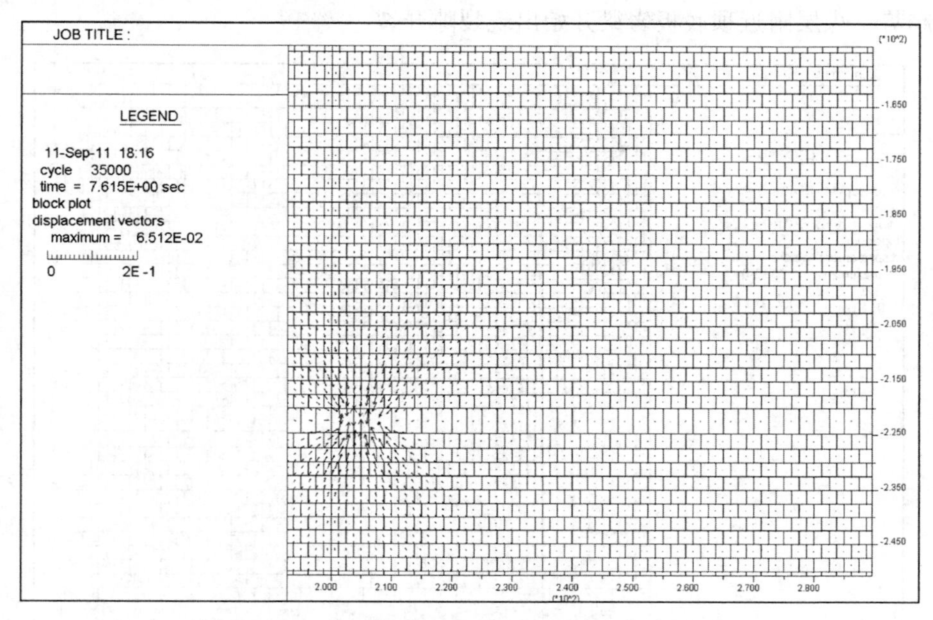

图 5－5 工作面推进 10m 时覆岩运动及位移矢量图

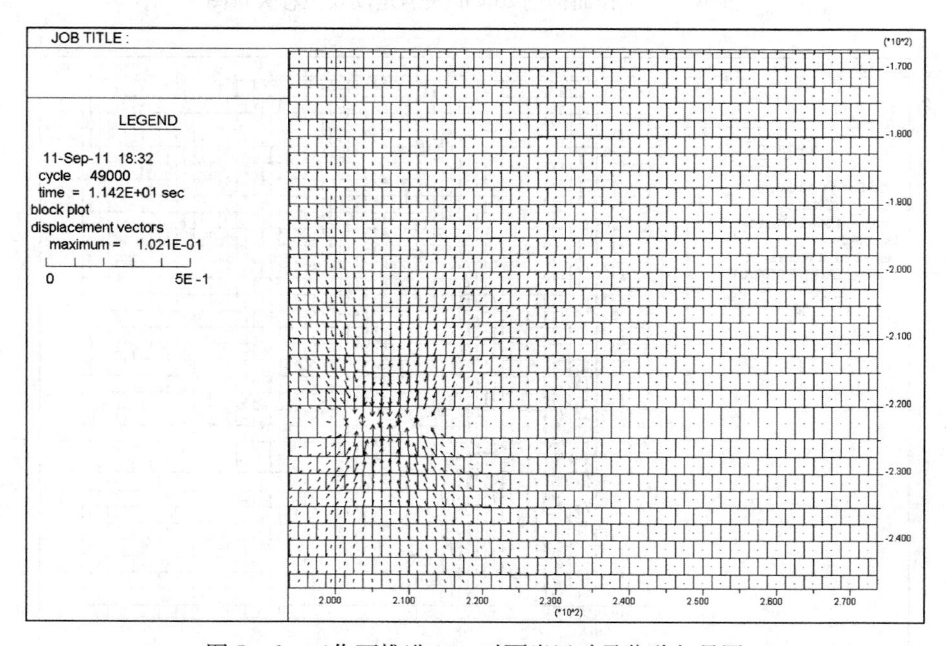

图 5－6 工作面推进 15m 时覆岩运动及位移矢量图

图5-7和图5-8分别为开挖20m和25m时上覆岩层运动及位移矢量图。从图中可以看出，随煤层开采的推进，覆岩位移逐渐增大，并有向深部岩层延伸的趋势，煤层附近顶底板岩梁开始出现裂隙开裂。

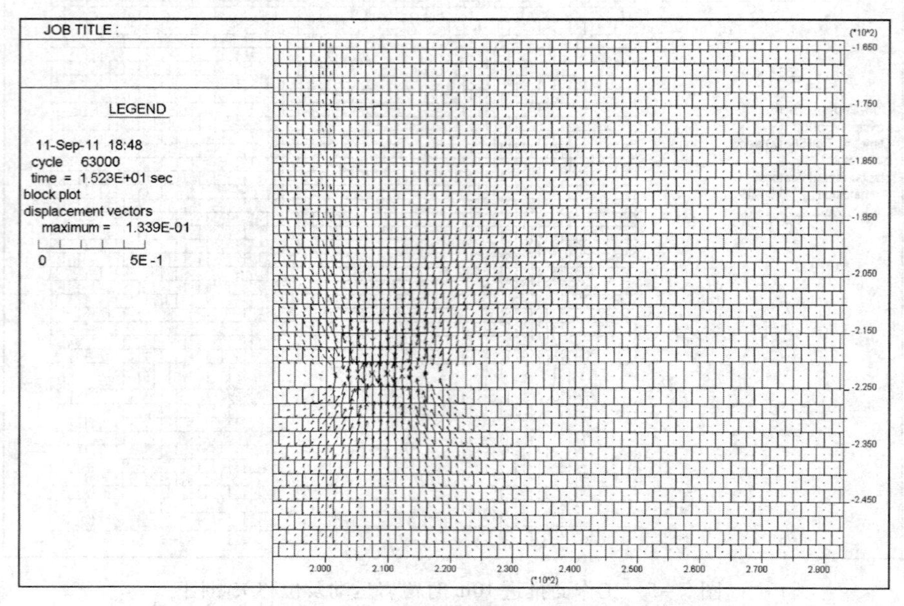

图5-7 工作面推进20m时覆岩运动及位移矢量图

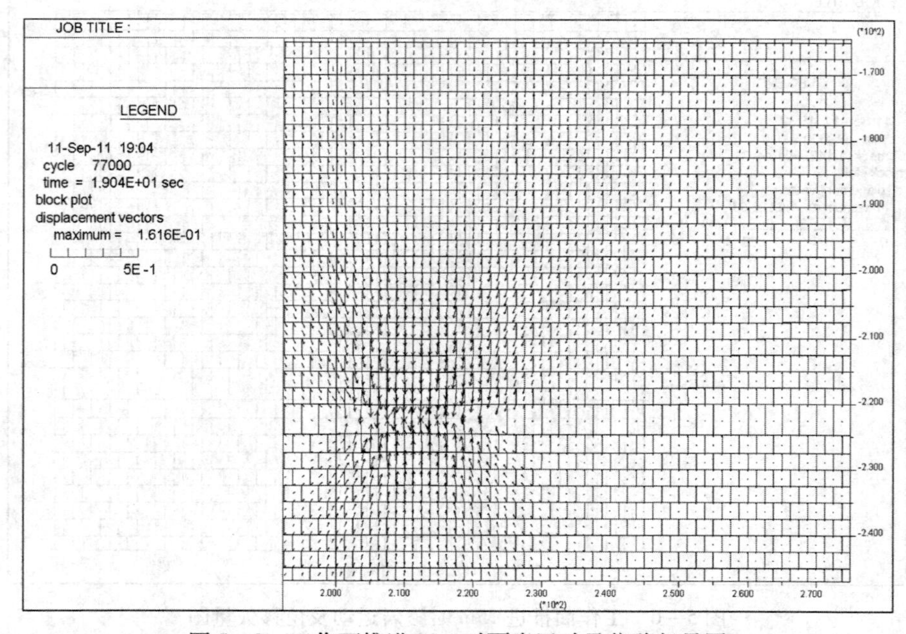

图5-8 工作面推进25m时覆岩运动及位移矢量图

图 5－9 和图 5－10 分别为开挖 30m 和 40m 时上覆岩层运动及位移矢量图。从图中可以看出，随煤层开采的持续进行，顶板岩层内裂隙扩展和岩层移动越来越明显。开挖到 40m 时岩层内已出现明显裂隙，顶板岩梁导水裂隙带高度为 5m 左右。

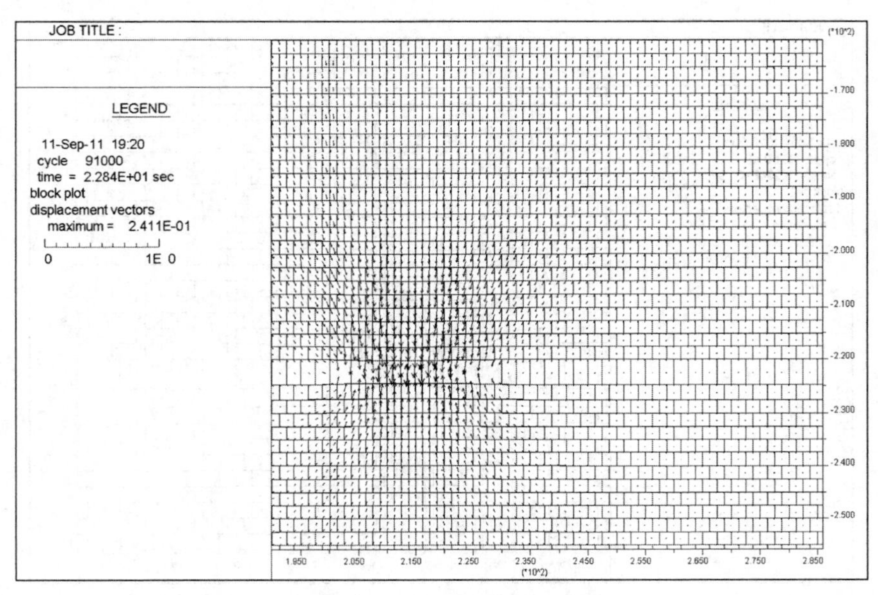

图 5－9　工作面推进 30m 时覆岩运动及位移矢量图

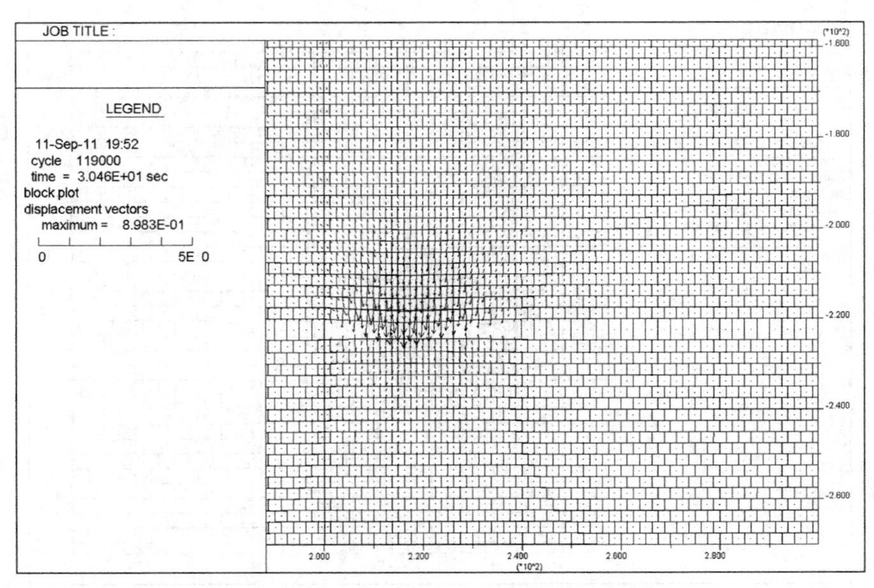

图 5－10　工作面推进 40m 时覆岩运动及位移矢量图

图 5－11 和图 5－12 分别为开挖 47.5m 和 55m 时上覆岩层运动及位移矢量图。从图中可以看出，煤层开采推进 47.5m 时，顶板岩层受到明显影响，岩层内已出现较大裂隙，部分区域上下岩层产生离层。开挖到 55m 时上覆岩层内出现离层，位移进一步扩大，上覆岩梁开始坍塌。

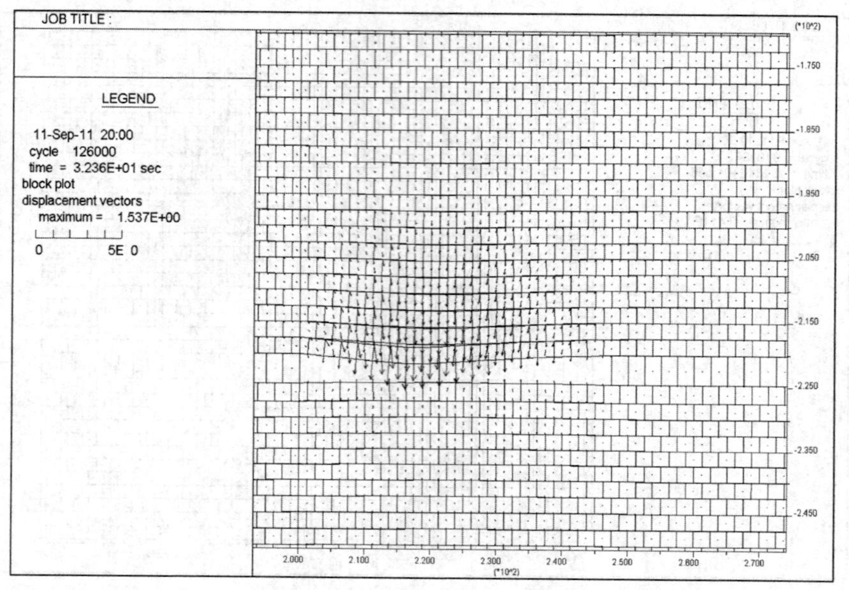

图 5－11　工作面推进 47.5m 时覆岩运动及位移矢量图

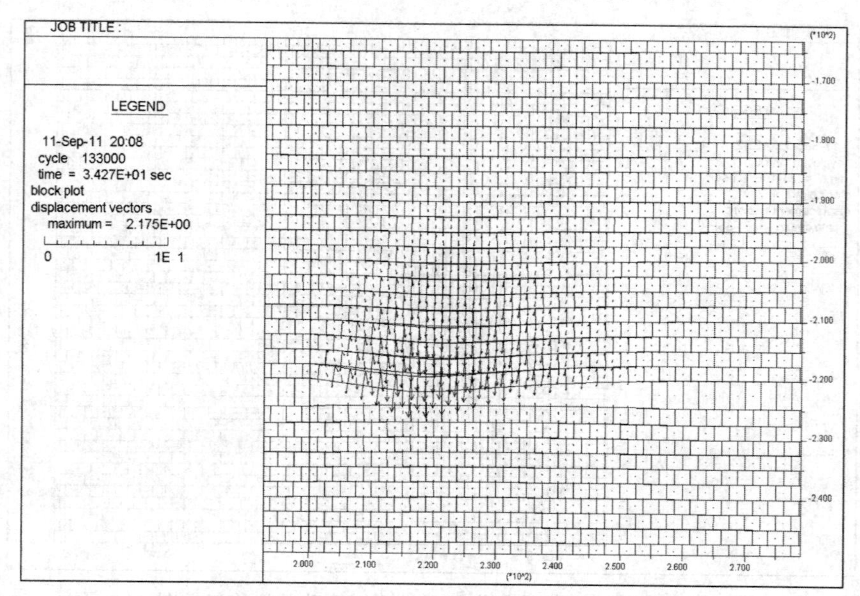

图 5－12　工作面推进 55m 时覆岩运动及位移矢量图

图5-13和图5-14分别为开挖62.5m和70m时上覆岩层运动及位移矢量图。从图中可以得出，煤层开采推进62.5m时顶板岩层明显，顶板初次垮落至底板，顶板上部岩层运动依旧较小；开挖到70m时顶板岩梁导水裂隙带高度为35m，并有向深部岩层延伸的趋势。

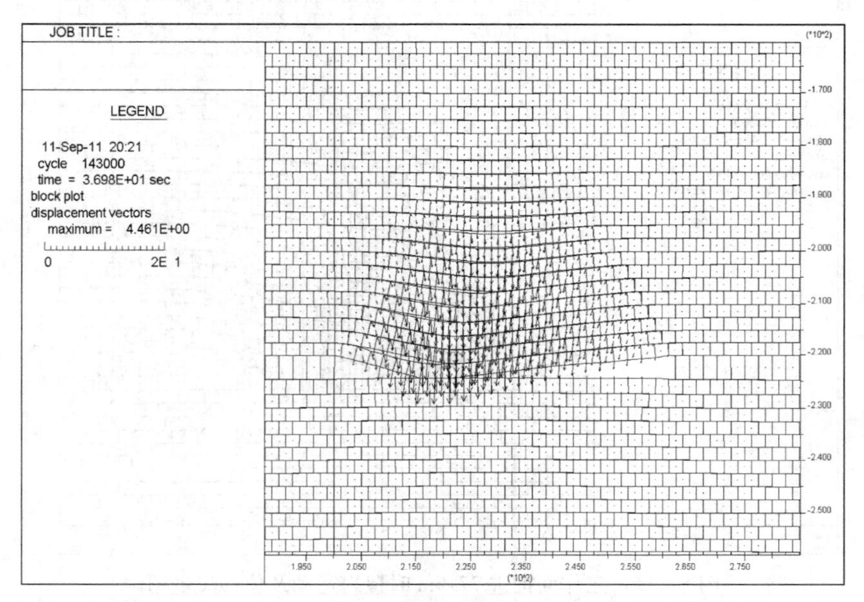

图5-13 工作面推进62.5m时覆岩运动及位移矢量图

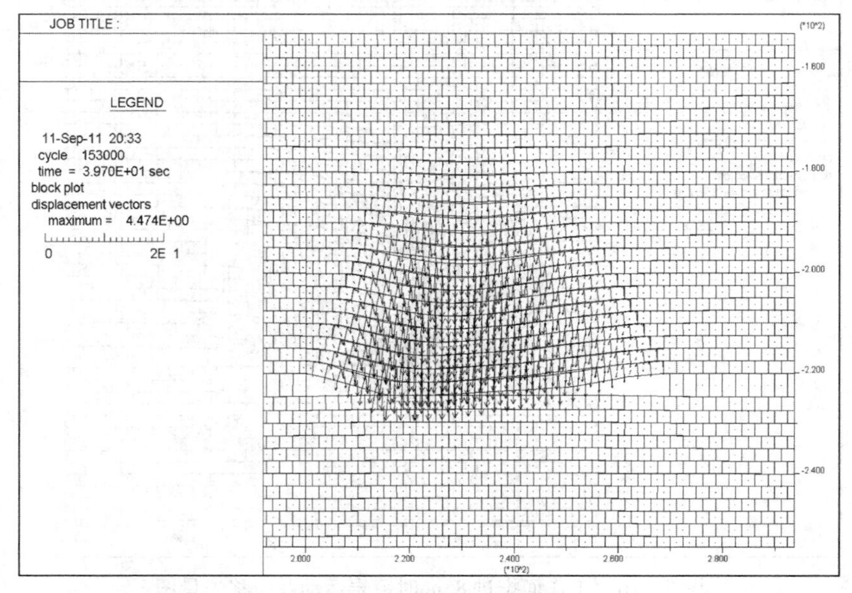

图5-14 工作面推进70m时覆岩运动及位移矢量图

图5－15 和图5－16 分别为煤层开采推进77.5m 和85m 时上覆岩层运动及位移矢量图。从图中可以看出，随煤层开采的持续进行，覆岩垮落区域逐渐增大；开挖到85m 时顶板岩梁导水裂隙带高度为50m。

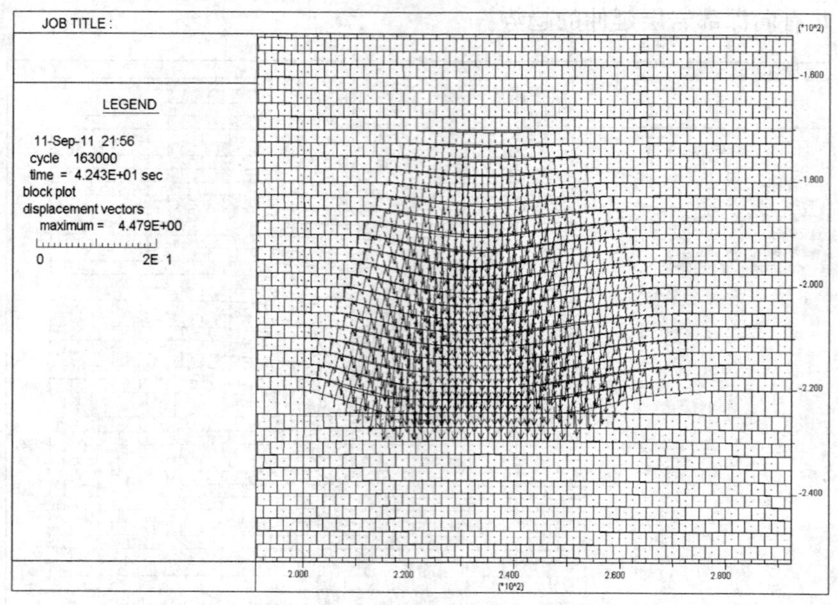

图5－15 工作面推进77.5m 时覆岩运动及位移矢量图

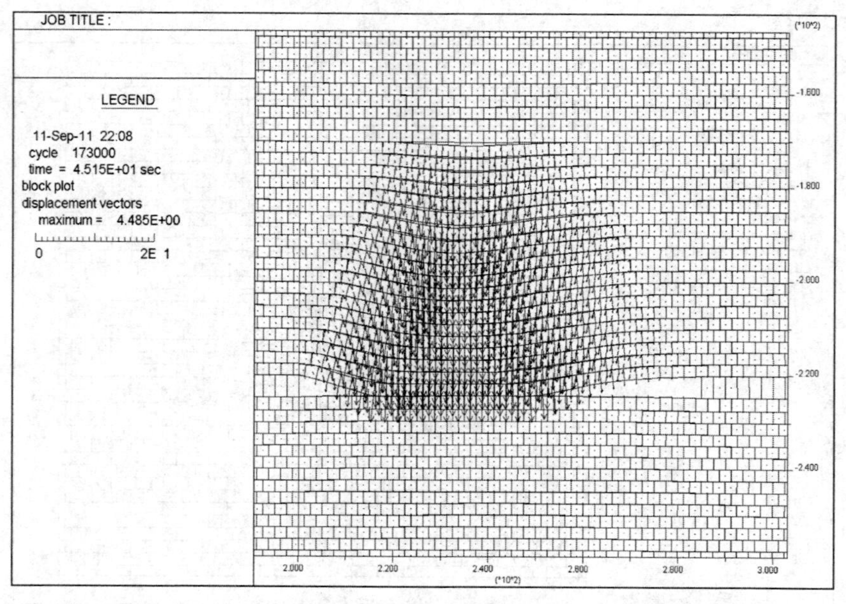

图5－16 工作面推进85m 时覆岩运动及位移矢量图

图5－17、图5－18和图5－19分别为开挖100m、115m和130m时上覆岩层运动及位移矢量图。从图中可以看出，随煤层开采持续进行，上覆岩层垮落、裂隙贯通和缓沉带整体呈梯形分布，其分布区域逐渐增大，受影响的覆岩高度也有逐渐增加。采空区及上覆岩层处于复杂应力状态下，垮落高度同时还受采空区充填等因素的影响。根据实际情况，受其影响上覆岩层导水裂隙带高度不再有明显增加，稳定在50～60m。顶板岩梁导水裂隙带高度也在60m范围内。

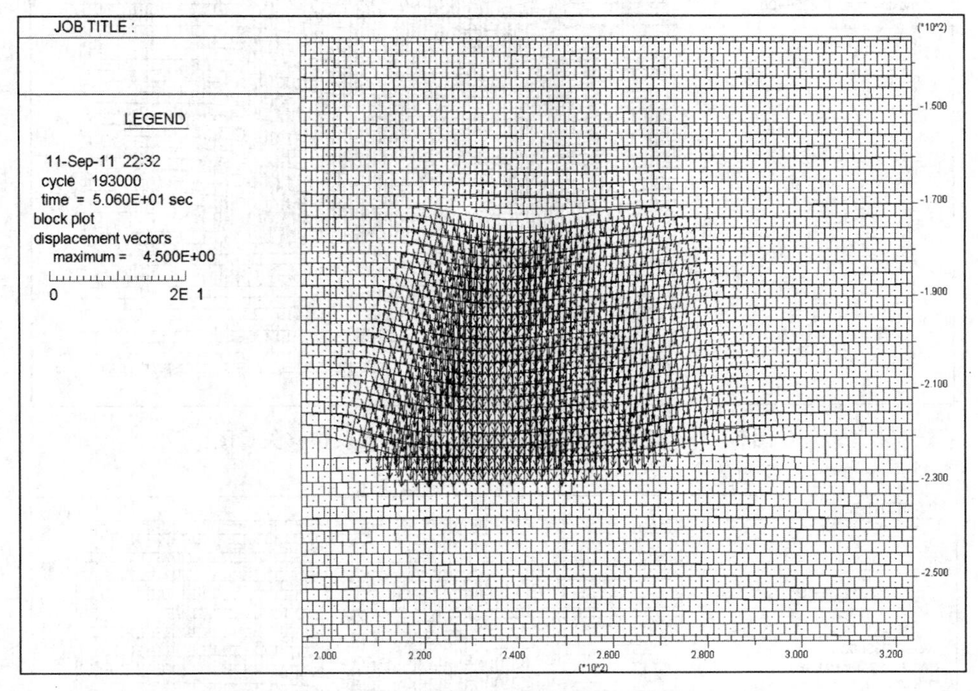

图5－17 工作面推进100m时覆岩运动及位移矢量图

（2）覆岩运动及位移结果分析。

由工作面推进过程中，采空区空间持续增大，位移变化剧烈，上覆岩层裂隙持续贯通，顶板岩梁断裂坍塌充填采空区。工作面推进过程中直接顶从推进20m左右时开始产生冒落趋势，岩层之间开始发生离层，离层次序是自下而上，离层主要发生在强度不同的层间面上，离层的持续时间相当短，基本没有厚关键层的效应，而是呈现老顶岩层缓慢弯曲的特点。

采场进入正常推进阶段，老顶周期性运动阶段局部冒顶事故出现可能性的规律，即从老顶来压完成和进入相对稳定运动阶段开始到工作面推进至下一次周期性裂断运动发生，工作面推进步距为（老顶相对稳定步距）的全过程中复合顶板将处于稳定的状态。如图5－20所示为工作面推进过程中顶板岩梁导水裂隙带高度，如图5－21为工作面推进200m时顶底板岩层内裂隙扩展及贯通情况。

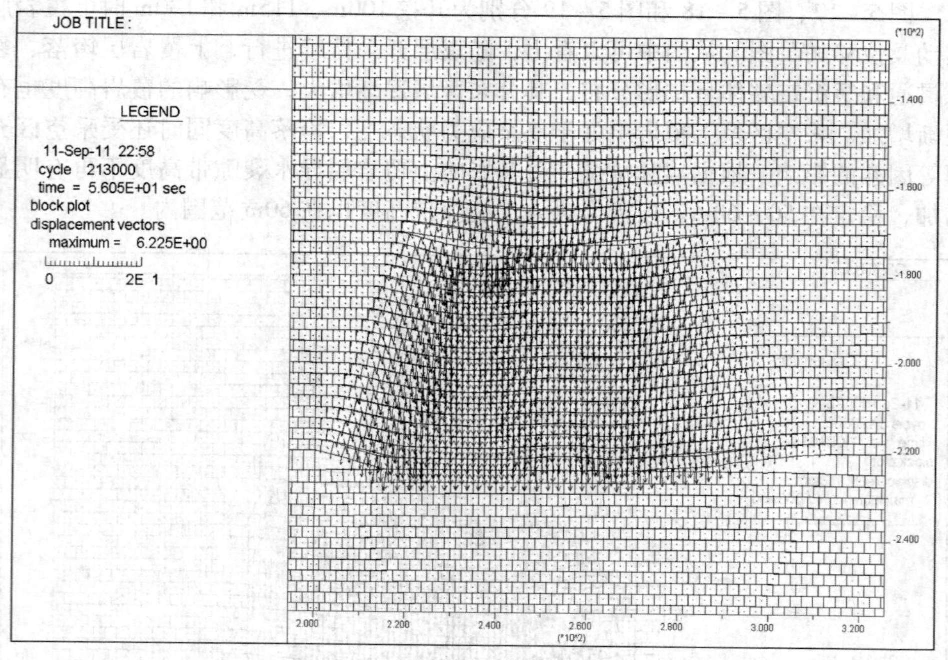

图 5－18 工作面推进 115m 时覆岩运动及位移矢量图

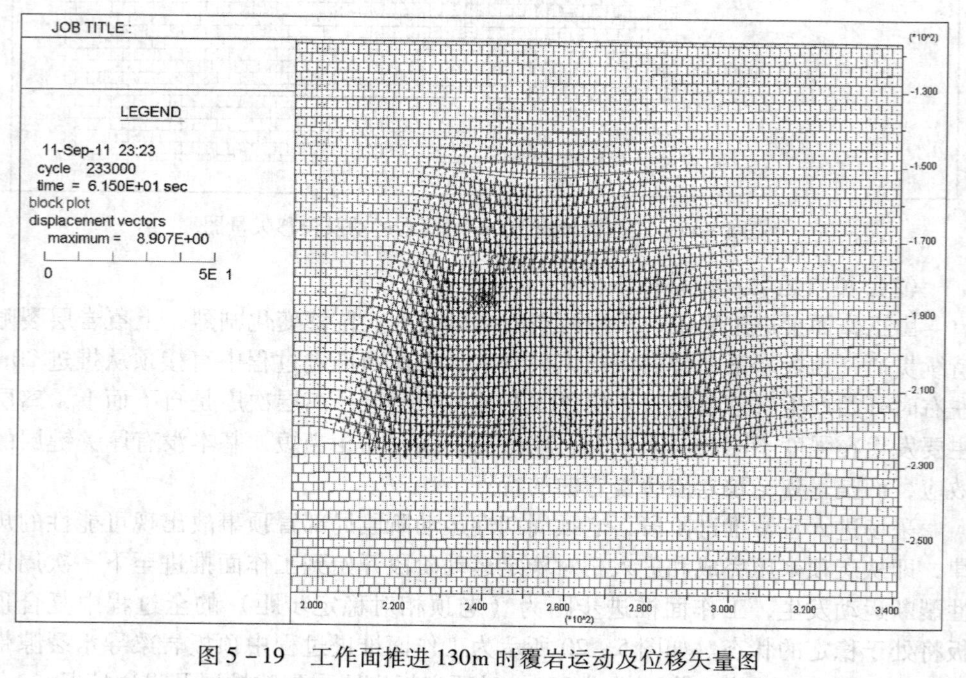

图 5－19 工作面推进 130m 时覆岩运动及位移矢量图

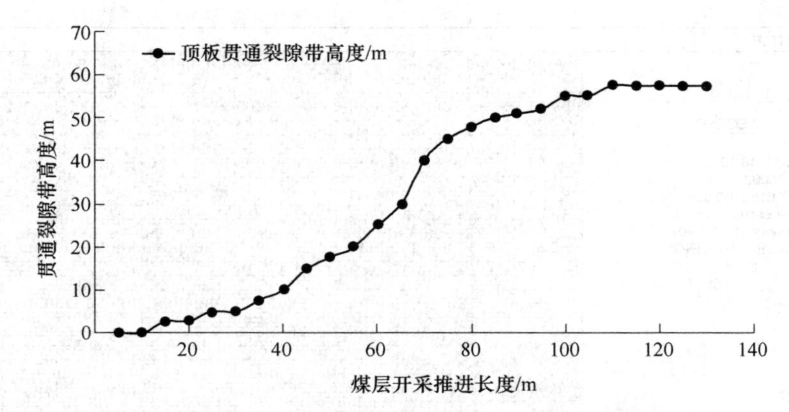

图 5-20 工作面推进过程中上覆岩层裂隙带贯通高度变化图

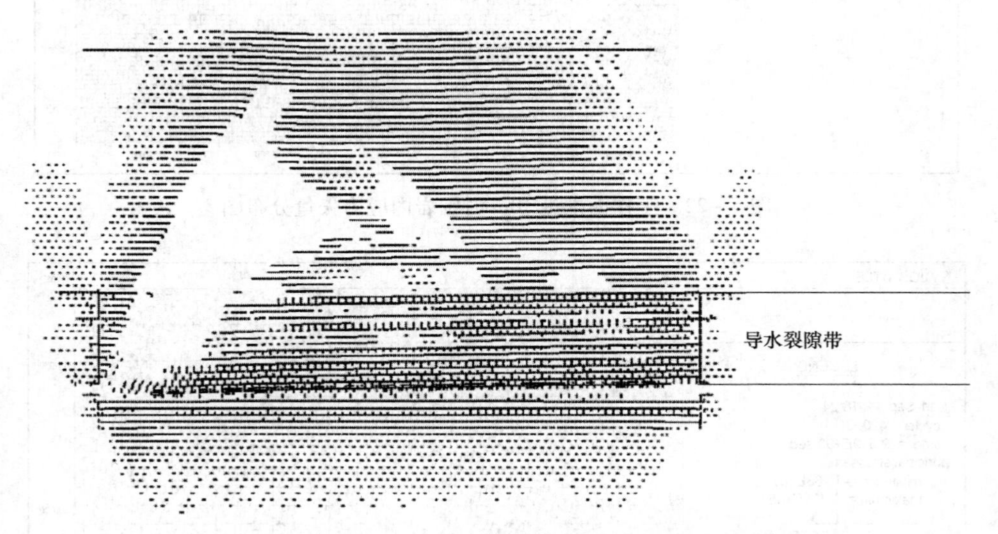

图 5-21 工作面推进 200m 时顶底板岩层内导水裂隙带贯通扩展规律

（3）岩梁运动应力结果。

图 5-22、图 5-23 和图 5-24 分别为开挖 10m、12.5m 和 15m 时围岩内应力矢量分布图。从图中可以看出，开挖对上覆岩层的应力影响区域为拱形。

图 5-25 和图 5-26 分别为开挖 20m 和 25m 时围岩内应力矢量分布图。从图中可以看出，上覆岩层中的应力拱随开挖的进行逐渐扩展，开挖到 25m 时拱高为 20m，受开挖影响范围逐渐增大。

图 5-27～图 5-30 分别为开挖 30m、35m、40m 和 55m 时围岩内应力矢量分布图。从图中可以看出，开挖对上覆岩层的应力影响仍为拱形，应力拱的高度和宽度不断增大。开挖区域上覆岩层应力减小，水平方向距开挖面 6～8m 处产生应力集中。

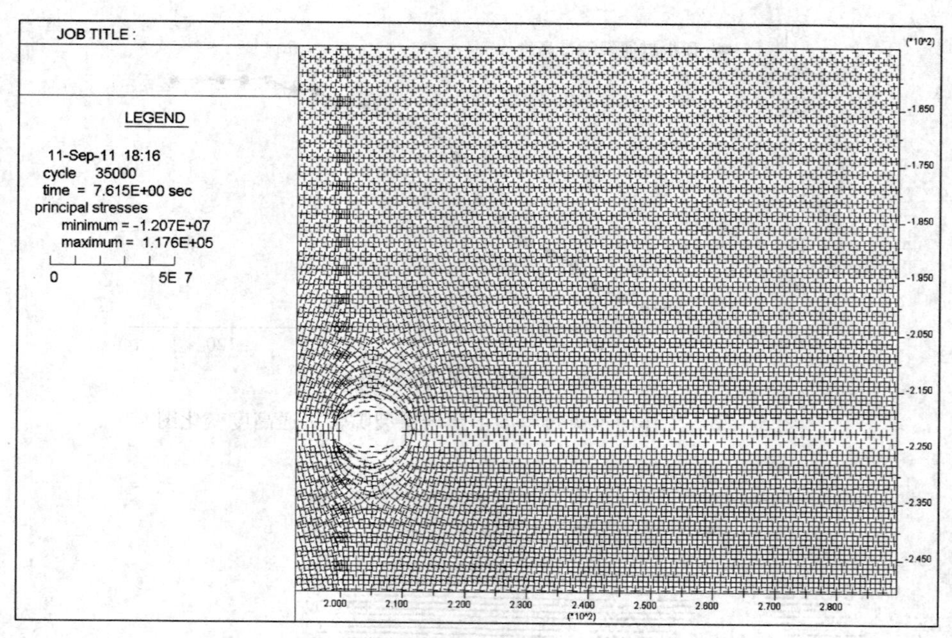

图 5－22　工作面推进 10m 时围岩内应力矢量分布图

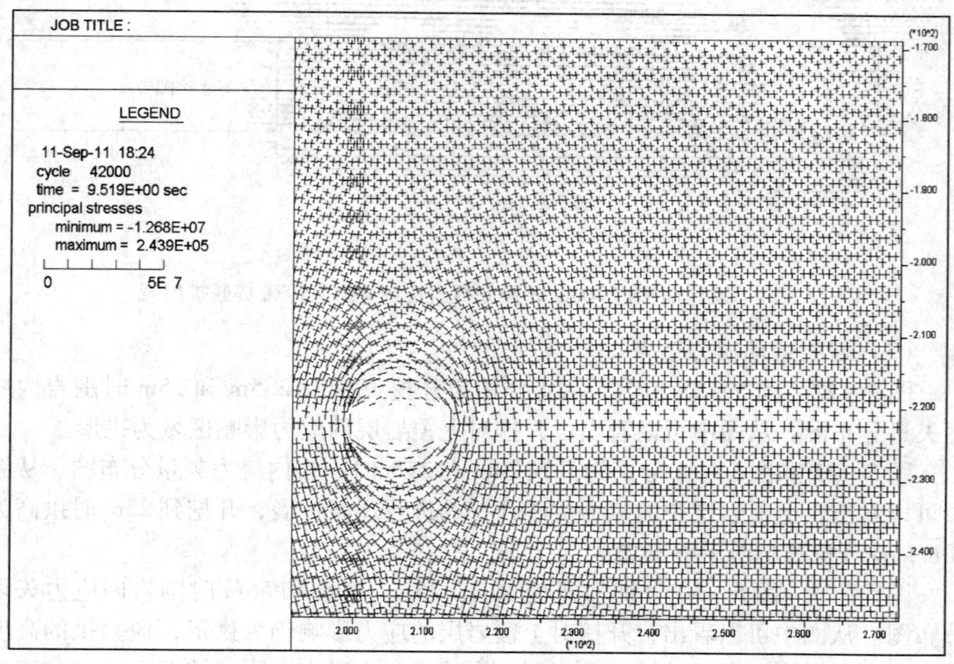

图 5－23　工作面推进 12.5m 时围岩内应力矢量分布图

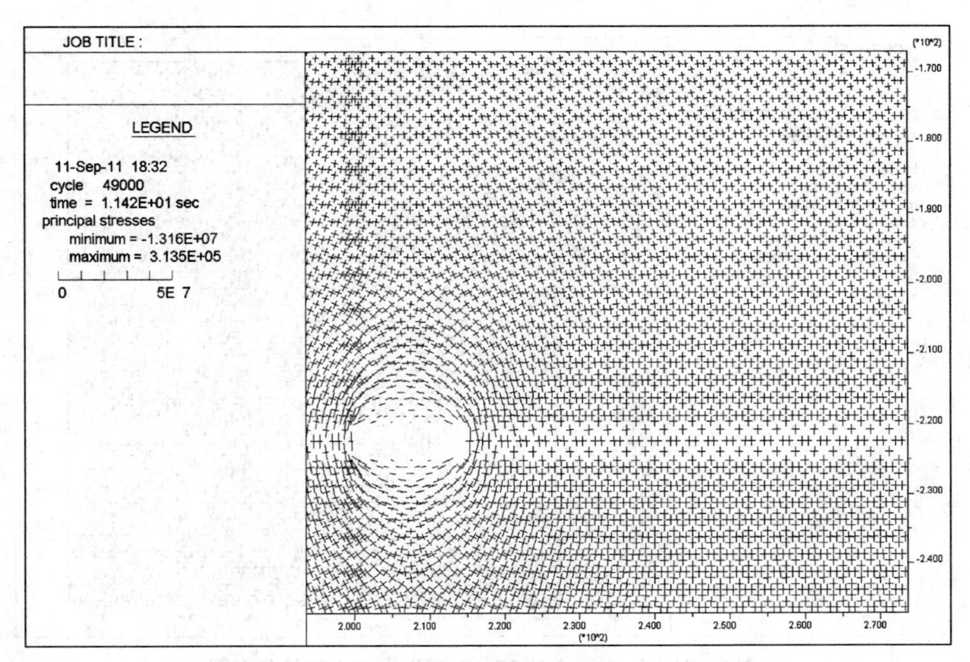

图 5-24　工作面推进 15m 时围岩内应力矢量分布图

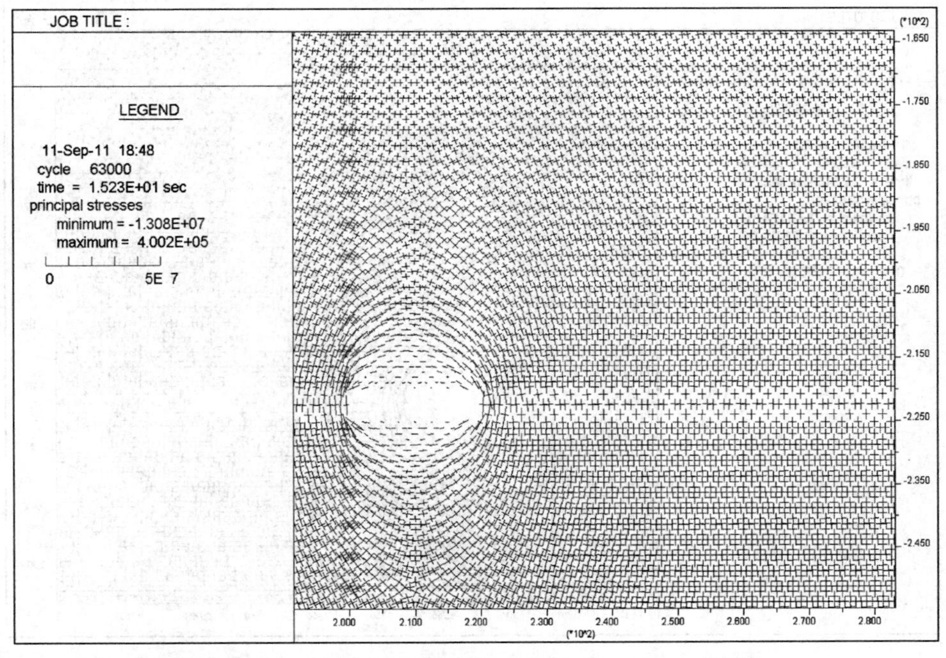

图 5-25　工作面推进 20m 时围岩内应力矢量分布图

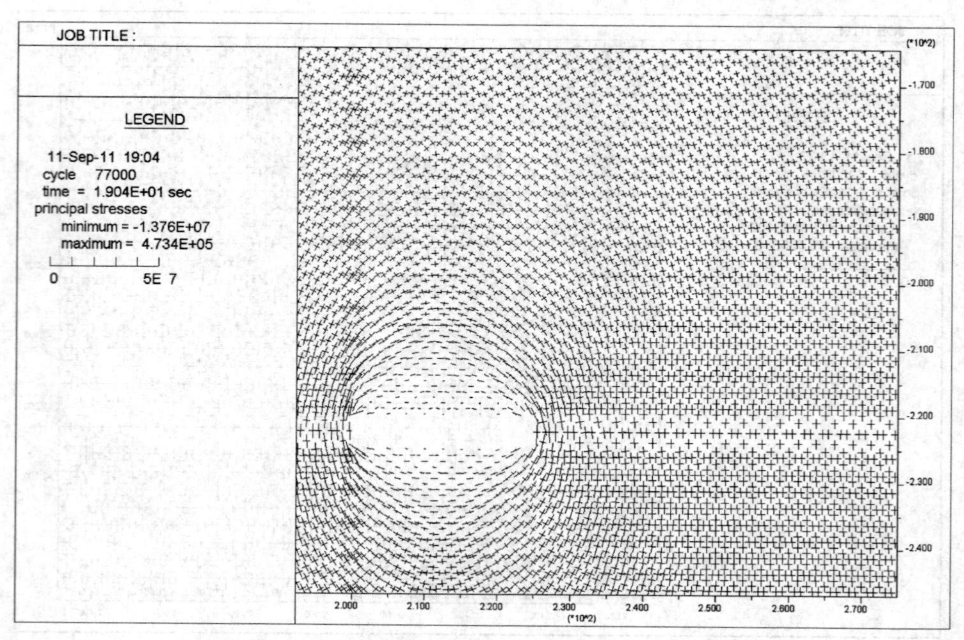

图 5-26 工作面推进 25m 时围岩内应力矢量分布图

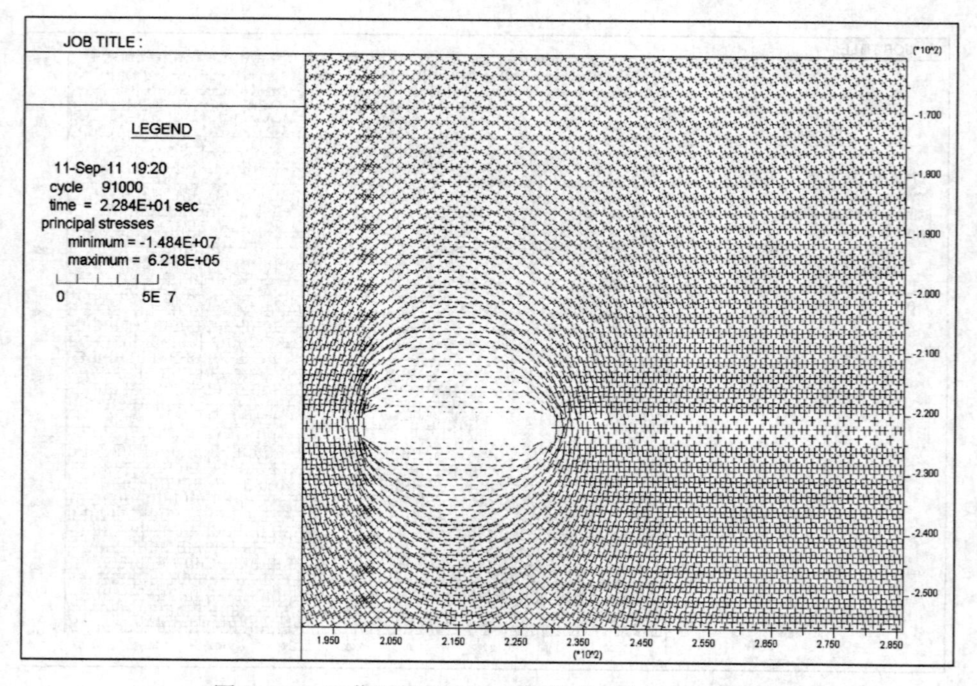

图 5-27 工作面推进 30m 时围岩内应力矢量分布图

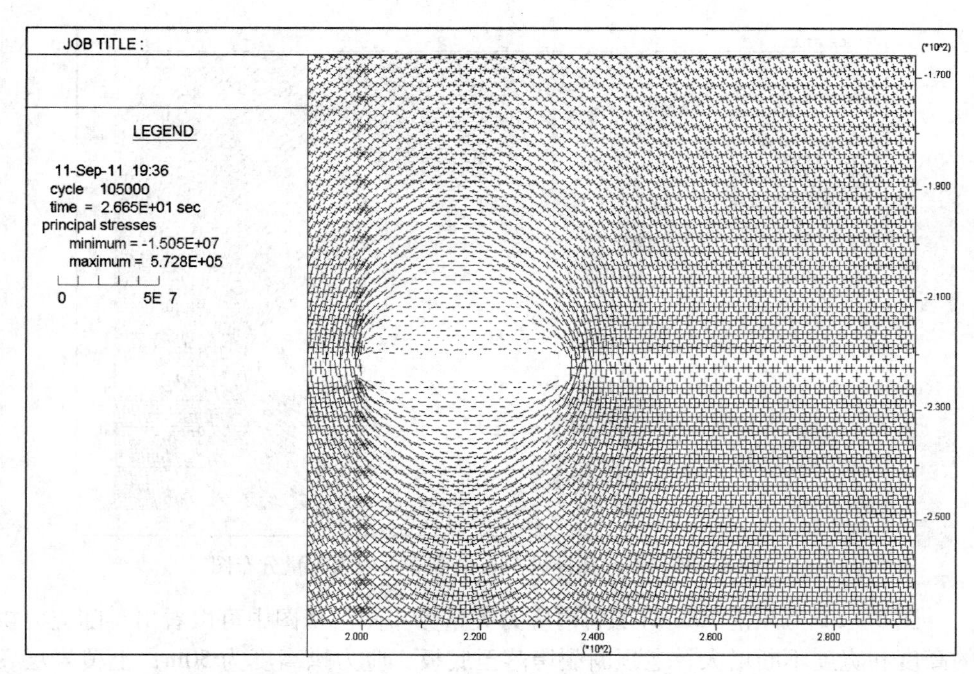

图 5-28 工作面推进 35m 时围岩内应力矢量分布图

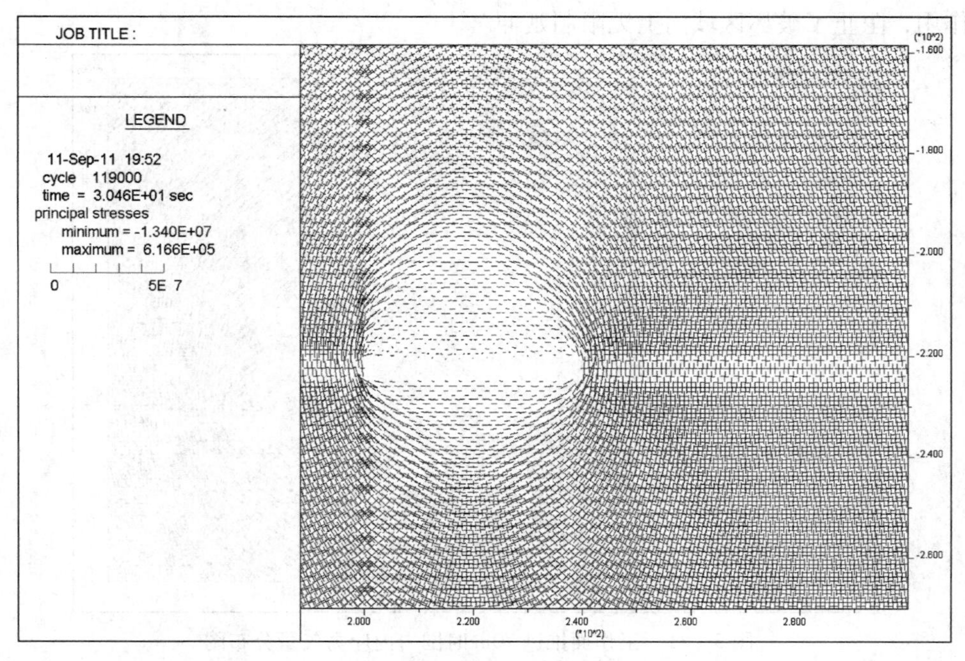

图 5-29 工作面推进 40m 时围岩内应力矢量分布图

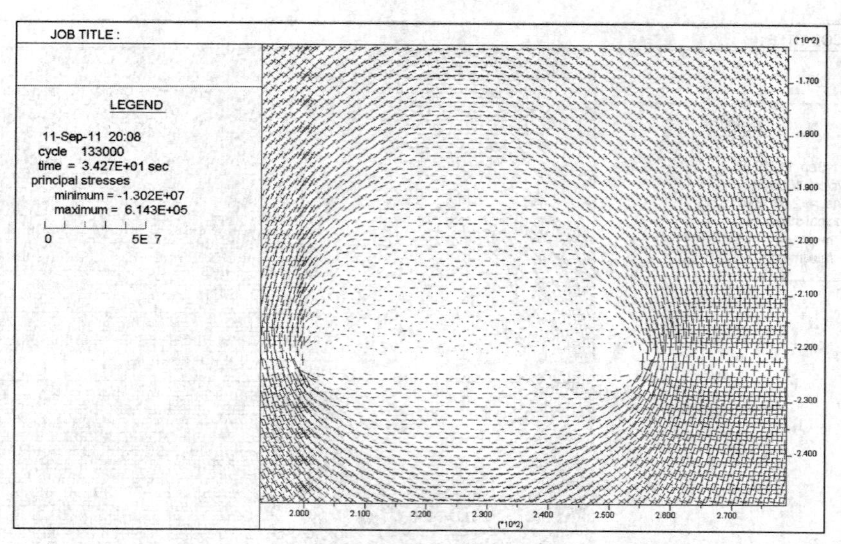

图 5－30　工作面推进 55m 时围岩内应力矢量分布图

图 5－31 为开挖 70m 时围岩内应力矢量分布图。从图中可以看出，随应力拱的高度和宽度不断增大，老顶断裂垮落至底板，应力拱高度为 50m；上覆岩层发生垮落的部分区域应力又出现增大现象，说明碎落岩石对上覆岩层有一定的支撑作用，阻止了破坏区域向上无限制延伸。

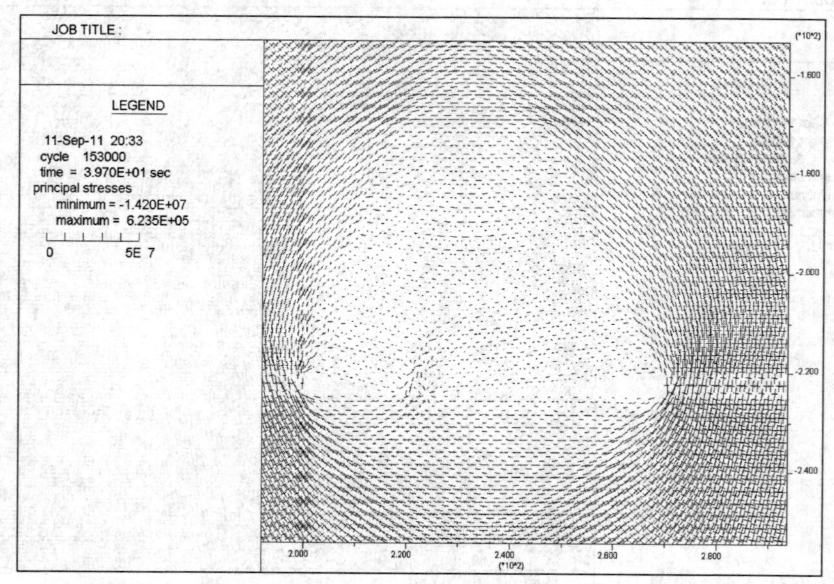

图 5－31　工作面推进 70m 时围岩内应力矢量分布图

图 5－32 和图 5－33 分别为开挖 85m 和 100m 时围岩内应力矢量分布图。

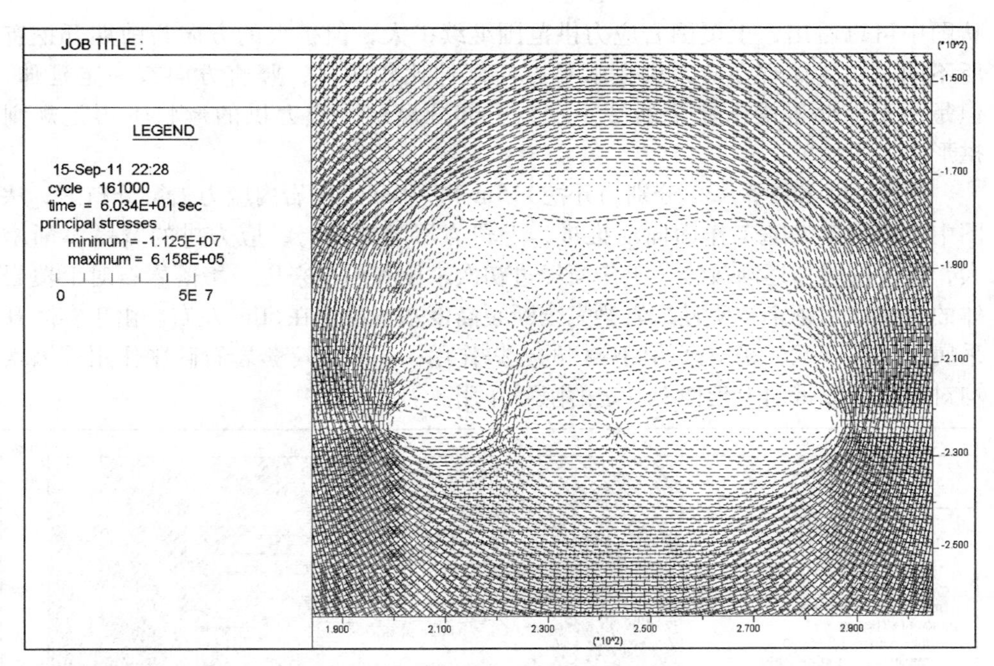

图 5-32 工作面推进 85m 时围岩内应力矢量分布图

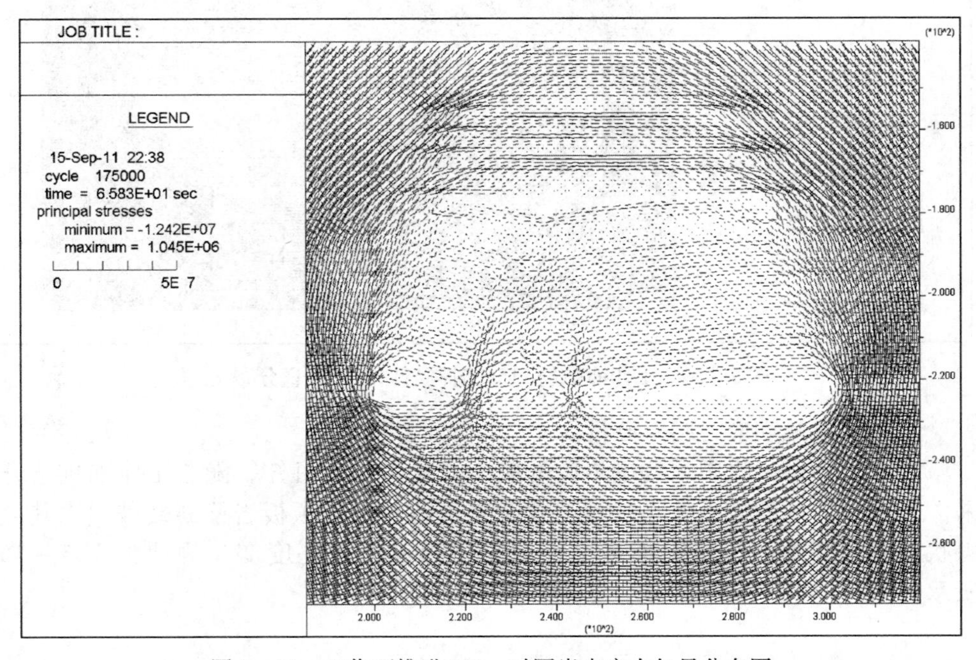

图 5-33 工作面推进 100m 时围岩内应力矢量分布图

从图中可以看出，上覆围岩应力拱范围继续扩大，但扩大的方向与前期开挖有所不同。主要体现在应力拱在水平方向延伸比较明显，竖直方向有一定延伸，但是由于上部岩梁未完全断裂，发生了部分离层，应力拱的形状不再是规则拱形。

图5－34和图5－35分别为开挖115m和130m时围岩内应力矢量分布图。从图中可以看出，随工作面向前推进，上覆岩层随采随垮，应力拱的宽度不断增大，高度的增加逐渐放缓。工作面经过初次来压和周期来压，垮落岩石对上覆岩体的支撑作用越来越明显，岩梁完全断裂高度基本稳定在50m左右。由于实际开采属于三维情况，采空区两侧煤柱的支撑作用，采空区垮落岩石碎胀作用等因素均对导水裂隙带向上延伸有一定的阻碍作用。

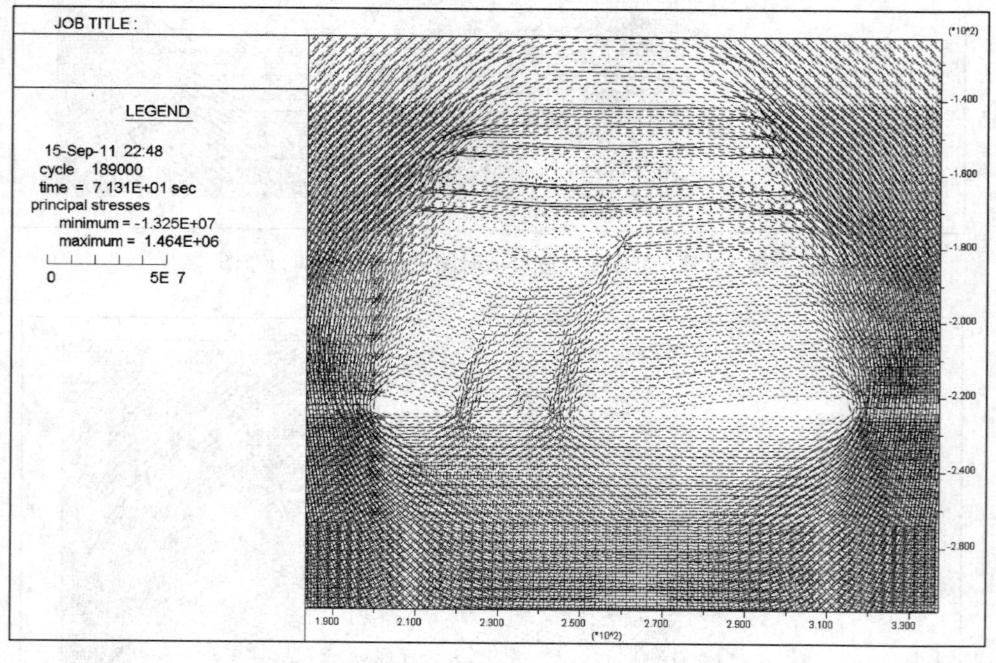

图5－34　工作面推进115m时围岩内应力矢量分布图

（4）岩梁运动应力结果分析。

由煤层开采过程中采场围岩内的应力变化矢量图可知，随着工作面推进开采，采场围岩内的应力状态持续变化，特别随着煤层顶板岩梁断裂破损，其应力状态变化剧烈，工作面推进中上覆岩层内应力拱高度变化规律如图5－36所示。

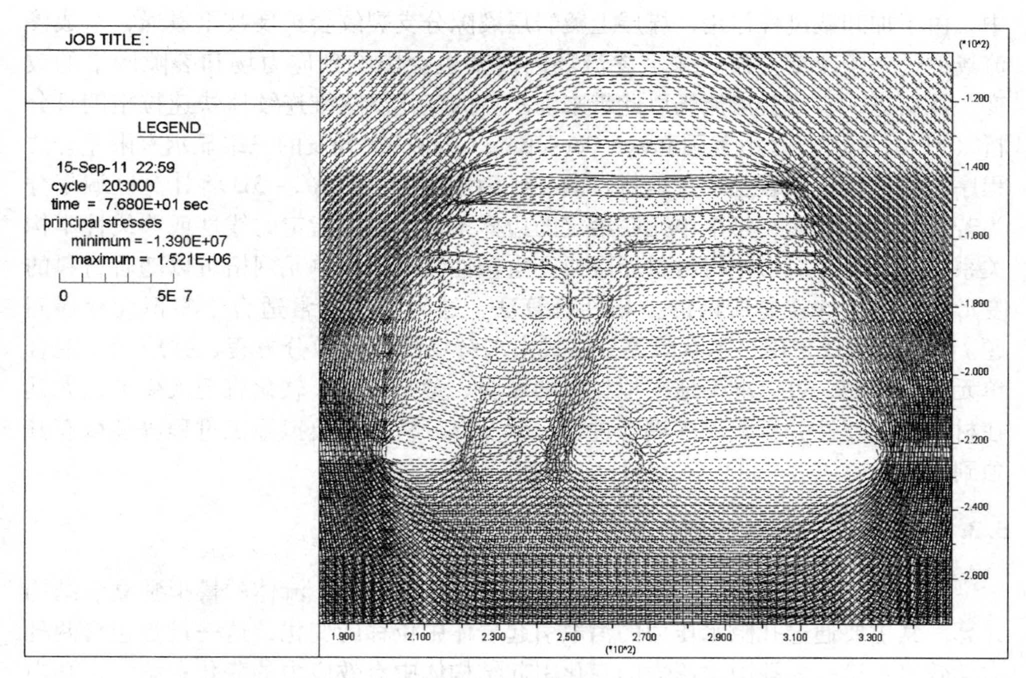

图 5－35 工作面推进 130m 时围岩内应力矢量分布图

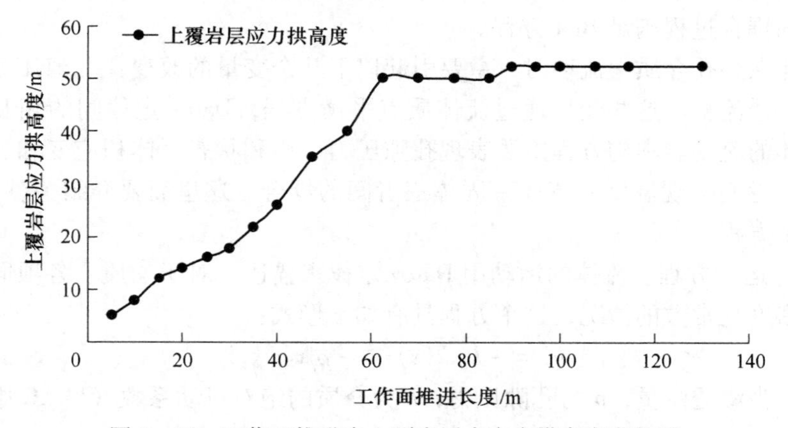

图 5－36 工作面推进中上覆岩层内应力拱高度变化图

5.3 覆岩破坏规律有限差分法数值模拟

5.3.1 概述

数值计算方法可以建立反映岩土体中地下水流动的真三维过程，反映孔隙介质的渗流。数值计算方法可以考虑渗流场与应力场的耦合作用，在煤层开采过程中，由于加卸载过程作用，煤层上覆岩层裂隙分支裂纹会扩展甚至贯通，造成渗流场的进一步改变。反过来，渗流场的改变也会影响到应力场和裂隙网络的改变，从而进一步改变渗流场以此带来涌水量的变化。三维连续体快速拉格朗日分析（FLAC－3D）是由美国 Itasca Consulting Group Inc 开发的三维显示有限差分法程序，它可以模拟岩土或其他材料的三维力学行为。FLAC－3D 将计算区域划分为若干六面体单元，每个单元在给定的边界条件下遵循指定的线性或非线性本构关系，如果单元应力使得材料屈服或产生塑性流动，则单元网格可以随着材料的变形而变形，这就是所谓的拉格朗日算法，这种算法非常适合于模拟大变形问题。FLAC－3D 采用显示有限差分格式来求解场的控制微分方程，并应用了混合单元离散模型，可以准确地模拟材料的屈服、塑性流动、软化直至大变形，尤其在材料的弹塑性分析、流固耦合过程、大变形分析以及模拟施工过程等领域有其独到的优点。

5.3.2 FLAC－3D 流固耦合基本原理

FLAC－3D 模拟多孔介质（如土体）中流体流动时，流体的模拟独立于结构计算。其主要通过孔隙水压力的消散引起岩体中位移的变化，这一过程包含两种力学效果：第一，孔隙水压力的变化引起结构体中有效应力的变化；第二，孔隙水压力的变化又引起流体区域的变化。流体在孔隙介质中的流动依据 Darcy 定律，流固耦合过程满足 Biot 方程。

流体在多孔介质中流动时，主要引起以下几个变量的改变：孔隙压力，饱和状态和渗透流量。这些变量通过流体质点平衡方程，Darcy 定律间的相互关系来描述流体的流动。本构方程主要表现孔隙压力、饱和状态、体积应变和温度的变化关系，近而实现温度－流体－固体三者间的耦合。这里简要介绍关键的 FLAC 中的几个方程：

（1）运动方程。流体的运动用 Darcy 定律来描述。对于均质、各项同性固体和流体密度是常数的情况，这个方程具有如下形式：

$$q_i = -k_{il}\bar{k}(s)[p - \rho_f x_j g_j],l \tag{5-7}$$

式中，q_i 为渗透流量；p 为孔隙压力；k 为介质的绝对机动系数（FLAC 中代表渗透张量）；$\bar{k}$（s）为介质关于饱和度（s）的相对机动系数；ρ_f 为流体密度；g_j（$j=1$，3）为重力的三个分量。在 FLAD－3D 中，对于饱和和非饱和流体空气压力被认为是常数或等于零。

热流是用 Fourier 方程来定义的：

$$\boldsymbol{q}_i^T = -k^T T,j \tag{5-8}$$

式中，$\boldsymbol{q}_i^T$ 为热流矢量；T 为温度；k^T 为热传导率。

（2）平衡方程。对于小变形，流体质点平衡方程为：

$$-q_{i,i}+q_v=\frac{\partial\zeta}{\partial t} \tag{5-9}$$

式中，q_v 为被测体积的流体源度（the volumetric fluid source intensity in [1/s]）；ζ 为单位体积孔隙介质的流体体积的变化量。平衡方程的形式为：

$$\sigma_{ij,j}+\rho g_i=\rho\frac{\mathrm{d}v_i}{\mathrm{d}t} \tag{5-10}$$

式中，ρ 为体积密度，$\rho=(1-n)\rho_s+ns\rho_w$；$\rho_s$ 和 ρ_w 为固体和流体的密度。

（3）本构方程。由于流体的流动导致孔隙介质中孔隙压力（p）、饱和度（s）、体积应变（e）和温度（T）的改变，则孔隙流体方程为：

$$\frac{1}{M}\frac{\partial p}{\partial t}+\frac{n}{s}\frac{\partial s}{\partial t}=\frac{1}{s}\frac{\partial\zeta}{\partial t}-\alpha\frac{\partial e}{\partial t}+\beta\frac{\partial T}{\partial t} \tag{5-11}$$

式中，M 为 Biot 模量，$\mathrm{N/m^2}$；n 为孔隙率；α 为 Biot 系数；β 为热传导系数，1/℃，用此来考虑流体和颗粒的热膨胀。

（4）相容方程。应变率和速度梯度之间的关系为：

$$\xi_{ij}=\frac{1}{2}(u_{i,j}+v_{i,j}) \tag{5-12}$$

（5）边界条件。在计算中有 4 种类型的边界条件，它们分别是：给定孔隙水压力；给定边界外法线方向流速分量；透水边界；不透水边界。不透水边界程序中默认，透水边界采用如下形式给出：

$$q_n=h(p-p_0)$$

式中，q_n 为边界外法线方向流速分量；h 为渗漏系数，$\mathrm{m^3/(N\cdot s)}$；p 为边界面处的孔隙水压力，Pa；p_0 为渗流出口处的孔隙水压力，Pa。

（6）有限差分方程。将流体质点平衡方程式（5－9）代入本构方程式（5－11）中，得到流体的连续方程

$$\frac{1}{M}\frac{\partial p}{\partial t}+\frac{n}{s}\frac{\partial s}{\partial t}=\frac{1}{s}(-q_{i,i}+q_v)-\alpha\frac{\partial e}{\partial t}+\beta\frac{\partial T}{\partial t} \tag{5-13}$$

在 FLAC－3D 中，流体的区域被离散为 8 节点六面体的区域。孔隙压力和饱和状态被作为节点变量。实际上，每一个区域又被离散为四面体，在四面体中孔隙压力和饱和状态被认为是线性变化。

在耦合计算过程中，首先从静力学平衡状态开始，水力耦合的模拟包含很多计算步，每一步都包含一步或更多步的流体计算直到满足静力平衡方程为止。由于流体的流动，孔隙压力增加在流体循环步中被计算；其对体积应变的贡献是在结构循环步中被计算，然后体积应变作为一个区域值被分配到各个节点上。

有效应力的计算，总应力增量由于在结构循环中体积应变的改变和在流体循环中流量的改变，引起孔隙压力的改变所导致的有效应力的变化。

5.3.3 计算模型建立及计算参数

5.3.3.1 模型建立

龙矿集团北皂海域三采区首采工作面 H2303 为典型工作面开展研究，工作面采用 ZF5200 型支架长壁后退式开采，其中工作面推进度为 1458m，开切眼长度为 196m，采高 4.7m。本研究 H2303 工作面为原型建立三维有限差分模型，倾斜长度为 2000m，走向为 600m，煤层厚 4.7m。模拟煤层实际赋存条件见地质剖面图 5－37，取岩层力学参数见表 5－2。在节省单元、提高运算速度的同时，为保证计算精度，按区域需要考虑的轻重来调整单元的疏密。模型各分层示意及数值模型如图 5－38 所示。

表 5－2 煤层及其覆岩岩石物理力学性质简表

岩层编号	岩层名称	厚度/m	抗压强度/MPa
R17	海水	12.33	—
R16	第四系	67.7	17
R15	泥岩互层	17.5	17
R14	泥岩$_4$	2.56	17
R13	钙质泥岩	43.31	30
R12	煤上$_3$ 油上$_3$	4.53	17
R11	钙质泥岩	23.4	30
R10	泥灰岩	9.7	30
R9	煤上$_2$	9.85	5
R8	互层	6.77	25
R7	煤上$_1$	8.37	30
R6	泥灰岩	20.6	30
R5	含油泥岩	12.56	11.9
R4	煤$_1$	0.89	30
R3	油$_2$ 上$_2$	1.81	30
R2	油$_2$ 上$_2$	1.44	30
R1	含油泥岩	17.83	11.9
M	煤$_2$	5.44	5

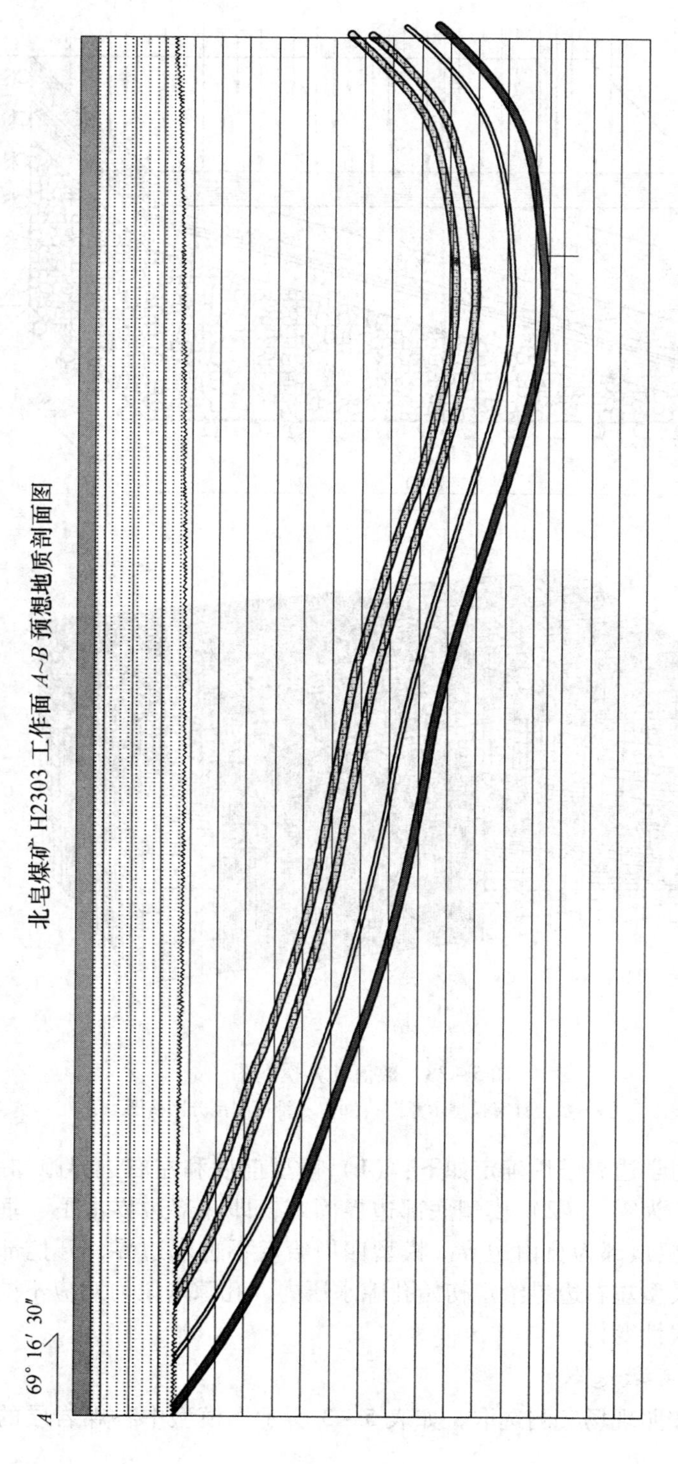

图 5-37 H2303 工作面地质剖面图

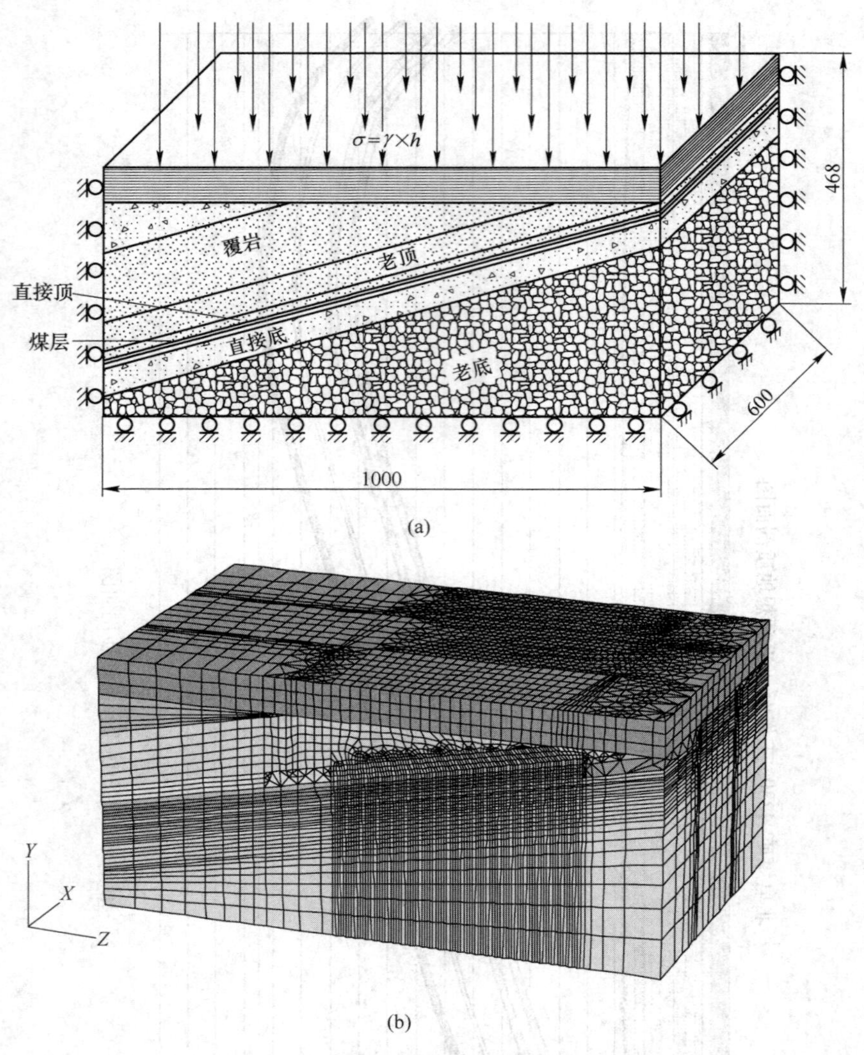

图 5-38 数值计算模型图
（a）数值计算模型示意图；（b）三维模型剖分网格图

计算模型力学边界条件确定如下：（1）模型前后和左右边界施加水平约束，即边界水平位移为零。（2）模型底部边界固定，即底部边界水平、垂直位移均为零。（3）模型顶部为自由边界。模型四周给定不透水边界，开挖部分视为排水边界，并在模型左右边界给定初始孔隙水压力，孔隙水压力对应不同水位条件按照水力梯度线性变化。

5.2.3.2 参数选取

渗流参数按照现场实测选取，如表 5-3 所示。模型中各煤岩层的力学参数以实验室结果给定，具体参数值如表 5－4 所示。在模拟过程中，力学分析选用 Mohr－Coulomb 屈服准则，渗流分析选用 Darcy 定律。

表 5－3 顶板岩层水力学参数

岩 性	流体体积模量/GPa	孔隙率/%	渗透系数/$m^2 \cdot (Pa \cdot s)^{-1}$	密度/$kg \cdot m^{-3}$
Q＋N 含水层	2.0	0.3	10e－12	1000
钙质泥岩与泥灰岩含水层	2.0	0.15	10e－12	1000
泥岩夹泥灰岩互层含水层	2.0	0.15	10e－11	1000
煤$_1$、油$_2$ 含水层	2.0	0.15	10e－11	1000

表 5－4 煤$_2$ 顶底板岩层岩石力学参数

岩 性	单轴抗压强度/MPa	弹性模量/MPa	变形模量/MPa	内聚力/MPa	内摩擦角/(°)	备 注
钙质泥岩	0.5	2000	70.0	3.2	36	风化带
钙质泥岩	31.4～41.1	2000	2469.8～5293.3	3.20	36.7	—
油页岩	36.2～63.0	2021.5	1266.4～2222.0	0.5	14.0～32.6	顶板
含油泥岩	12.0～30.0	1161.3	649.9～1840.0	0.50	27.1～31.0	直接顶
煤$_2$	8.2	1000	500	0.05	18	据梁家矿
黏土岩	5.4～10.5	1500	649.9～1006.8	0.4	25	直接底
黏土岩	18.1～23.9	1519.9	2669.8～3671.8	0.4	25.8～33.8	直接底（浅灰色）
泥岩	7.7～19.7	1600	520.0～2685.0	0.24～0.51	26.3～32.0	直接底

注：未注明数据由中科院地质所工程地质力学开放研究实验室测定。

5.3.4 数值计算结果及分析

5.3.4.1 采场结构模型

煤矿重大灾害事故与采场结构力学模型紧密相关。建立正确的采场结构力学模型，有助于正确分析事故发生机理。工作面开采后，垮落带岩层冒落后，裂断拱内岩层继续弯曲裂断，直至没有裂断空间。此后，覆岩发生弯曲，产生张拉裂隙，这一层空间称为“岩层裂隙区”。这一区对煤矿透水发生至关重要，若张拉裂隙数量及开口度较小，并且能够自我弥合，则导水通道很难导通，难以发生顶板透水事故；反之，由于采场裂断带波及到含水层，从而导致严重透水事故的发生，如图 5－39 所示。

本节中应用 FLAC3D 有限差分软件，以弹塑性力学理论为基础，根据实用矿压理论，模拟海下煤层综放开采过程。开采煤层应用 Model Null 模型来模拟，考

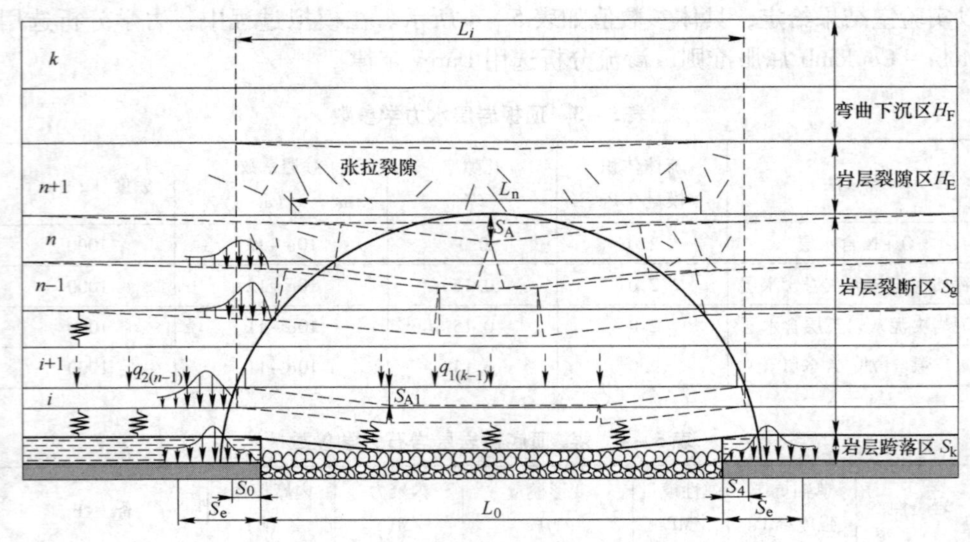

图 5－39 采场结构力学模型示意图

虑岩层的碎胀系数，工作面初次来压和周期来压中顶板岩梁的坍塌和裂隙贯通采用 Model Mohr 模型来模拟。通过模拟计算，考察工作面推进过程中顶底板围岩渗流场变化、位移场变化、应力场及破坏情况，分析工作面推进过程中的中覆岩运动规律及破坏特征，确定上覆岩层中坍塌带及导水裂隙带高度，为海下煤层开采的上限提高提供实践支持。

5.3.4.2 工作面推进过程中渗流场分析

根据工作面的地质条件，采用 FLAC3D 进行了应力－渗流系统进行固－液耦合模拟计算，相应参数根据 FLAC 特性和该工作面条件进行设置。开挖前首先进行流固耦合计算，然后进行开挖计算。达到初始平衡后的空隙水压力，如图 5－40所示，从海平面至海底－350m 水平的孔隙水压为 3.9MPa。

当煤层开挖后，开挖面上的孔隙水压会降低，地下水会流向工作面采空区，如图5－41～图5－43 所示，分布为工作面推进20m、40m 和300m 时围岩内的流动矢量图。煤层开采后，工作面顶底板岩层内渗流场重新分布，在开采工作面周围区域内单位面积内涌水速度升高，顶底板坍塌区域（采空区）内单位面积内涌水速度降低，低于开采工作面周围区域。这是由于采空区在顶底板岩梁坍塌后，岩石裂隙中空隙水压回升，使得渗流量有所下降。采动岩体内的渗流速度、渗流量和裂隙压力的变化都经历了由小到大再变小的过程；说明采空区及其上方覆岩的导水裂隙在顶板坍塌后被逐渐压实，失去了部分导水能力；随着工作面持续开采，顶板岩层渗流速度越来越大，说明覆岩产生了更多的新生裂隙，导致渗流速度、渗流量和裂隙压力增大。因此，工作面围岩内渗流场变化规律反映了导水裂隙带演化特征及覆岩破坏特征。

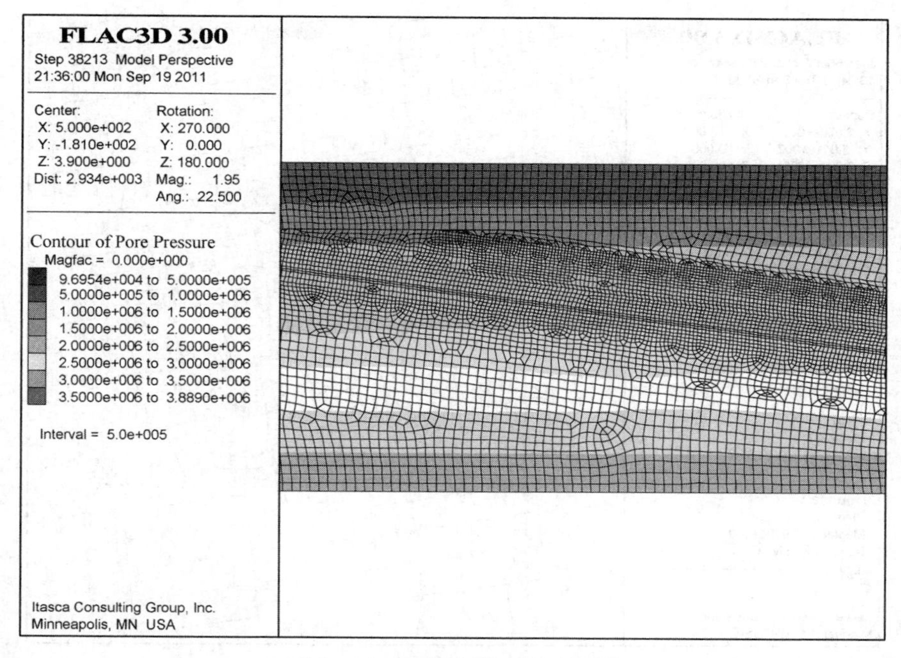

图 5-40 初始孔隙水压力云图

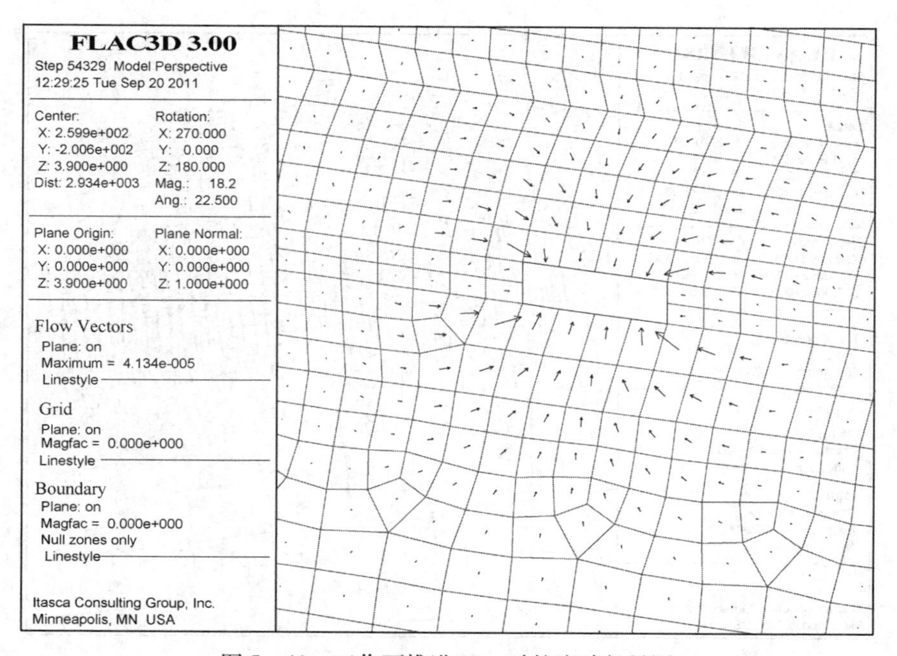

图 5-41 工作面推进 20m 时的流动矢量图

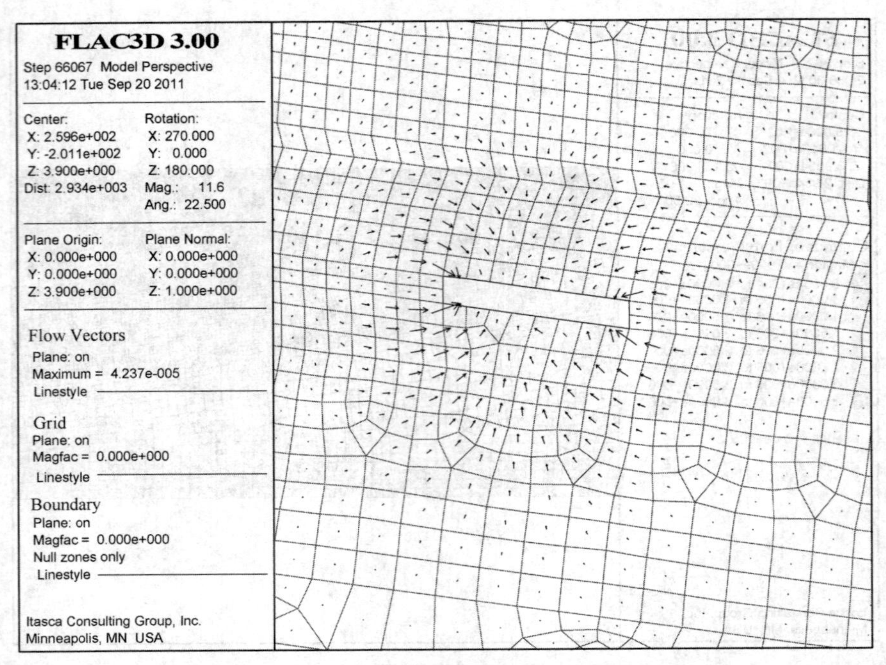

图 5－42 工作面推进 40m 时的流动矢量图

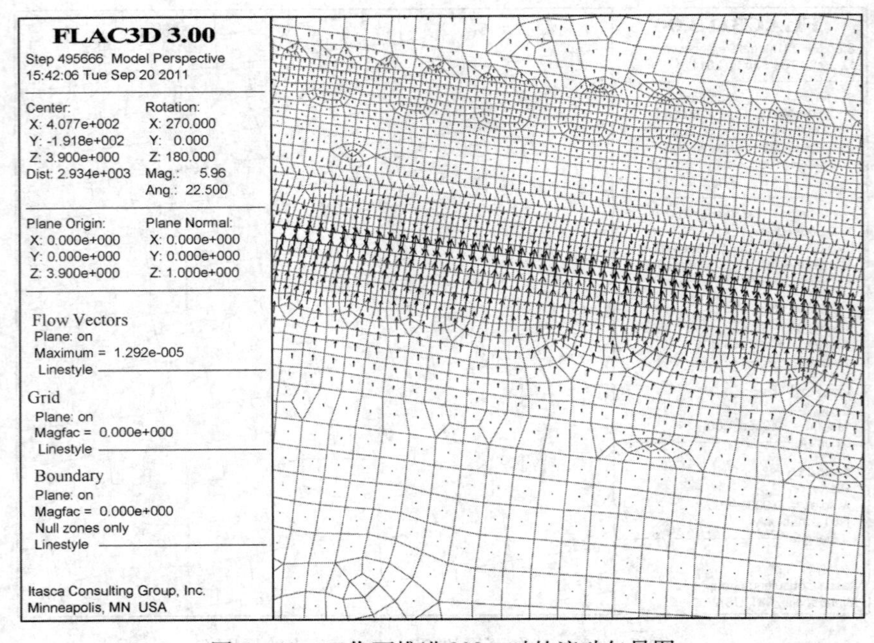

图 5－43 工作面推进 300m 时的流动矢量图

5.3.4.3 工作面推进过程中位移场分析

工作面推进过程中，采场围岩内位移场变化规律，如图5－44～图5－71所示。

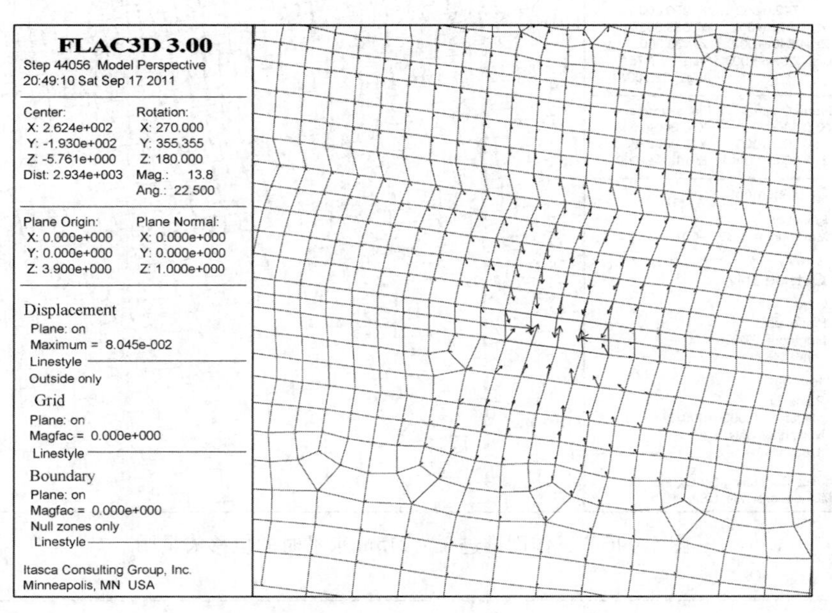

图5－44 工作面推进至－220m水平时的位移矢量图

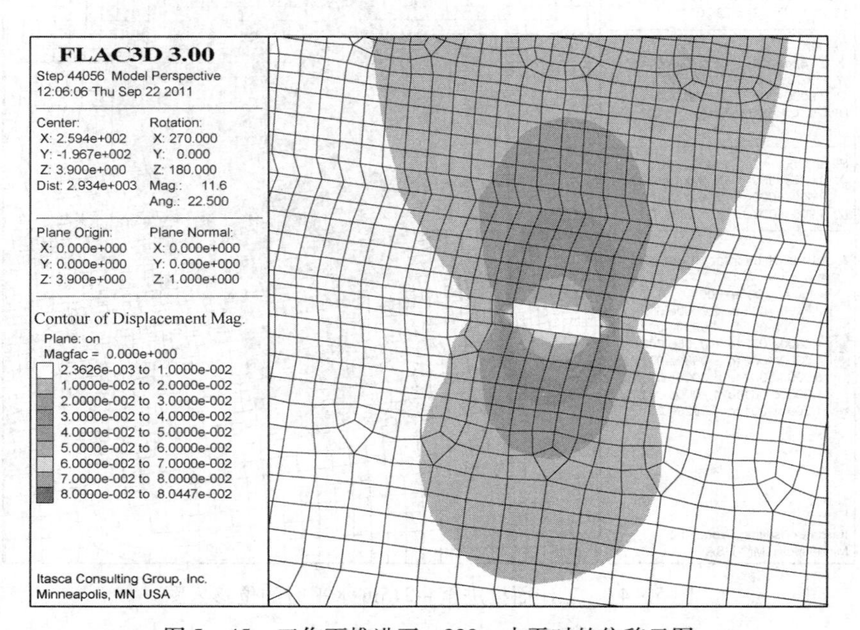

图5－45 工作面推进至－220m水平时的位移云图

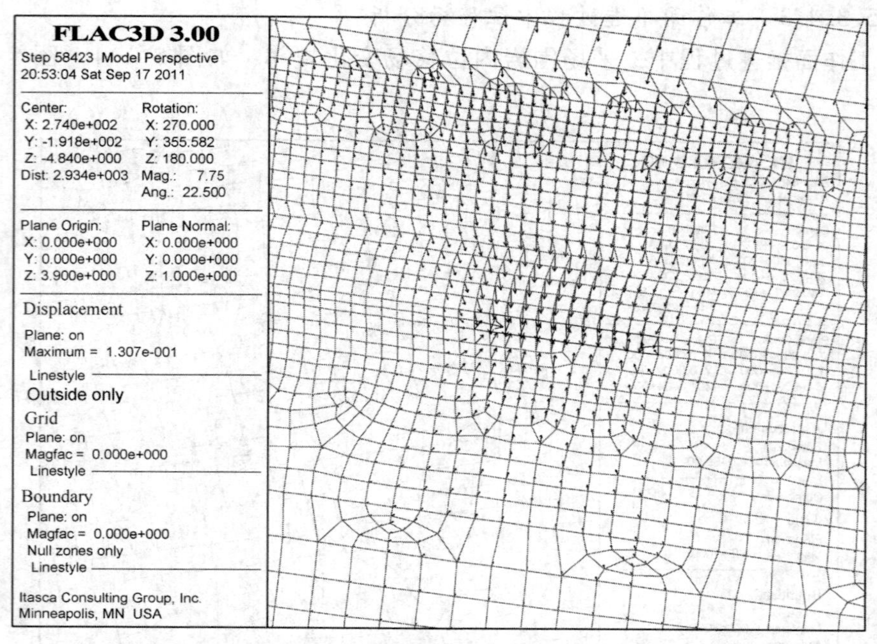

图 5 - 46　工作面推进至 - 215m 水平时的位移矢量图

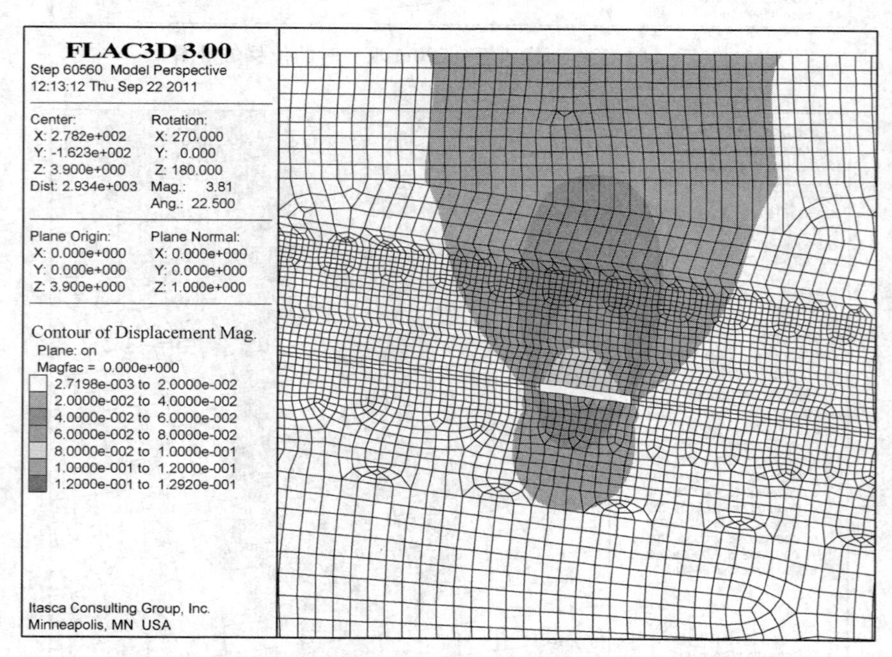

图 5 - 47　工作面推进至 - 215m 水平时的位移云图

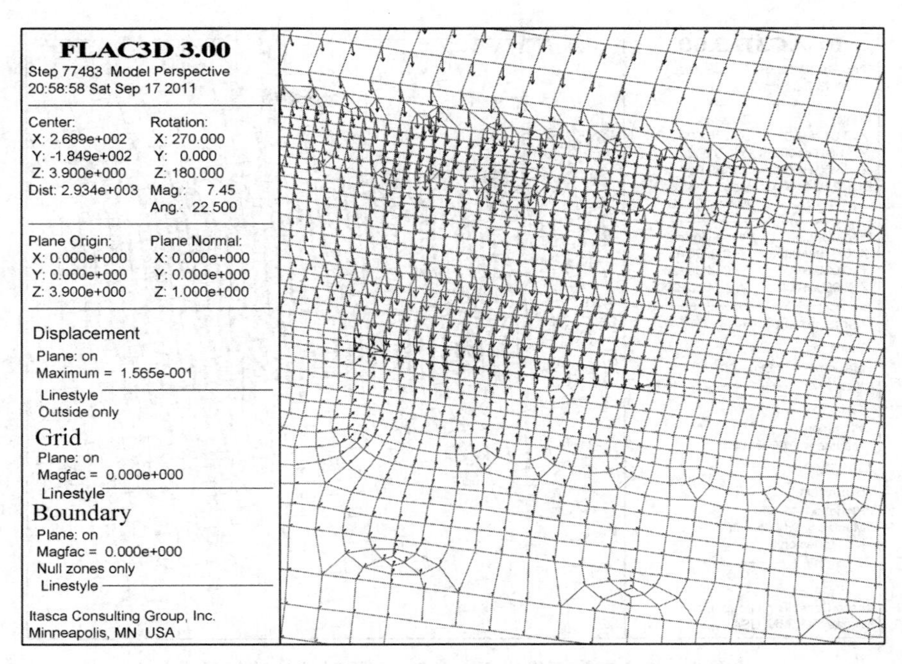

图 5-48 工作面推进至 -210m 水平时的位移矢量图

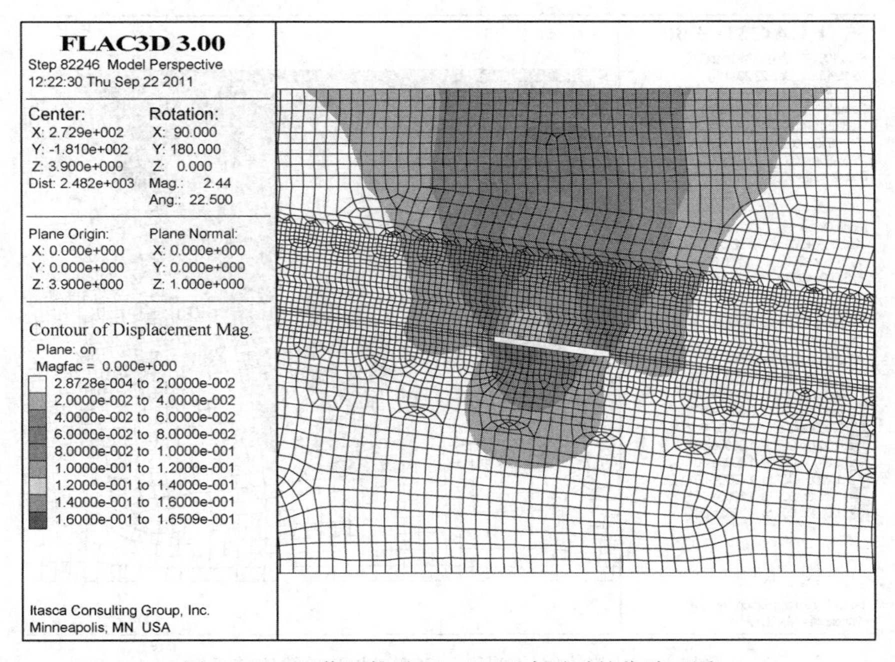

图 5-49 工作面推进至 -210m 水平时的位移云图

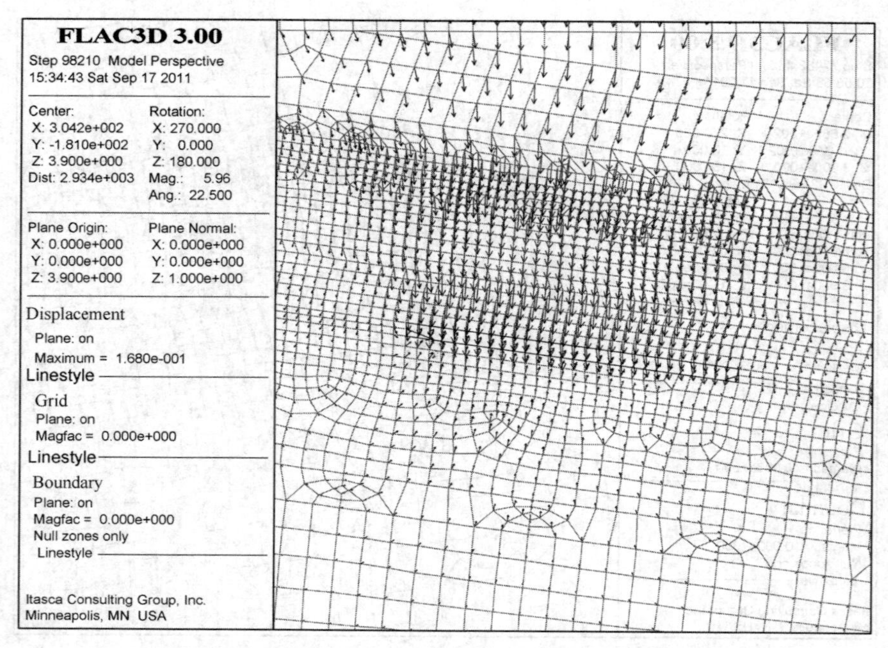

图 5 - 50　工作面推进至 - 205m 水平时的位移矢量图

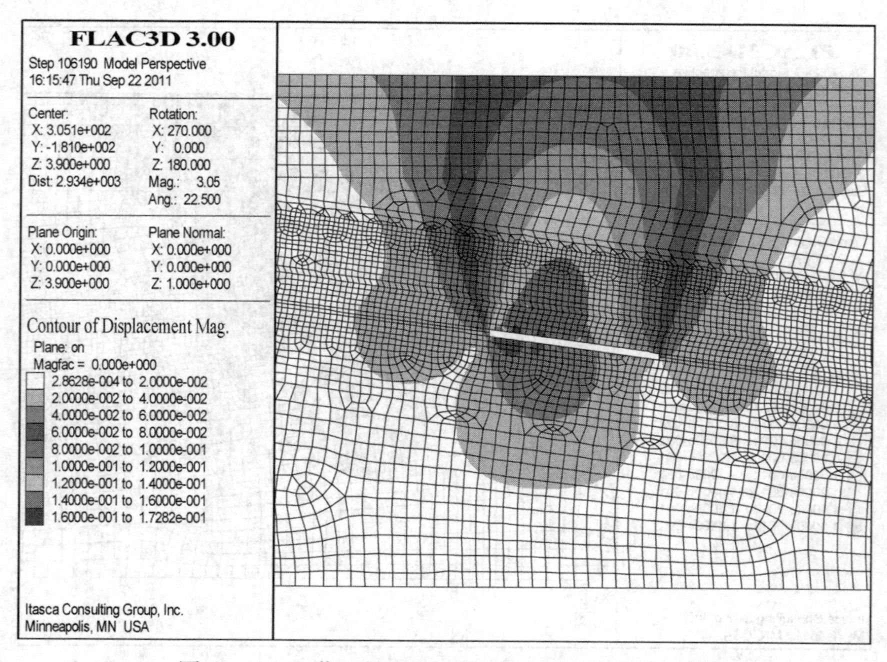

图 5 - 51　工作面推进至 - 205m 水平时的位移云图

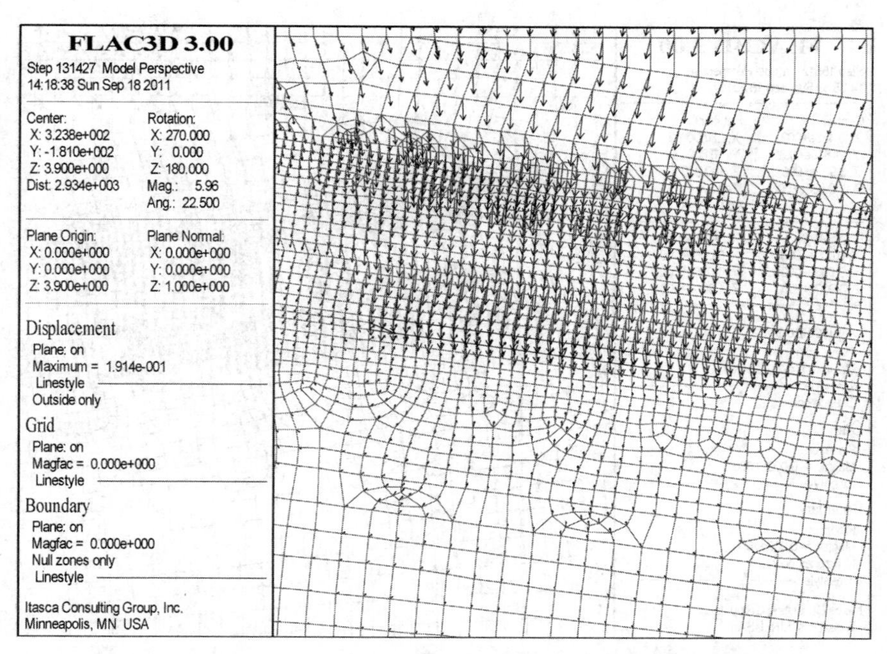

图 5-52 工作面推进至 -200m 水平时的位移矢量图

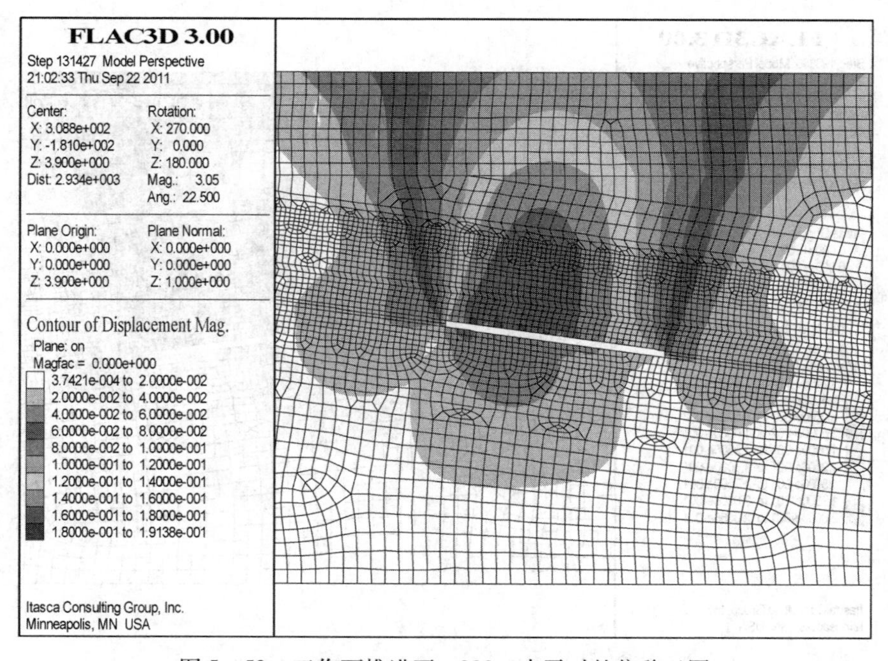

图 5-53 工作面推进至 -200m 水平时的位移云图

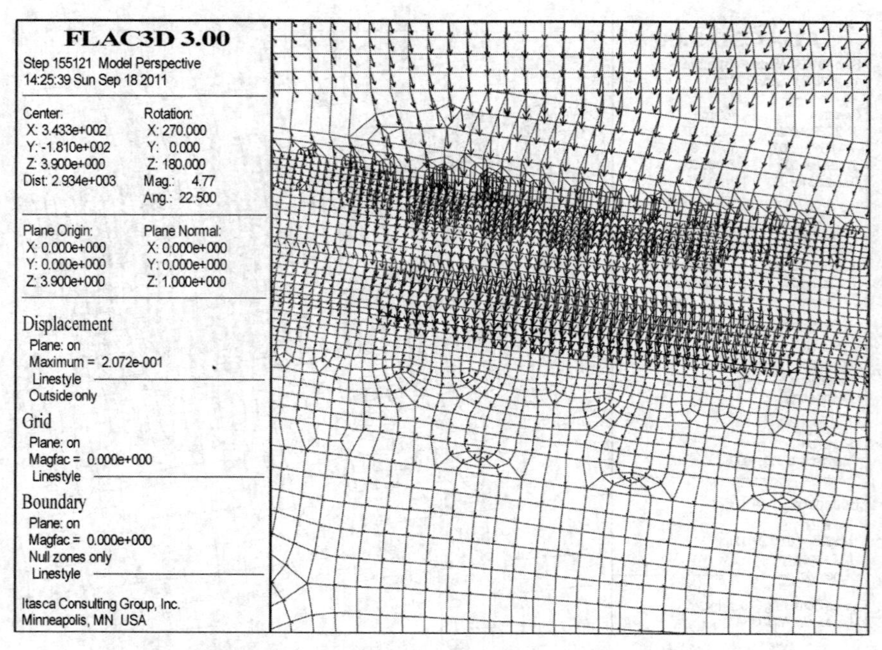

图 5－54 工作面推进至－195m 水平时的位移矢量图

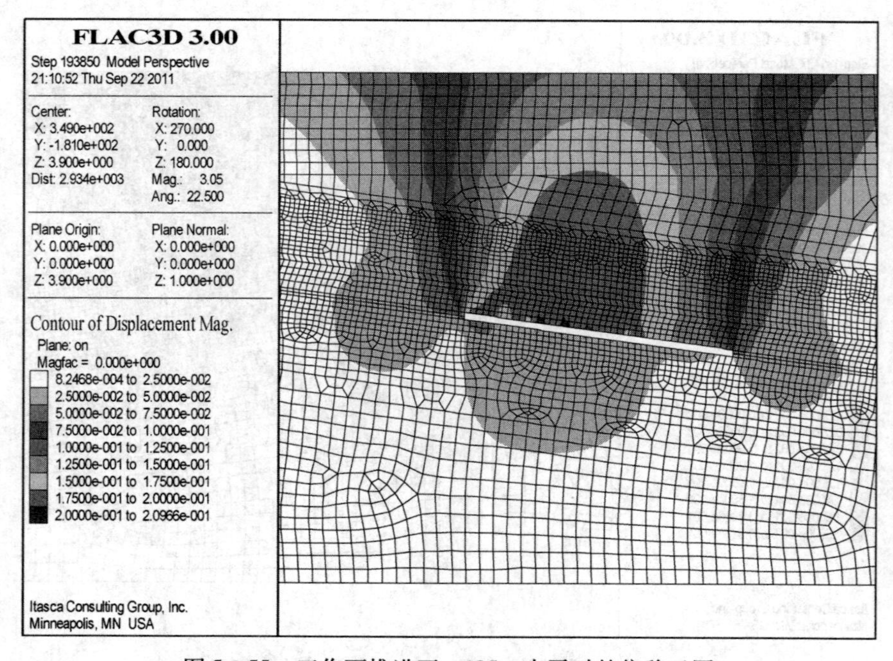

图 5－55 工作面推进至－195m 水平时的位移云图

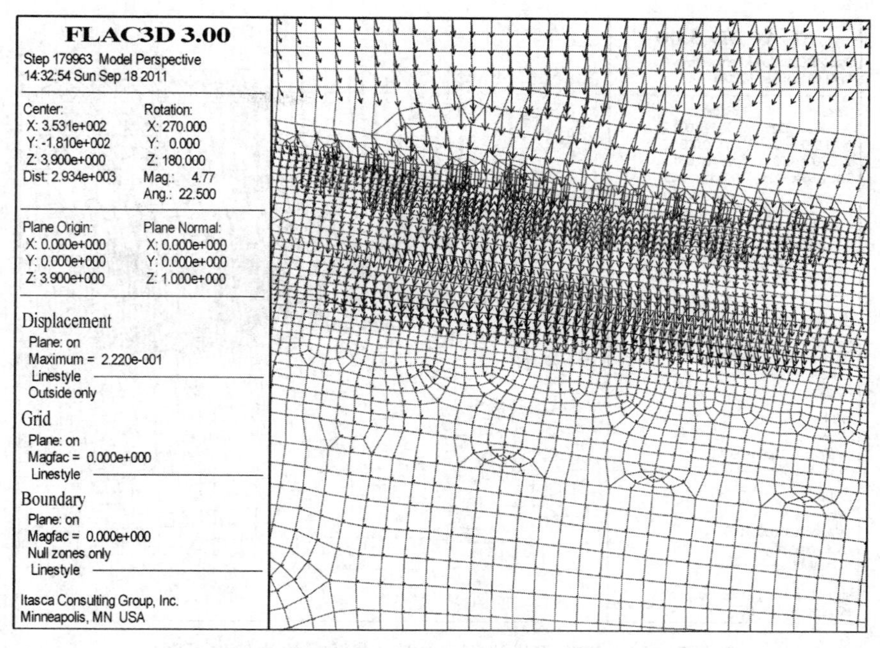

图 5-56 工作面推进至 -190m 水平时的位移矢量图

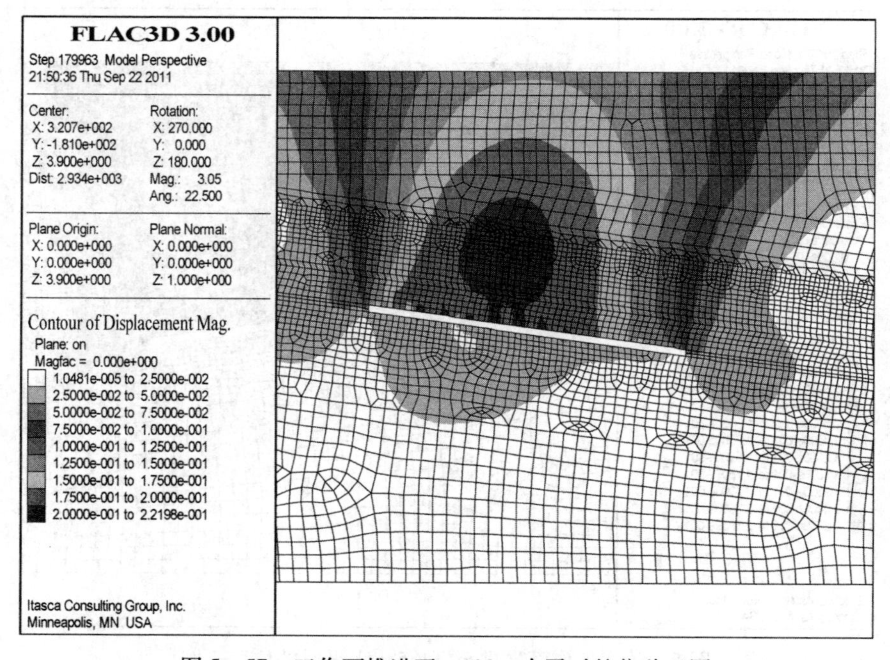

图 5-57 工作面推进至 -190m 水平时的位移云图

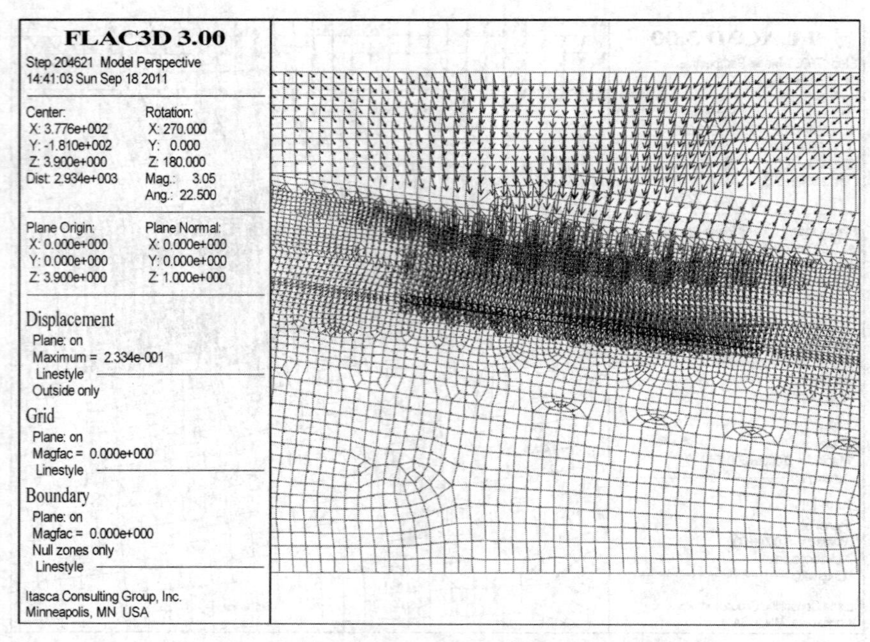

图 5－58 工作面推进至－185m 水平时的位移矢量图

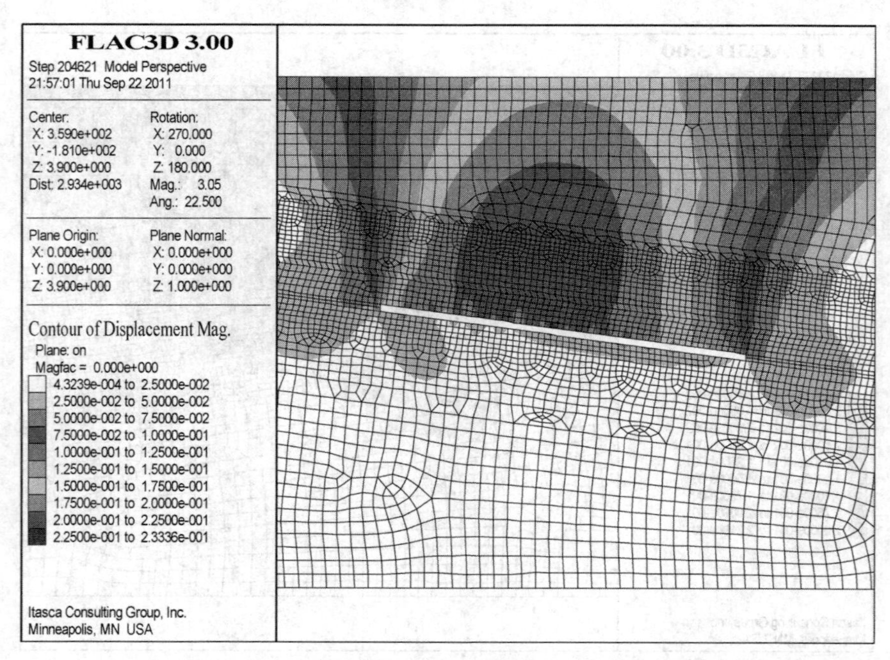

图 5－59 工作面推进至－185m 水平时的位移云图

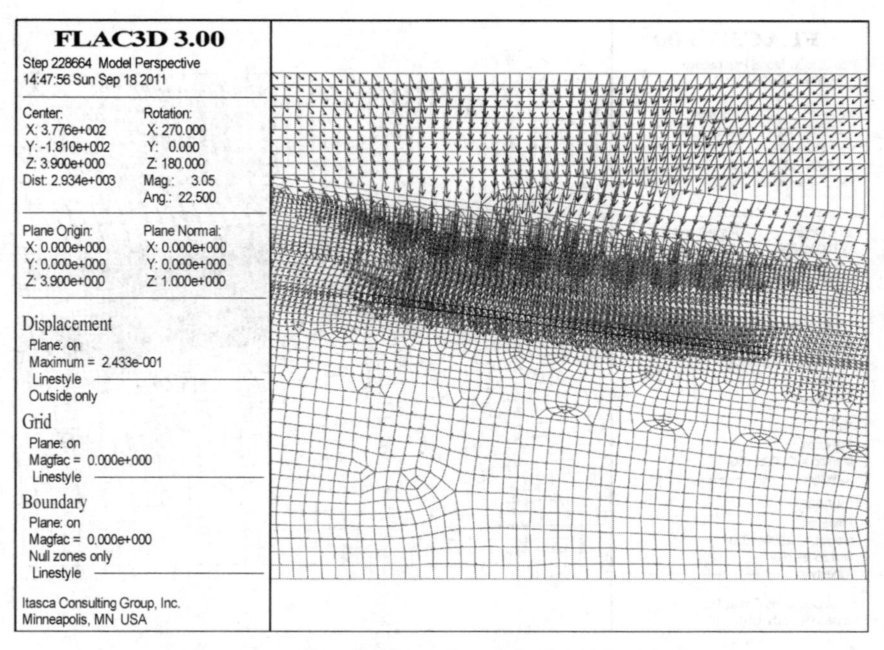

图 5-60 工作面推进至-180m水平时的位移矢量图

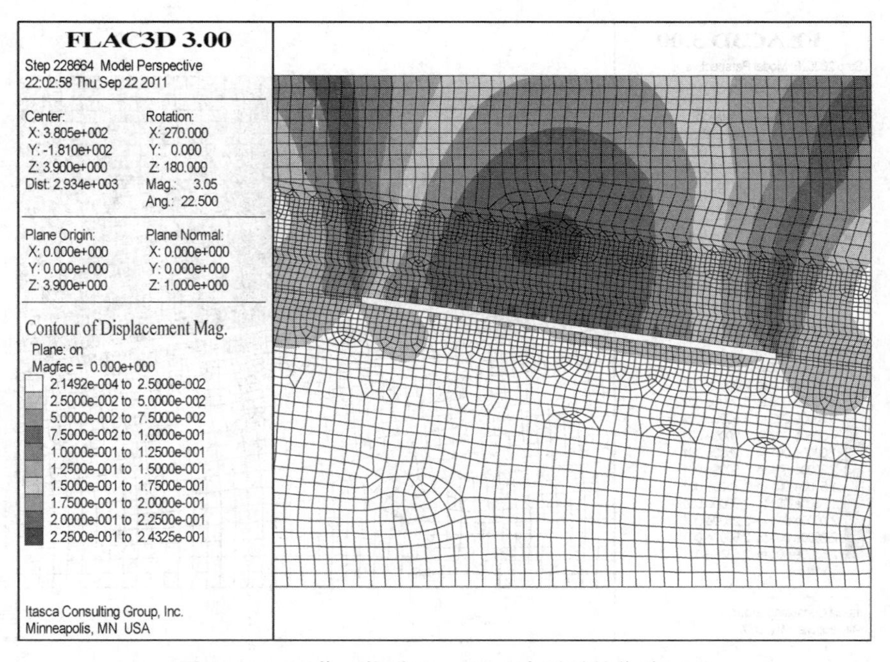

图 5-61 工作面推进至-180m水平时的位移云图

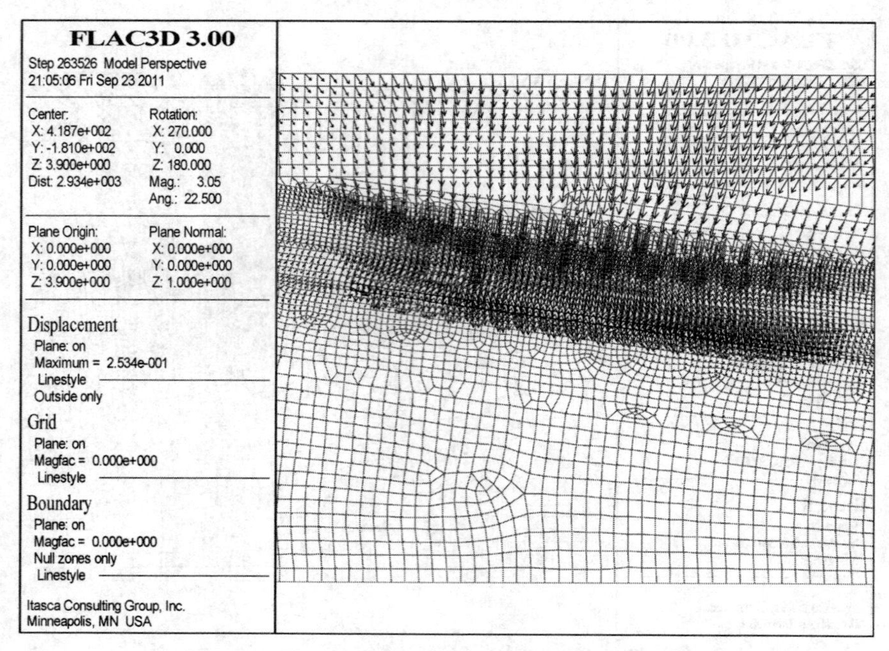

图 5 - 62　工作面推进至 - 175m 水平时的位移矢量图

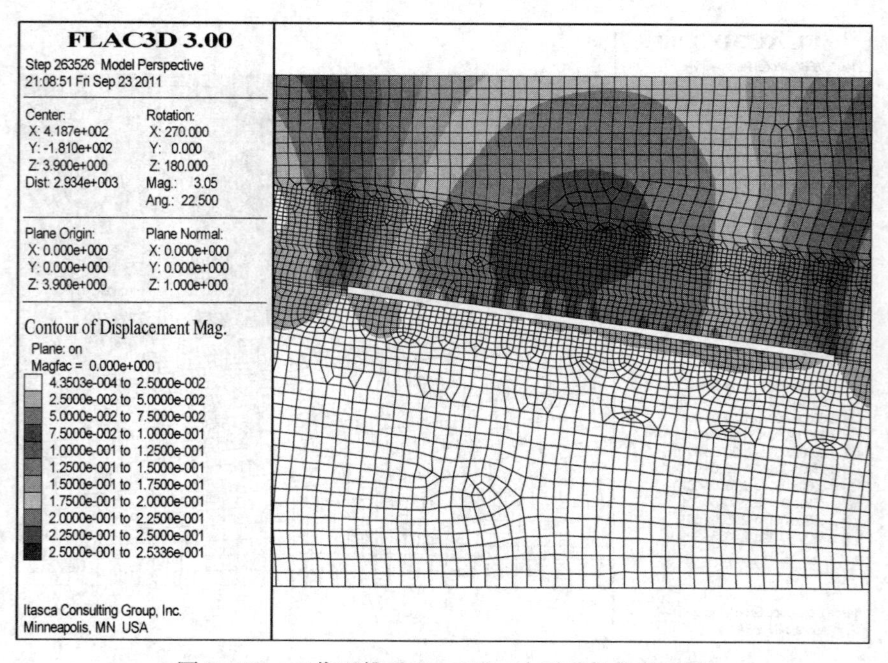

图 5 - 63　工作面推进至 - 175m 水平时的位移云图

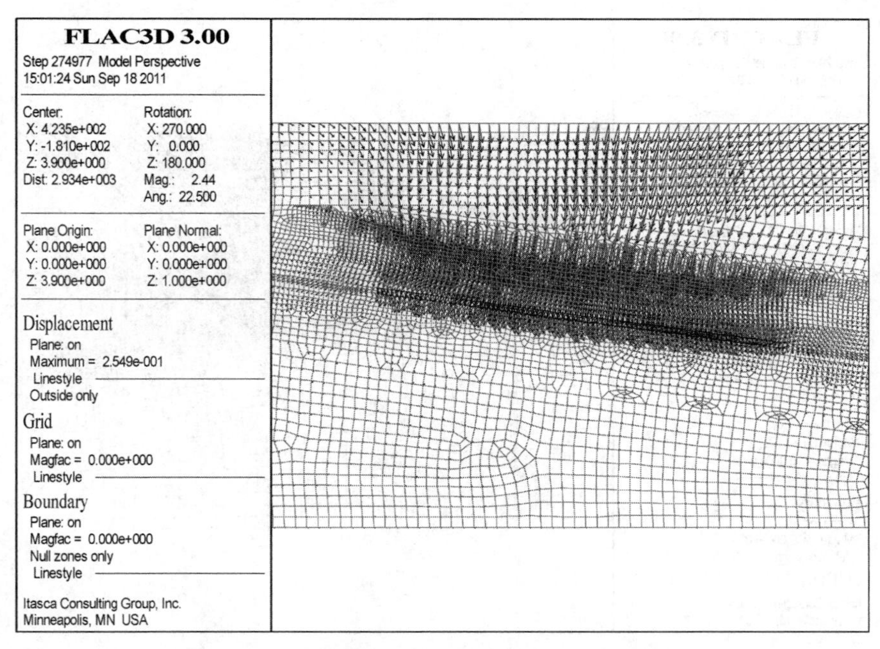

图 5-64 工作面推进至-170m 水平时的位移矢量图

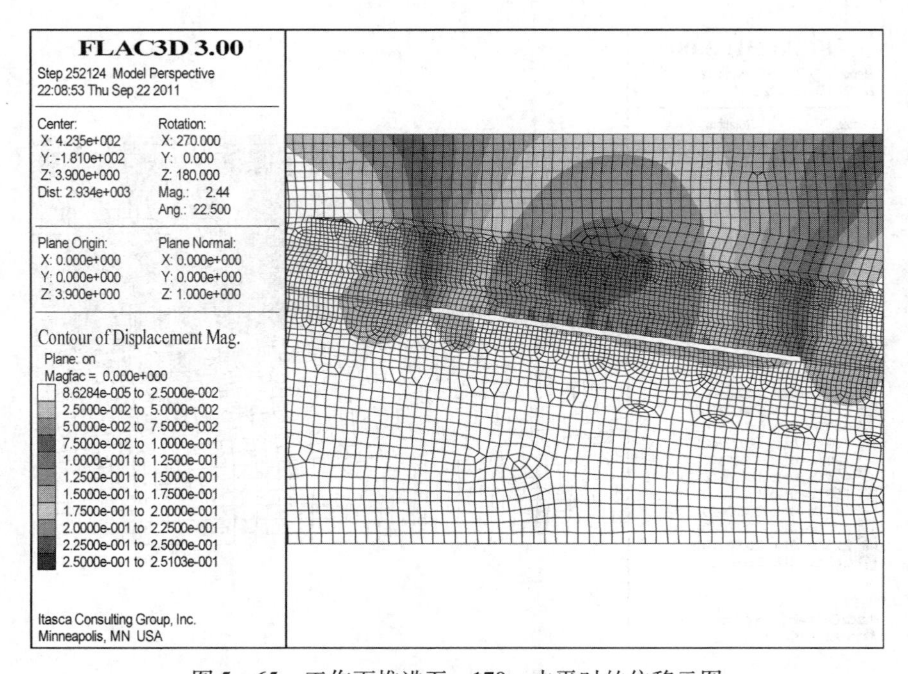

图 5-65 工作面推进至-170m 水平时的位移云图

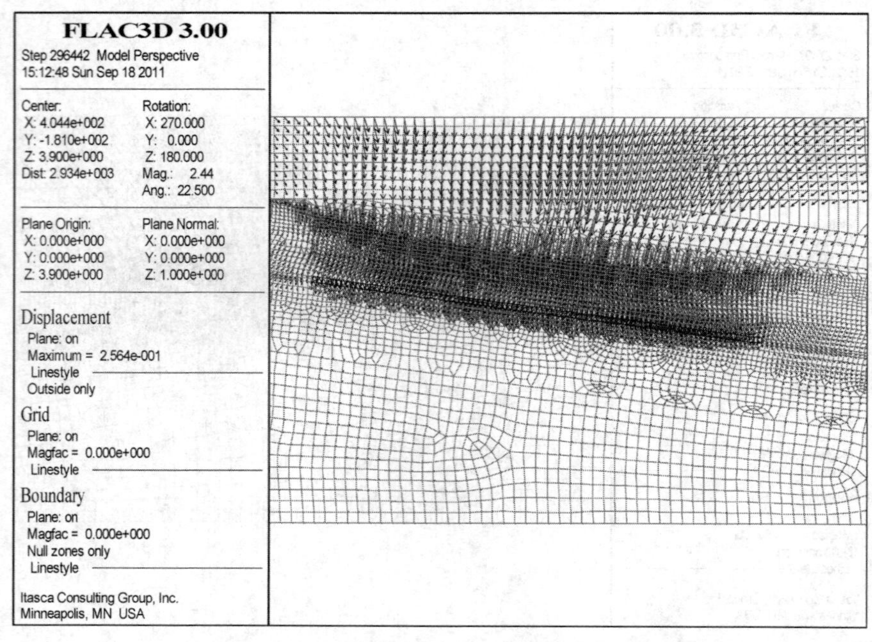

图 5-66　工作面推进至-165m 水平时的位移矢量图

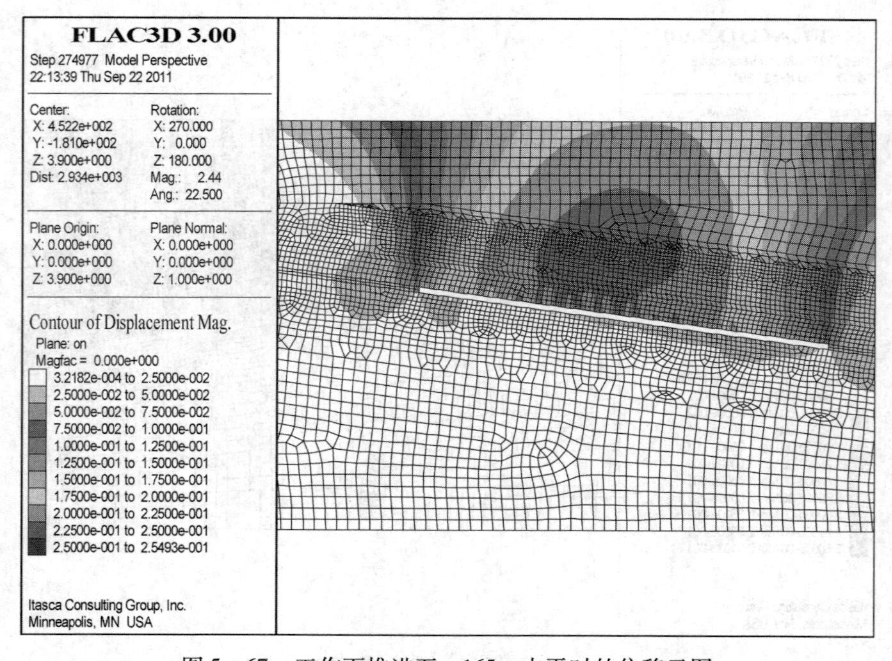

图 5-67　工作面推进至-165m 水平时的位移云图

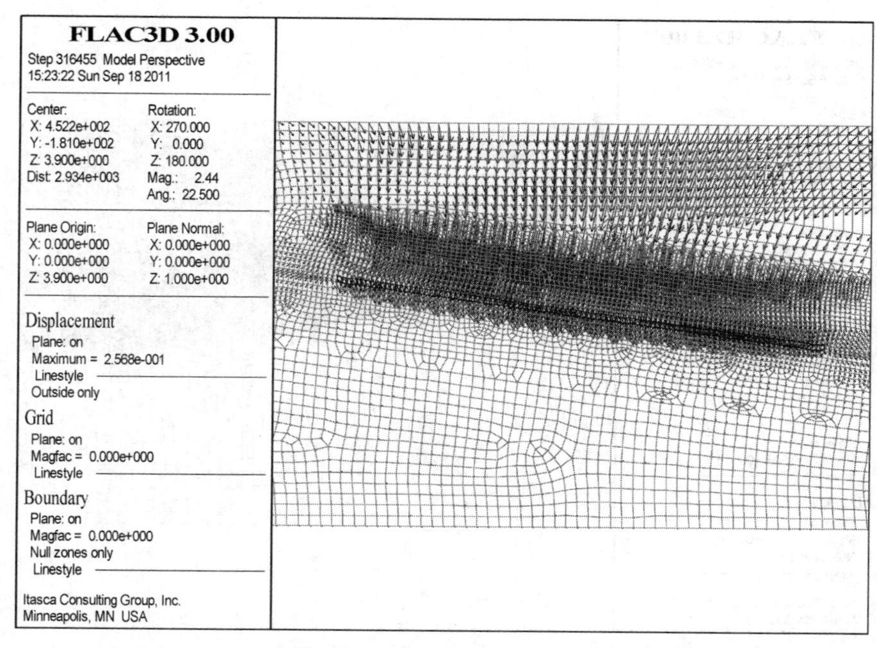

图 5-68 工作面推进至-160m 水平时的位移矢量图

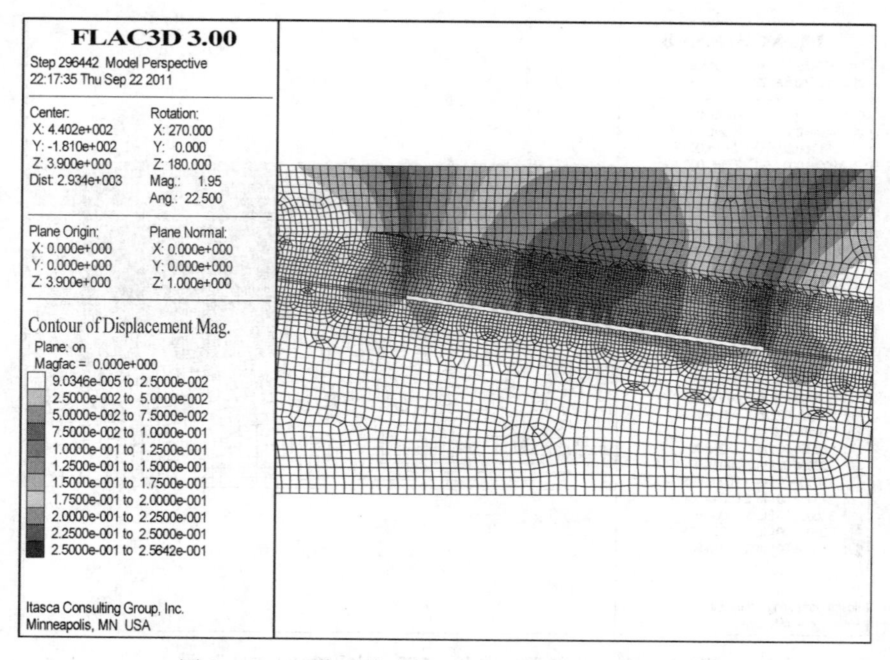

图 5-69 工作面推进至-160m 水平时的位移云图

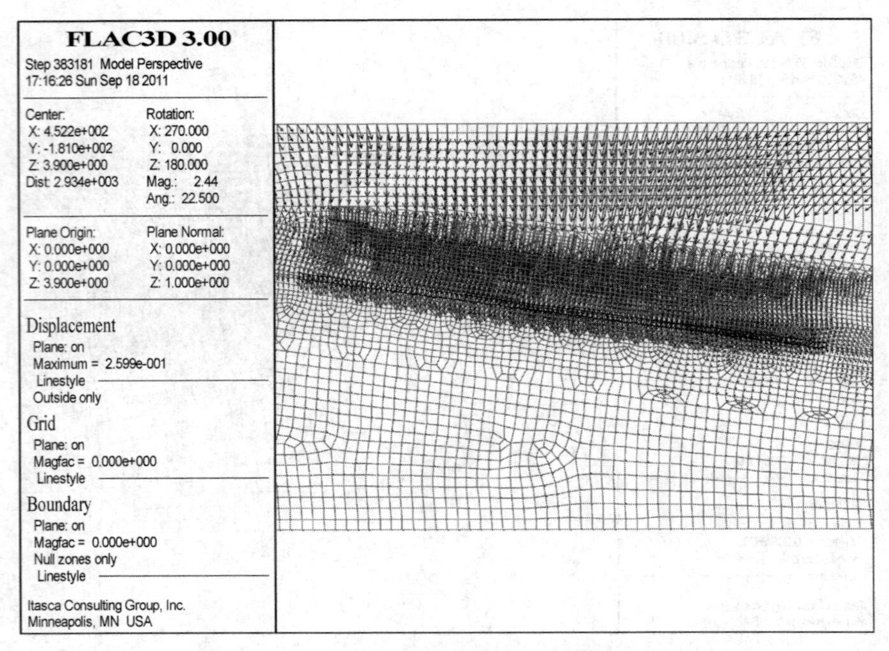

图 5－70　工作面推进至－155m 水平时的位移矢量图

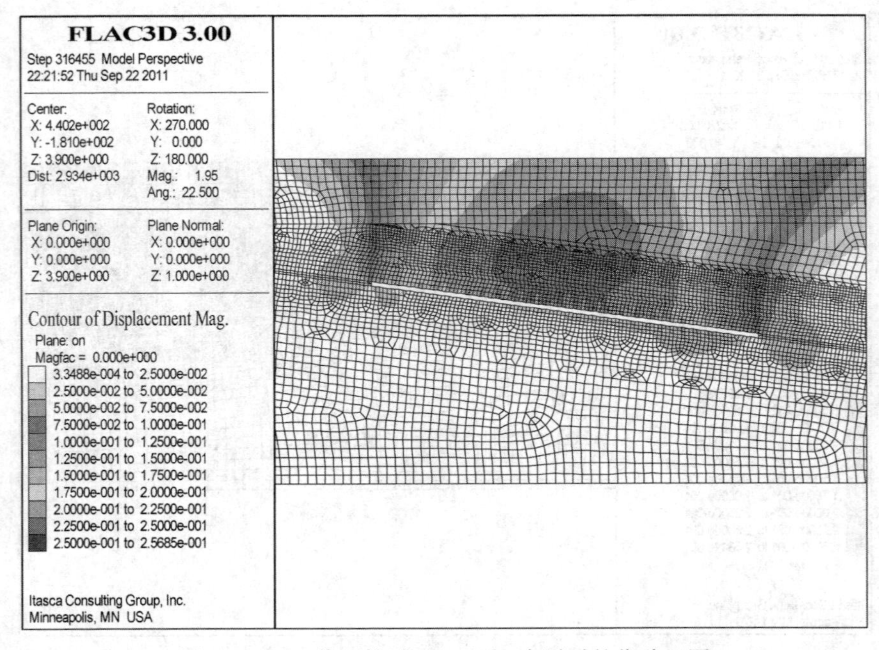

图 5－71　工作面推进至－155m 水平时的位移云图

如图5－72所示，工作面推进过程中，煤层开采引起开挖区域应力释放，开挖边界位移朝向开挖临空面，其中顶板下沉，底板上抬。伴随煤层继续开采，位移持续增大；直至初次来压完成，上覆岩层坍塌充填采空区；煤层持续开采，上位岩层继续产生下沉，直至周期来压出现。由于煤层倾斜，工作面顶底板位移亦有随工作面倾斜方向滑动变形的趋势。

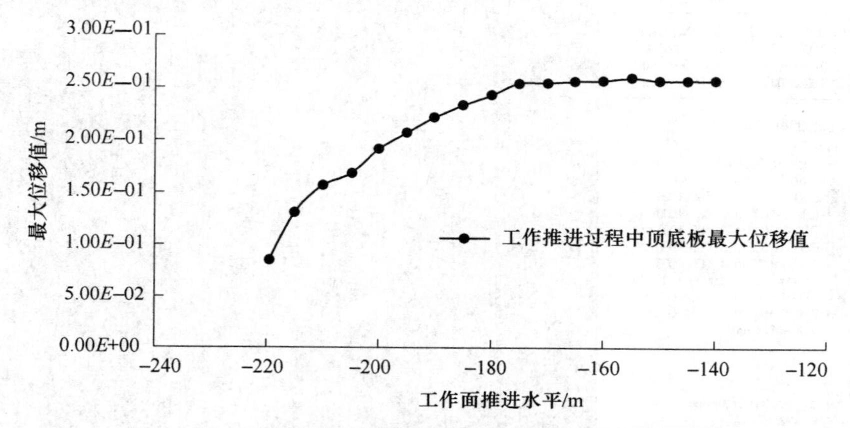

图5－72 工作推进过程中顶底板围岩最大位移变化过程

由位移分布图可知，随着工作面推进，煤层上覆顶板岩层的位移持续增加，直至初次来压完成，位移增加速度减缓。当工作推进使采空区形状“见方”时，对采场有明显影响的上覆岩层裂断破坏过程基本完成，上覆岩层位移值几乎不再增加。位移变化剧烈各部位在上覆岩层内形成一个圆拱形区域，由于煤层清晰的影响圆拱中心向煤层推进方向倾斜。圆拱中心的高度随工作推进持续增加，当工作面见方时，最大高度达55m，其后几乎不再增加。

当工作面推进至－155水平时，“位移变化剧烈圆拱”的顶部接近第四系地层，受地层变形性质的影响，“位移变化剧烈圆拱”有继续突破第四系地层向上延伸的趋势。

5.3.4.4 工作面推进过程中应力场分析

工作面推进过程中，采场围岩内应力状态变化，如图5－73～图5－100所示。

工作面推进煤层开挖，在重力和构造应力作用下，引起采场四周煤体及顶底板围岩承载载荷最大，特别是随着煤层顶板岩梁断裂破损，围岩内应力场支撑压力分布范围、内外应力场等变化剧烈。本节通过FLAC3D模拟计算，分析覆岩运动过程中采动应力场的变化及分布规律。

由最大和最小主应力分布云图可知，工作面两侧煤体为支撑压力最大值位置，应力高峰位于煤体前方12m位置。工作面两侧方向应力集中系数最高可达2.1，工作面上部应力集中系数可达1.78左右。由于工作面倾斜，煤层顶底板岩

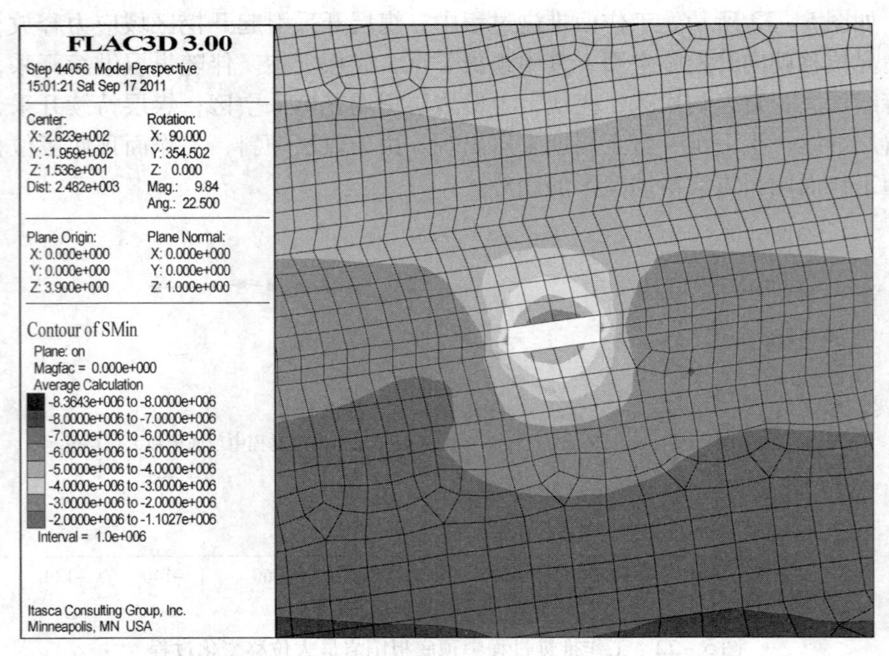

图 5-73 工作面推进至 -220m 水平时的最小主应力

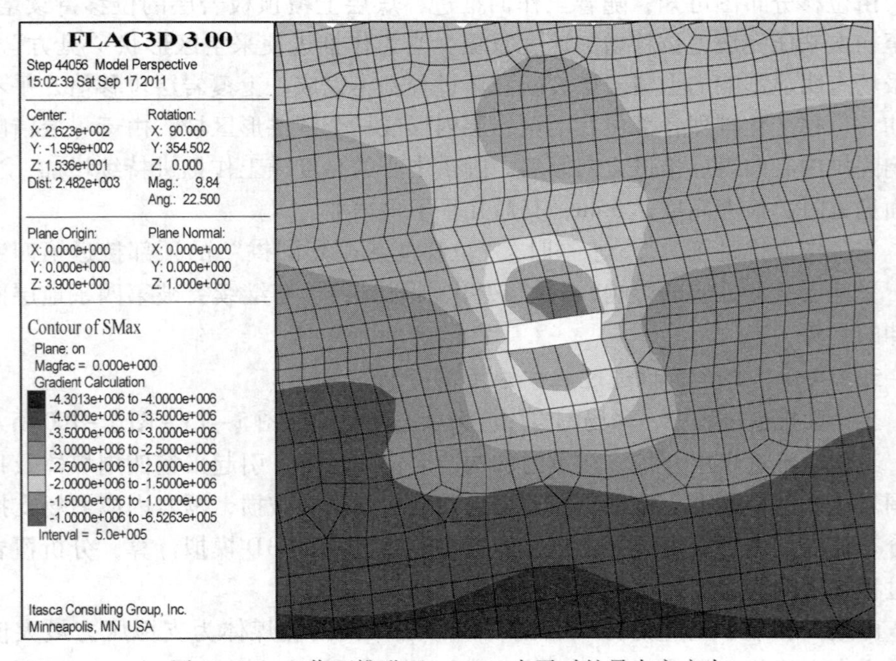

图 5-74 工作面推进至 -220m 水平时的最大主应力

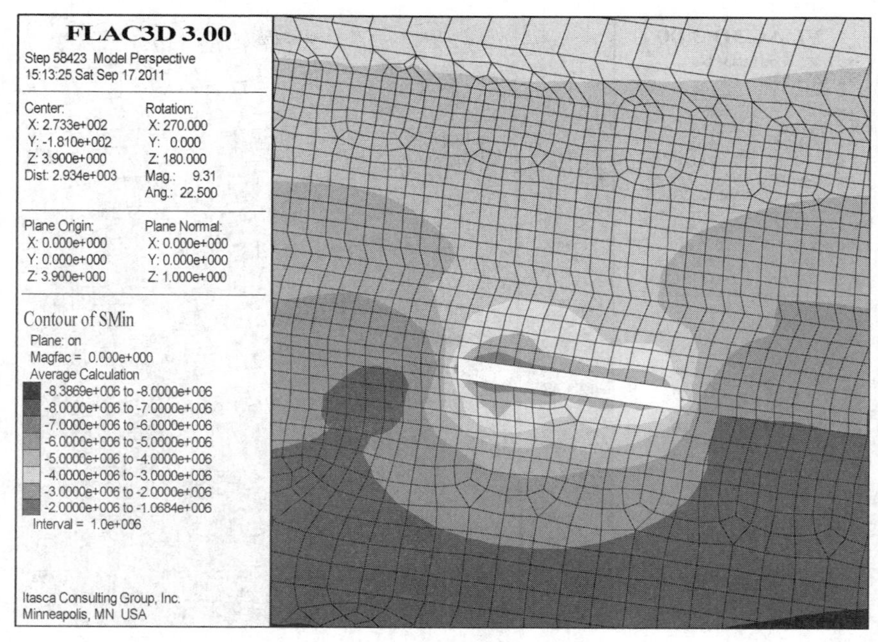

图 5-75 工作面推进至 -215m 水平时的最小主应力云图

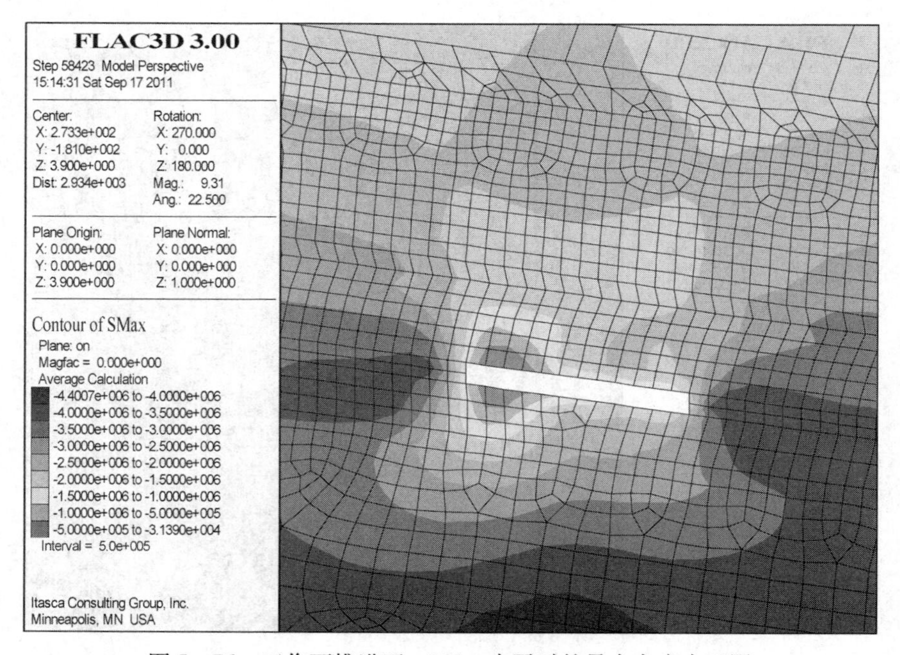

图 5-76 工作面推进至 -215m 水平时的最大主应力云图

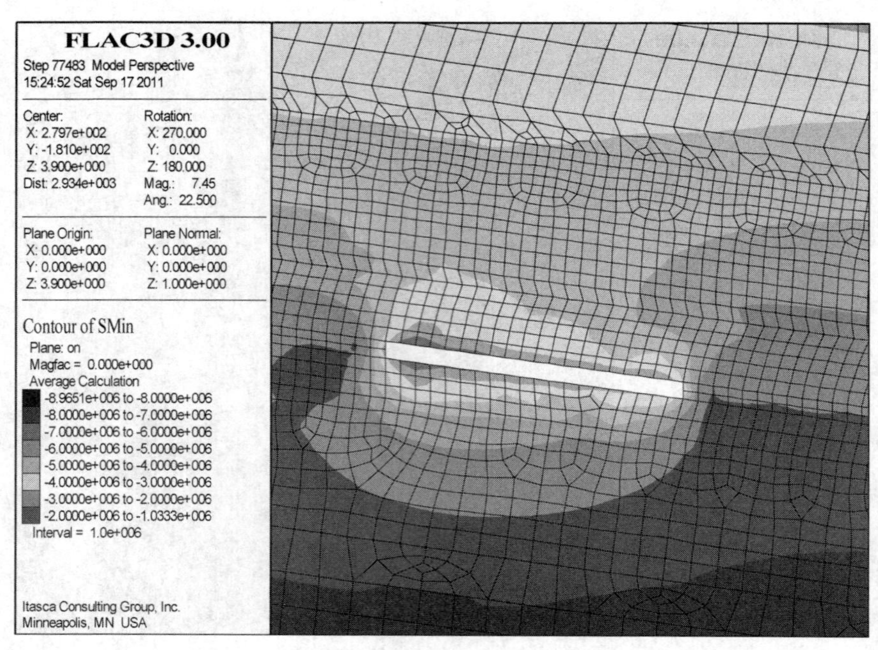

图 5 - 77　工作面推进至 - 210m 水平时的最小主应力云图

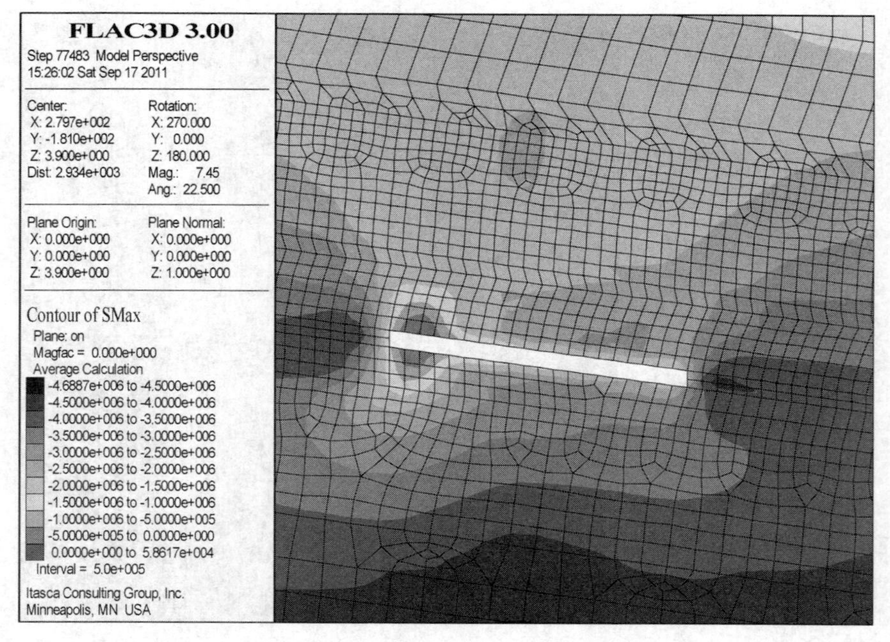

图 5 - 78　工作面推进至 - 210m 水平时的最大主应力云图

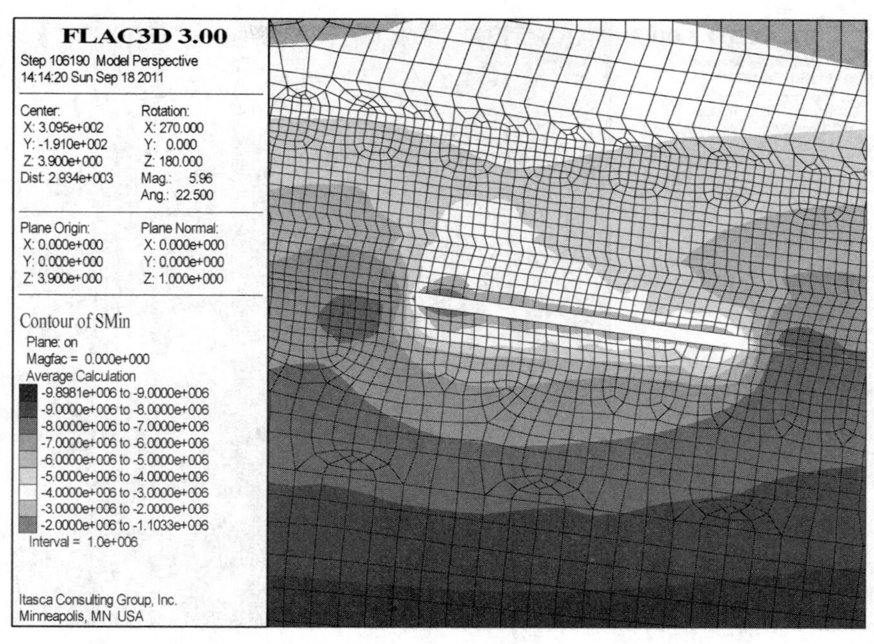

图 5－79 工作面推进至－205m 水平时的最小主应力云图

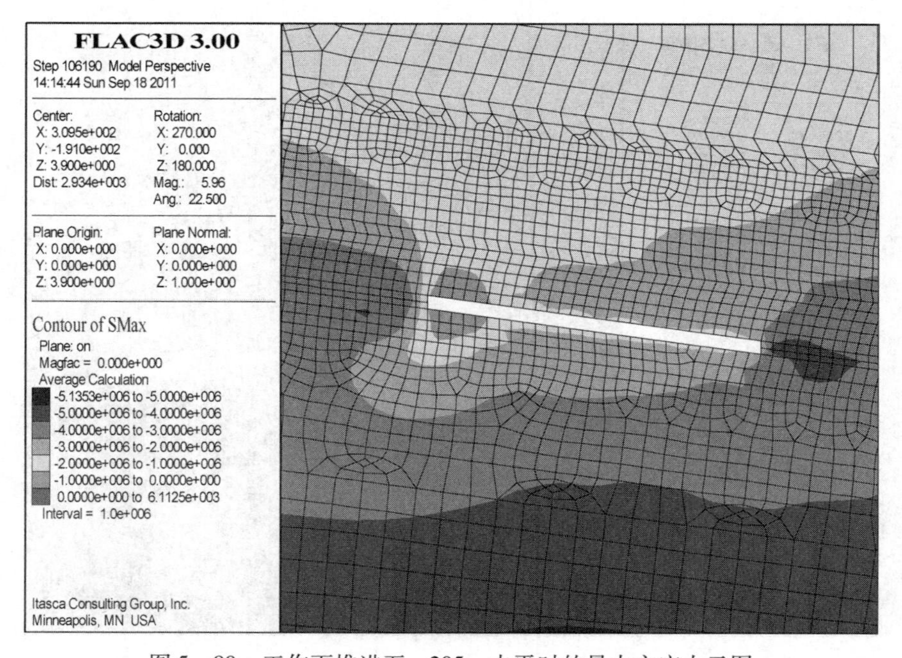

图 5－80 工作面推进至－205m 水平时的最大主应力云图

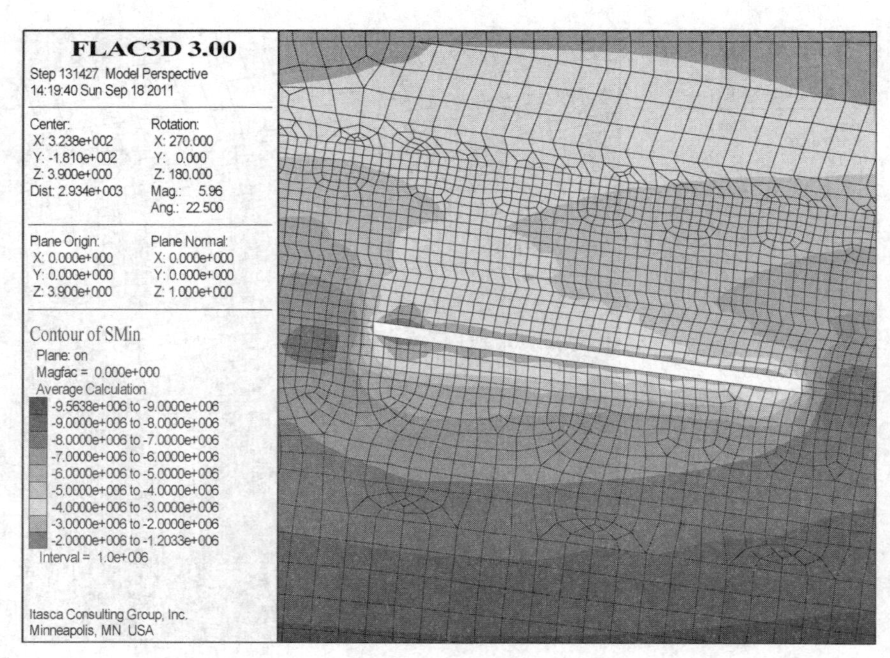

图 5－81 工作面推进至－200m 水平时的最小主应力云图

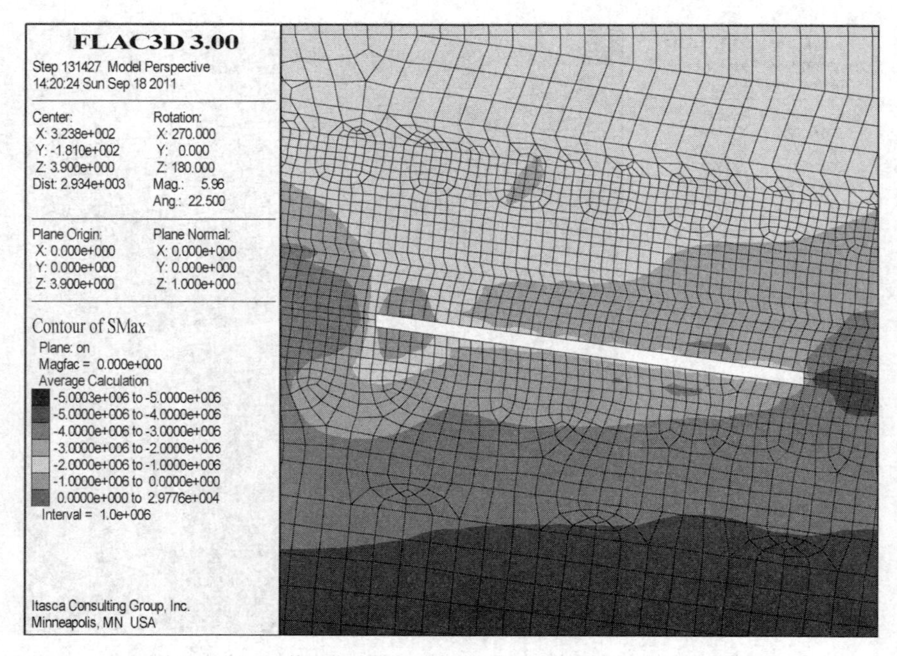

图 5－82 工作面推进至－200m 水平时的最大主应力云图

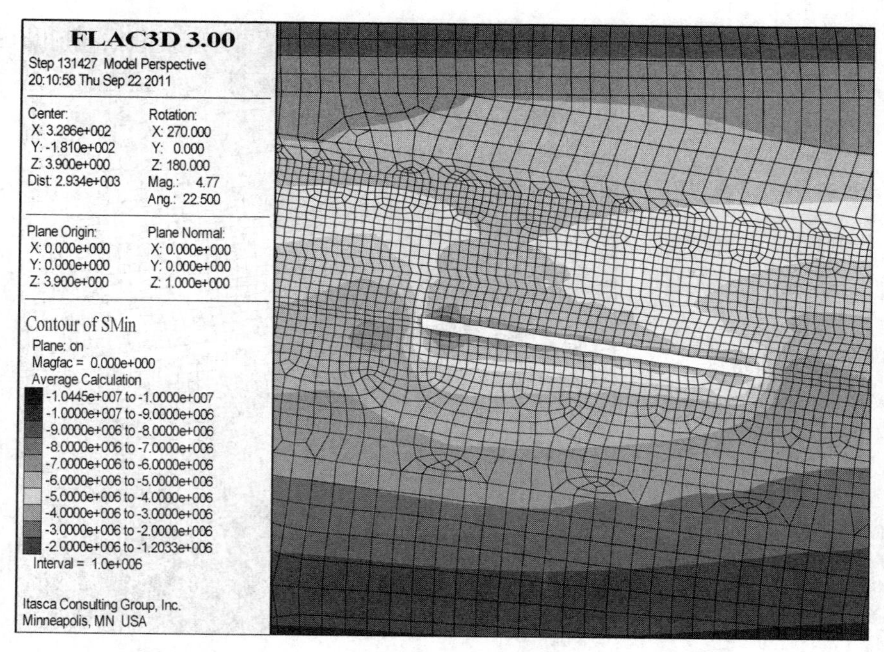

图 5-83 工作面推进至-195m 水平时的最小主应力云图

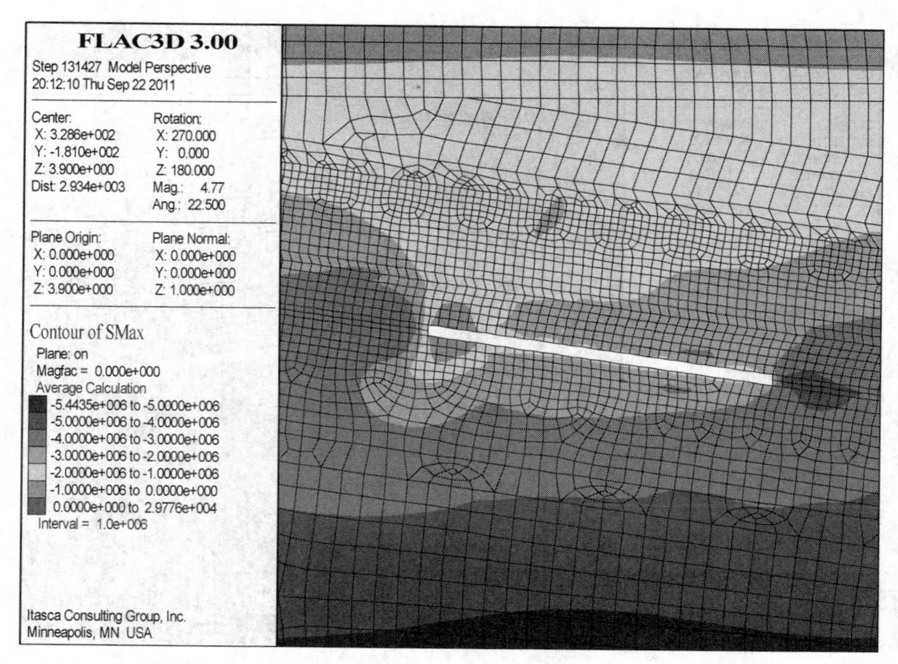

图 5-84 工作面推进至-195m 水平时的最大主应力云图

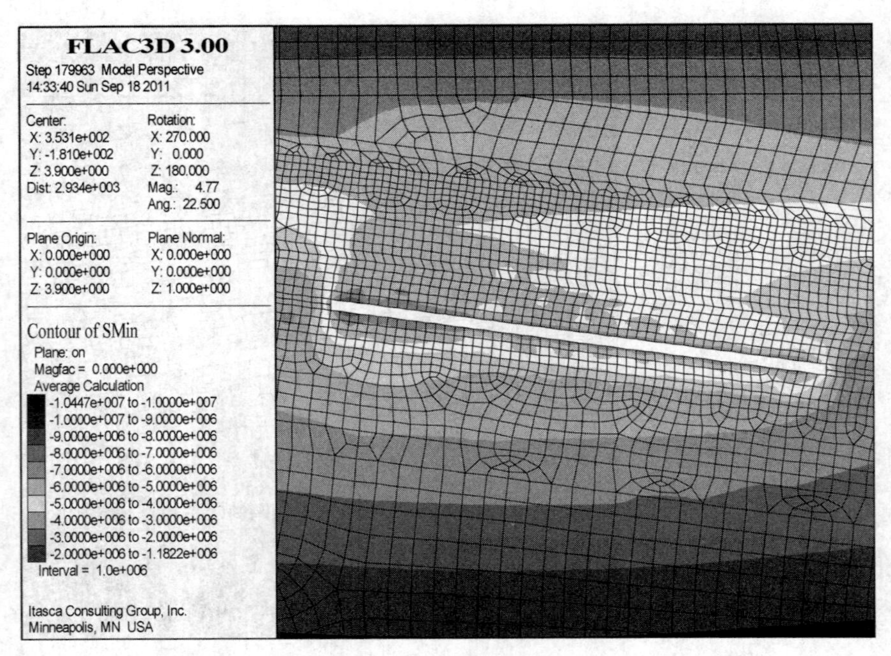

图 5－85　工作面推进至－190m 水平时的最小主应力云图

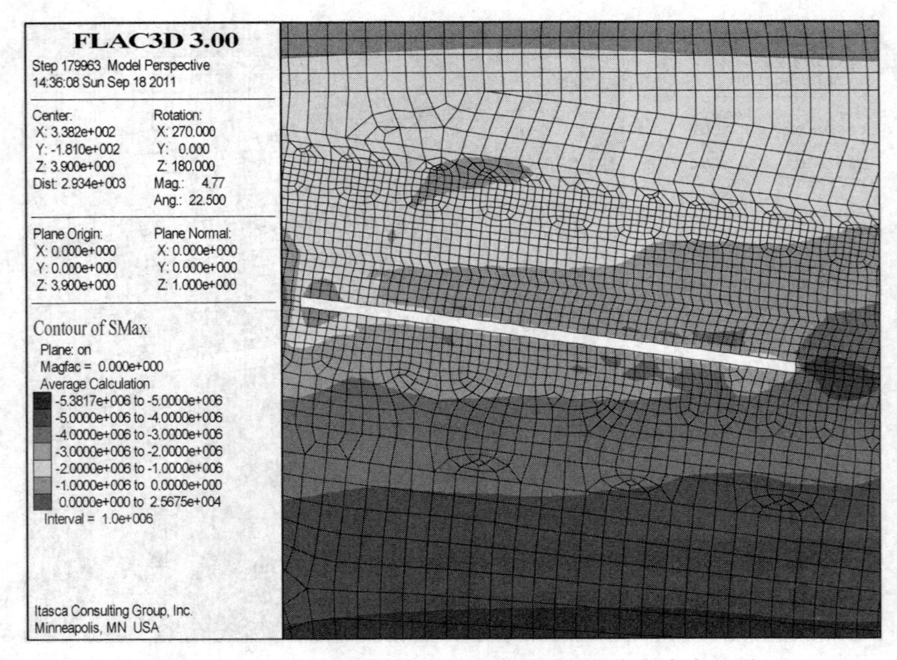

图 5－86　工作面推进至－190m 水平时的最大主应力云图

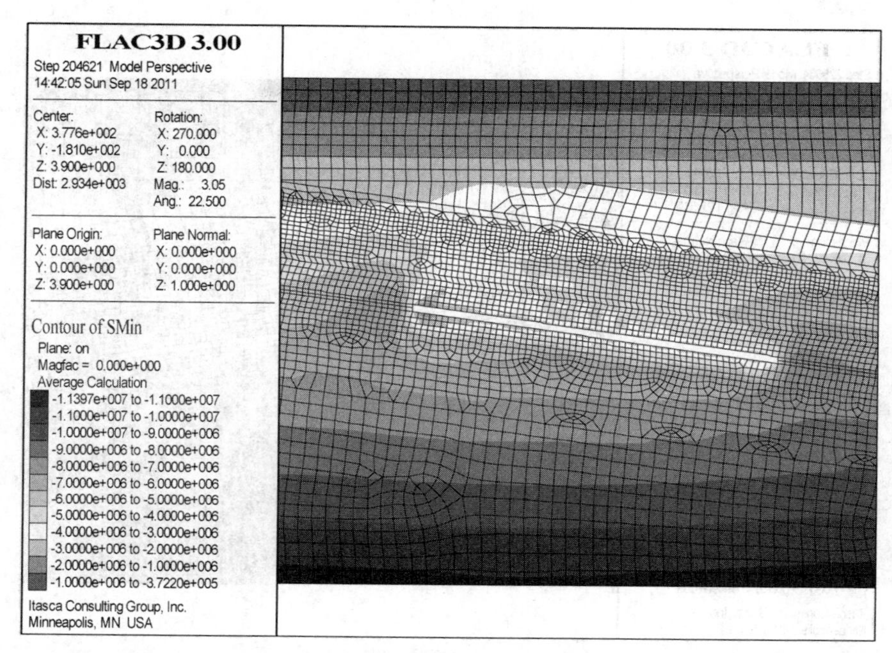

图 5-87 工作面推进至-185m 水平时的最小主应力云图

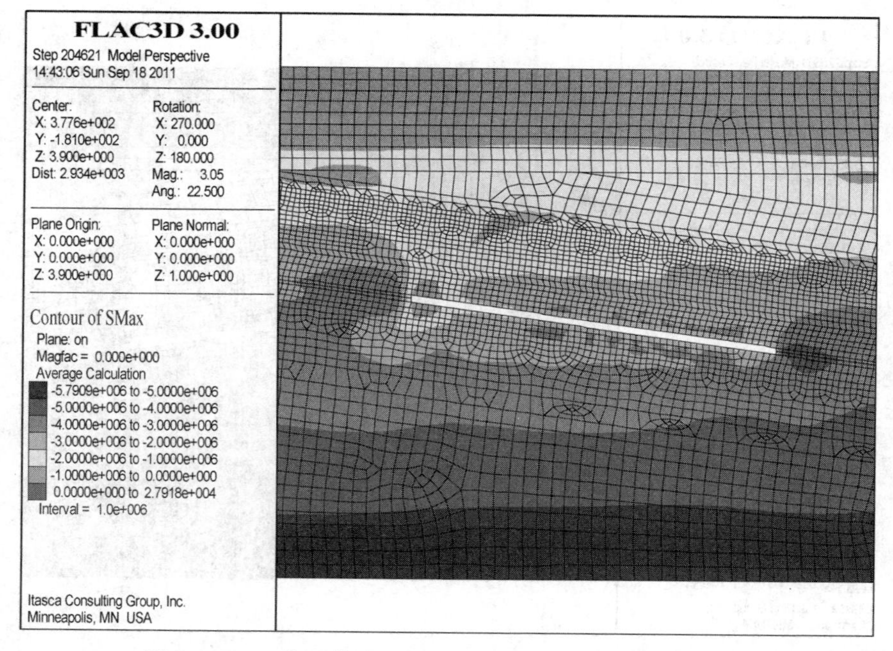

图 5-88 工作面推进至-185m 水平时的最大主应力云图

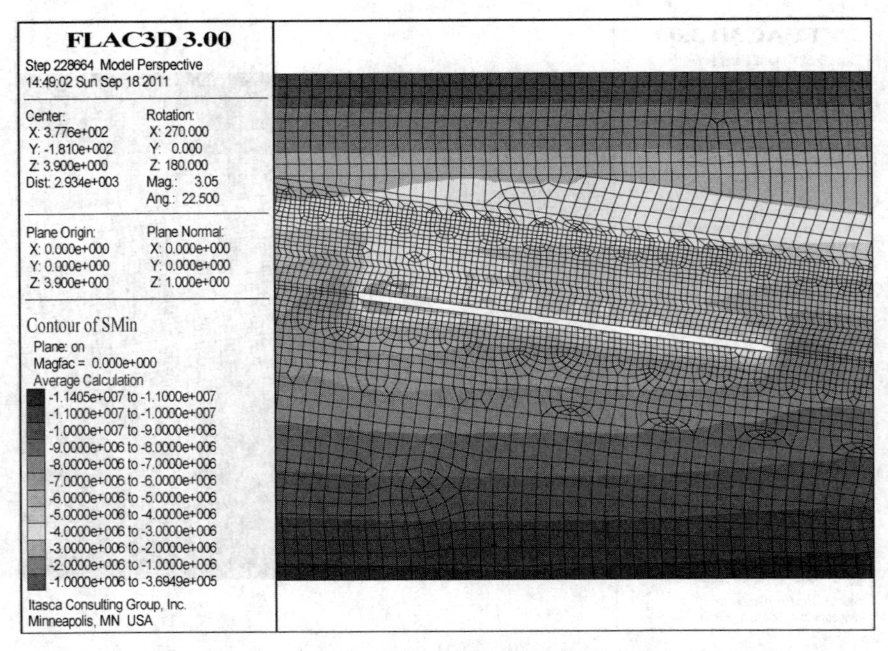

图 5－89　工作面推进至－180m 水平时的最小主应力云图

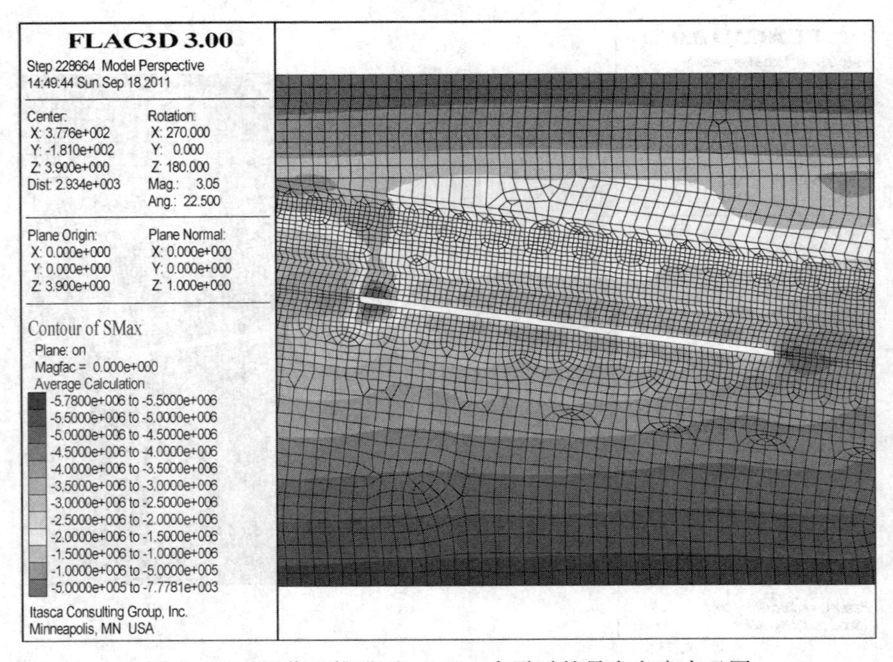

图 5－90　工作面推进至－180m 水平时的最大主应力云图

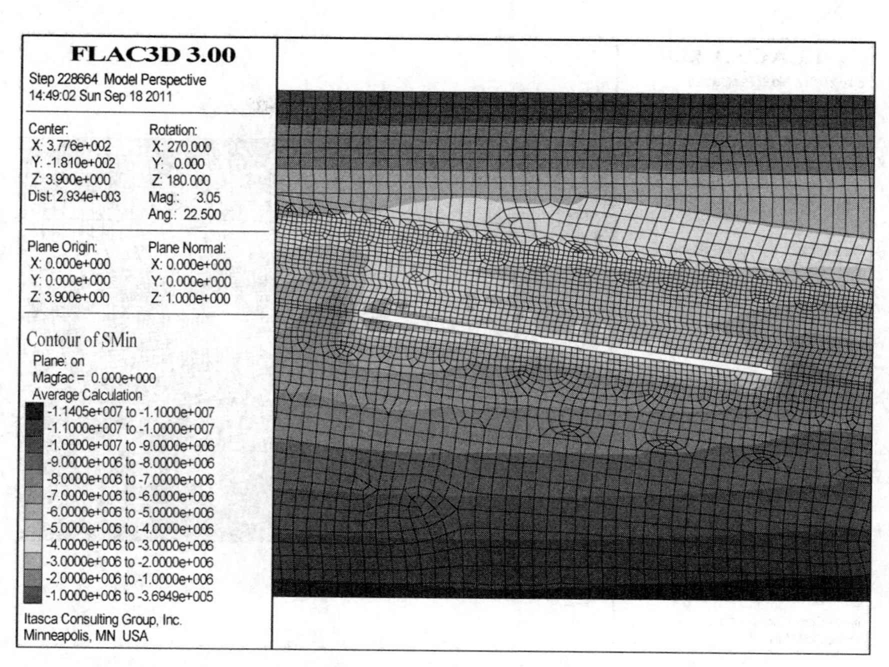

图 5 - 91 工作面推进至 - 175m 水平时的最小主应力云图

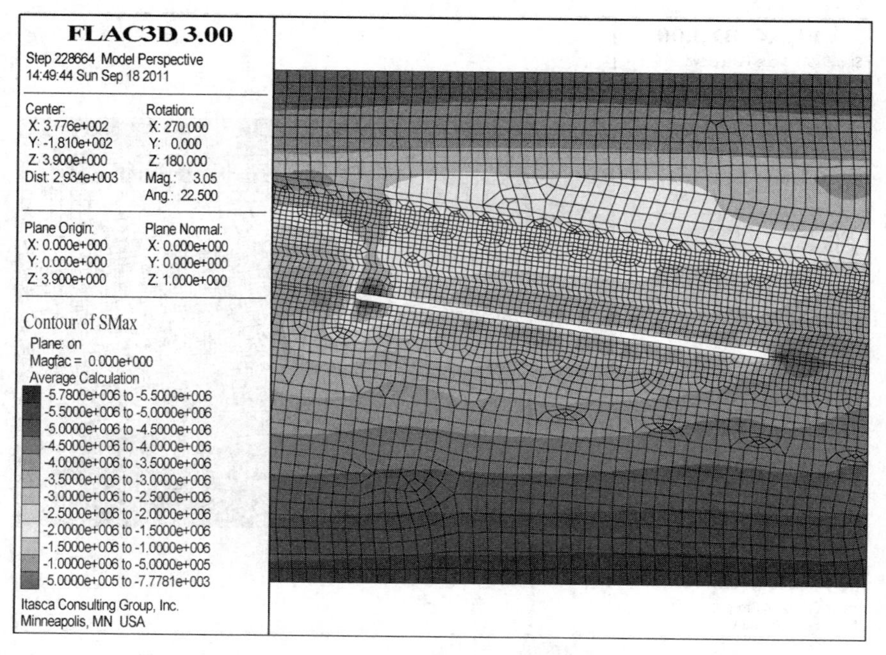

图 5 - 92 工作面推进至 - 175m 水平时的最大主应力云图

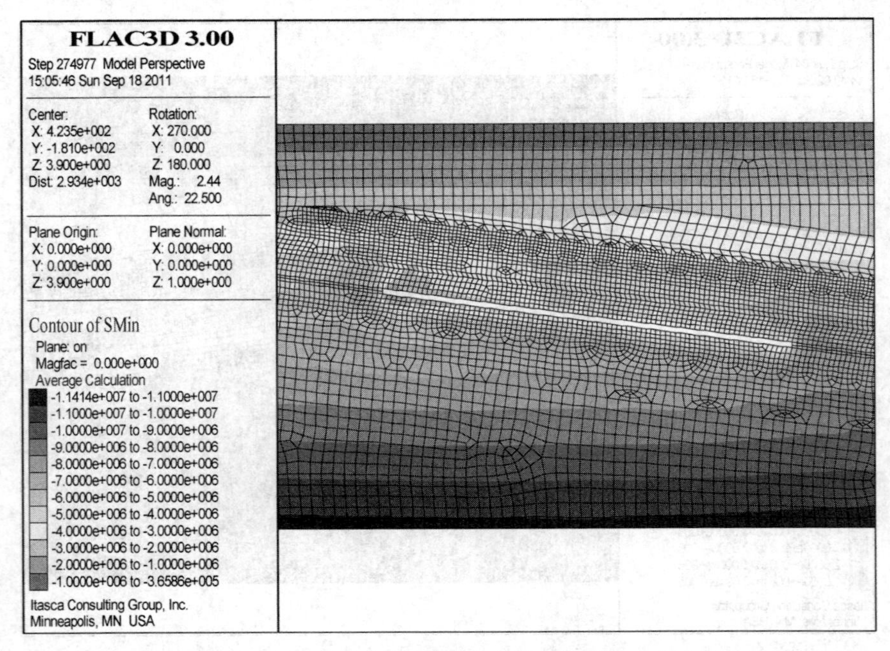

图 5-93 工作面推进至-170m 水平时的最小主应力云图

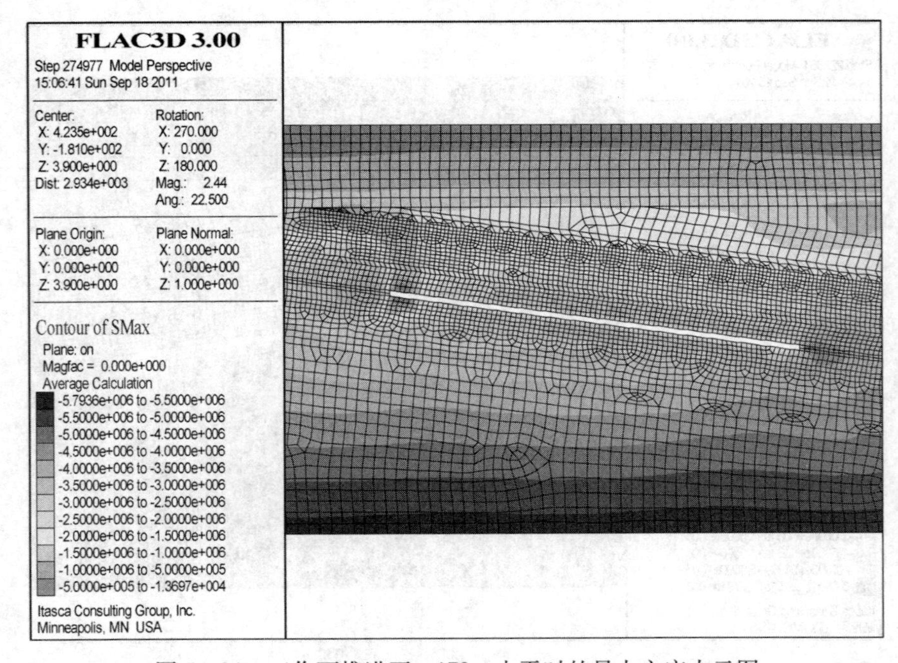

图 5-94 工作面推进至-170m 水平时的最大主应力云图

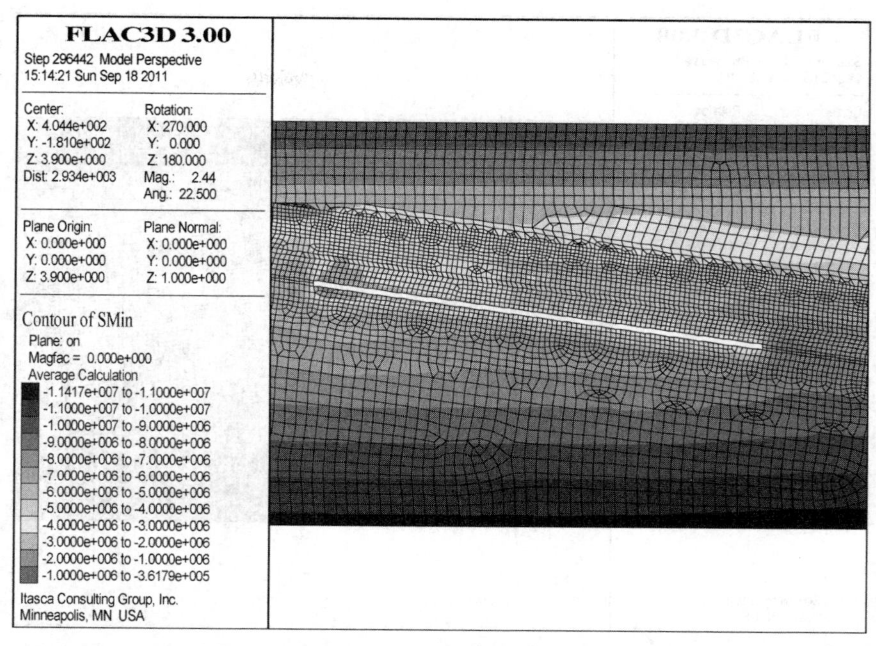

图 5－95 工作面推进至－165m 水平时的最小主应力云图

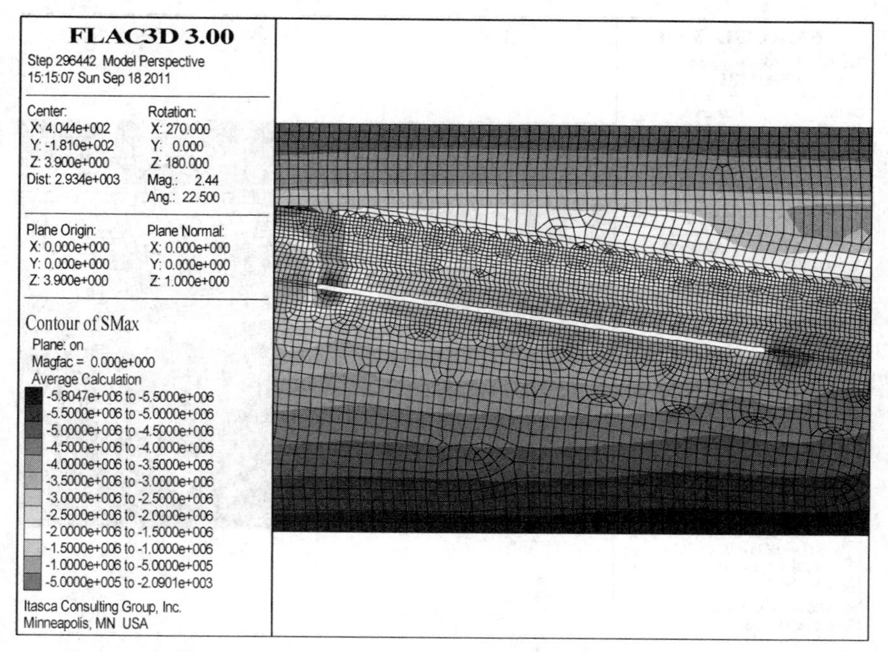

图 5－96 工作面推进至－165m 水平时的最大主应力云图

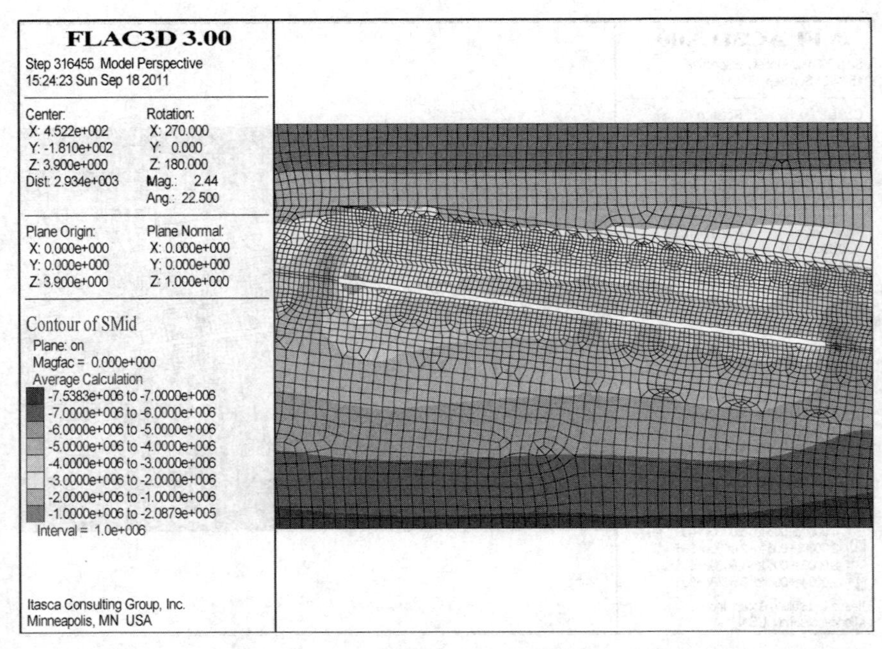

图 5－97　工作面推进至－160m 水平时的最小主应力云图

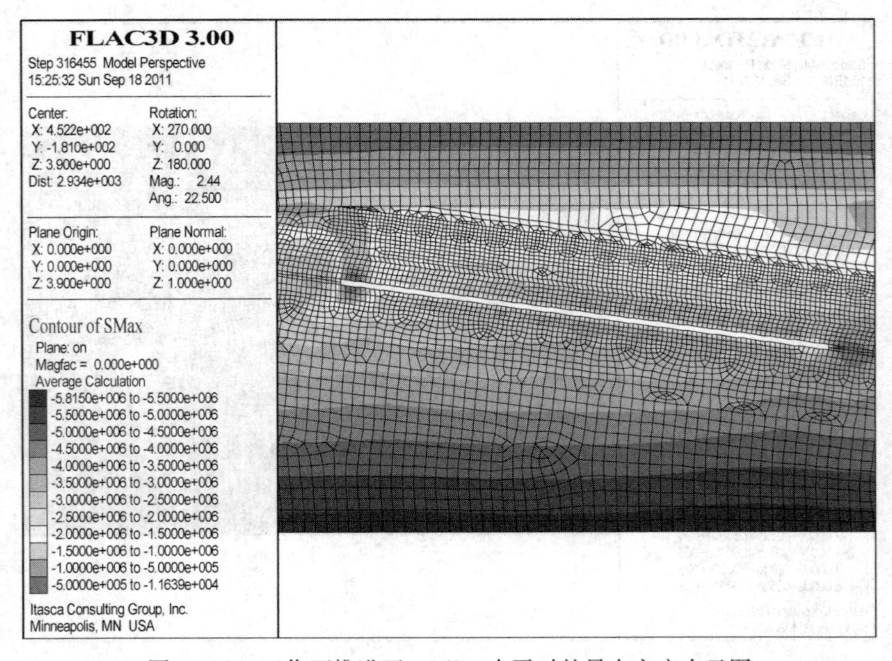

图 5－98　工作面推进至－160m 水平时的最大主应力云图

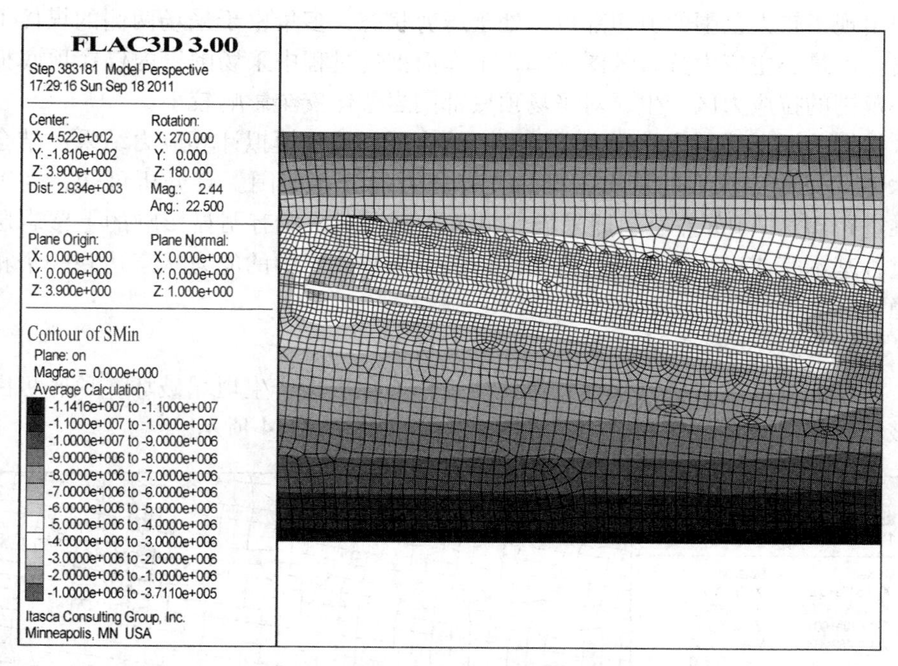

图 5-99 工作面推进至-155m 水平时的最小主应力云图

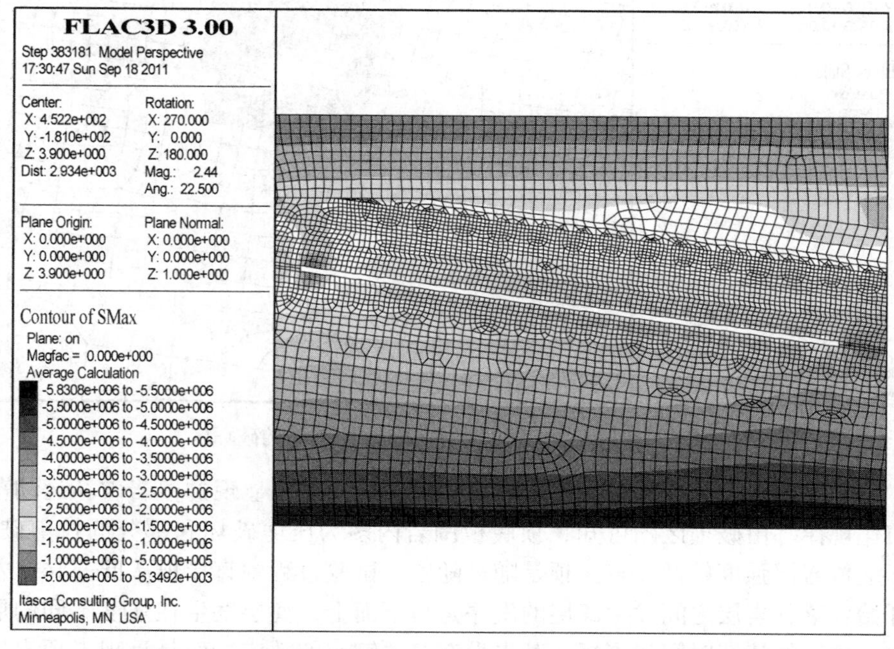

图 5-100 工作面推进至-155m 水平时的最大主应力云图

层内出现了较大范围的剪切部位，处于压剪状态，多集中于采场两侧的煤体15m左右。由最小主应力分布云图可知，工作面推进过程中采场围岩内仅在顶底板内有小范围的拉应力区产生，对采场顶底部围岩整体安全影响较小。

根据采场支撑压力结构力学模型，结合FLAC3D模拟计算应力结果，结合大型水体（海域）软岩的特点，推断支撑压力的分布范围。有分析可知，当工作面推进距离达200m左右，即采场“见方”时，对采场有明显影响的上覆岩层裂断过程基本完成，后方采场进入稳定阶段，采场围岩内的应力状态达到一个相对的稳定状态。

5.3.4.5 工作面推进过程中破坏区分析

工作面推进过程中，煤体开挖致使工作面顶底板产生坍塌破坏，顶底板围岩内破坏区扩展破坏规律和过程，如图5－101～图5－114所示。

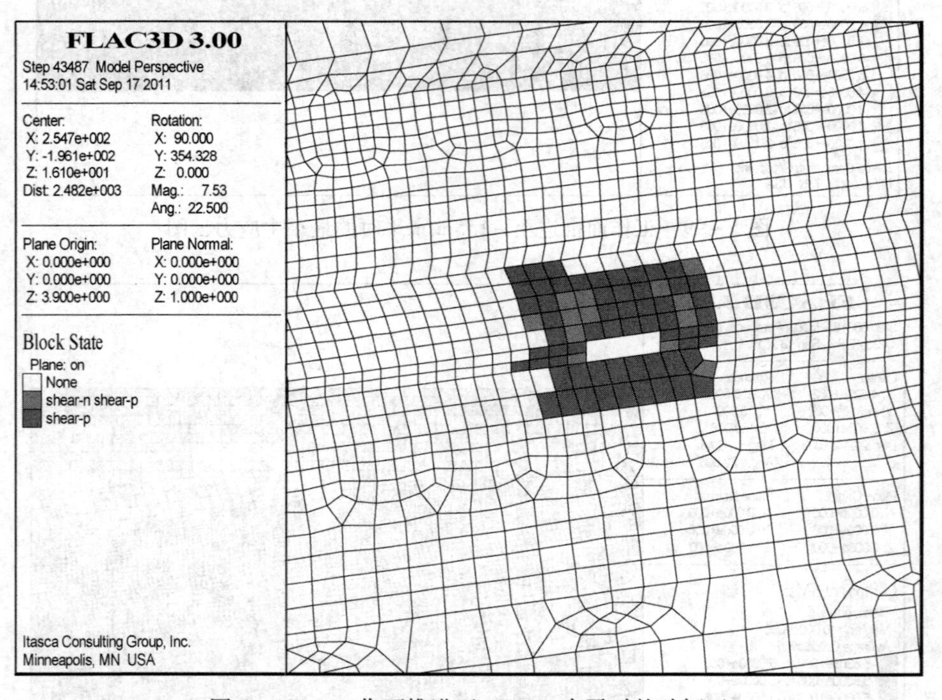

图5－101 工作面推进至－220m水平时的破坏区

分析采场推进过程的采场覆岩破坏特征，获知矿压显现的覆岩破坏运动范围及演化规律。由破损区图可知，顶底板围岩内多为压剪破坏和部分的拉剪破坏。由于上覆岩层强度较低，直接顶是随采随冒。试验过程中直接顶从推进14m左右时开始冒落，岩层之间发生离层的次序是自下而上，离层发生在强度不同的层间面上，离层的持续时间相当短，基本没有厚关键层的效应，而是呈现老顶岩层缓慢弯曲的特点。

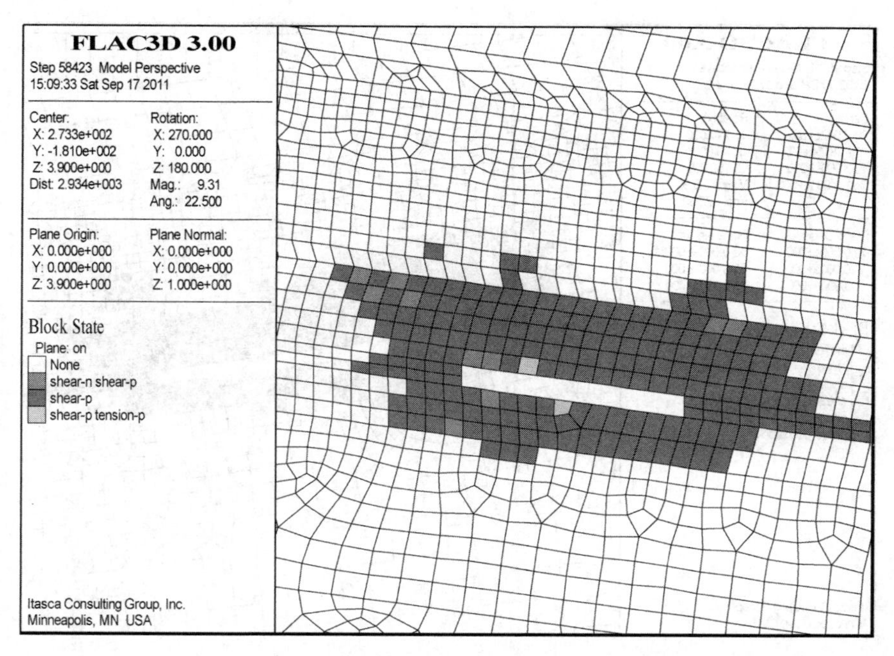

图 5－102 工作面推进至－215m 水平时的破坏区

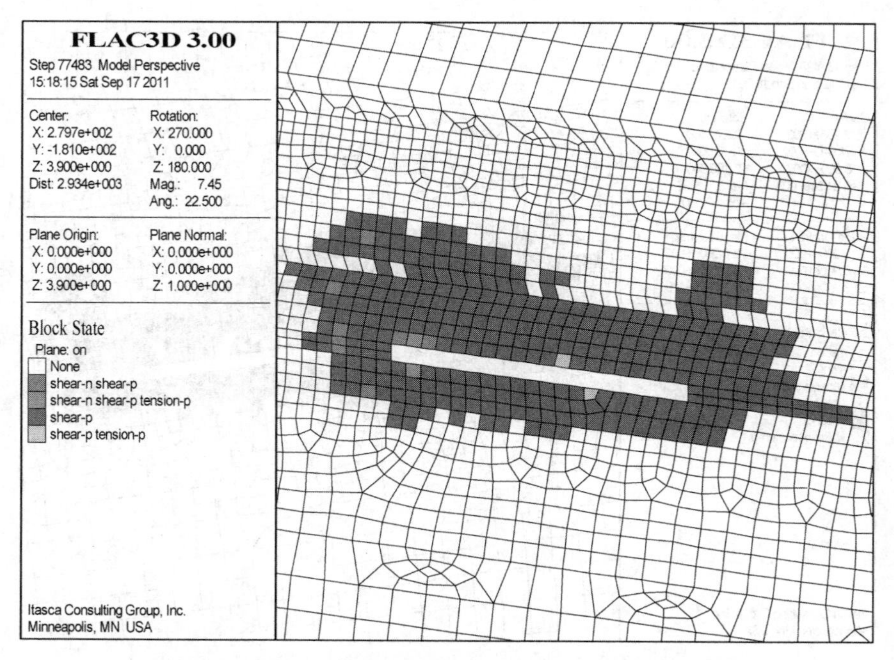

图 5－103 工作面推进至－210m 水平时的破坏区

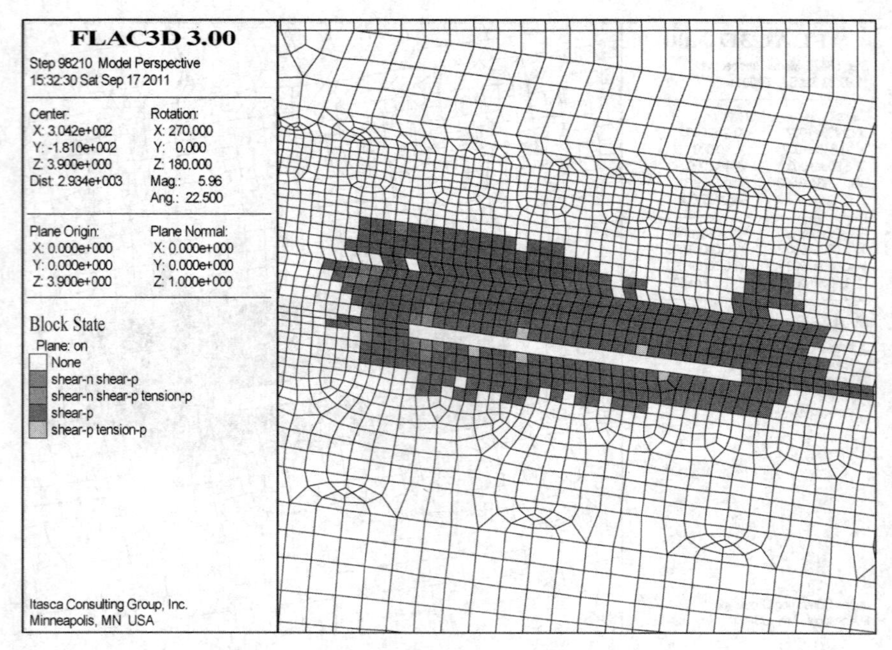

图 5－104　工作面推进至－205m 水平时的破坏区

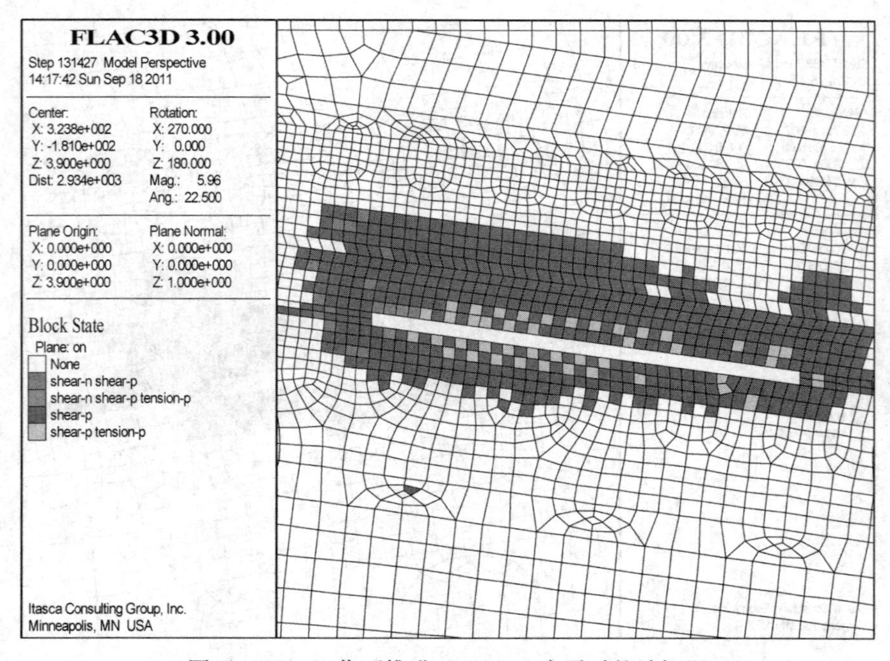

图 5－105　工作面推进至－200m 水平时的破坏区

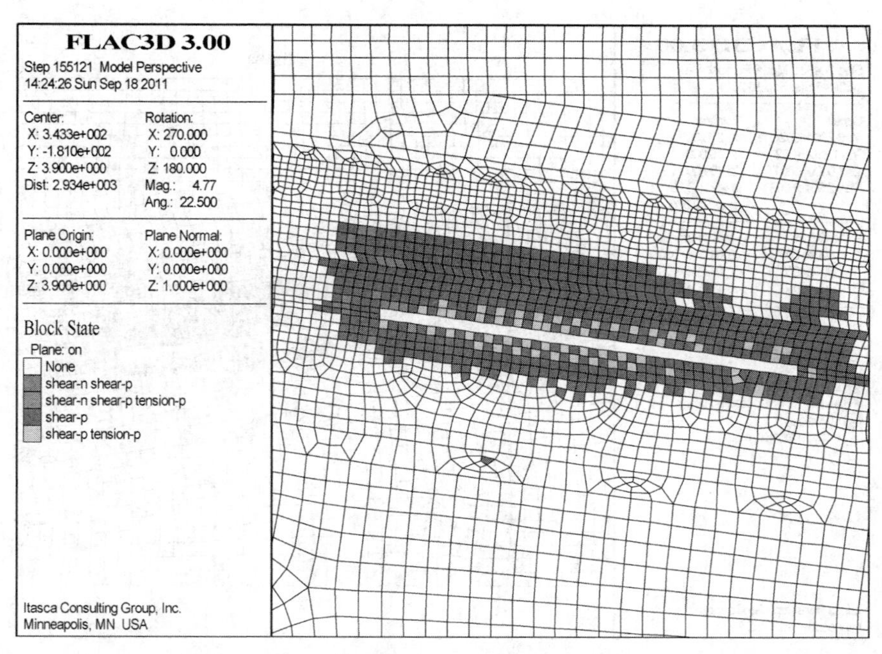

图 5－106 工作面推进至－195m 水平时的破坏区

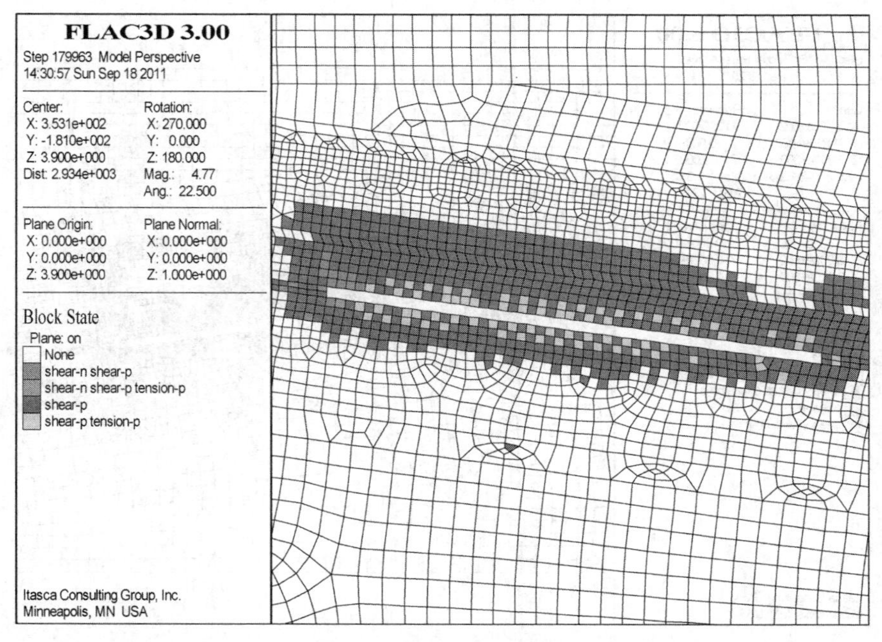

图 5－107 工作面推进至－190m 水平时的破坏区

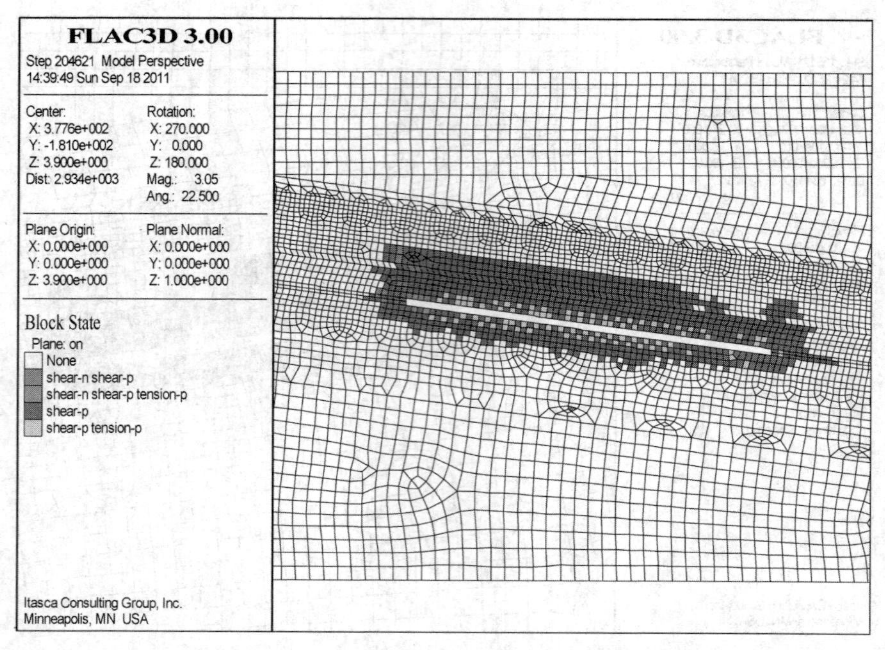

图 5－108 工作面推进至－185m 水平时的破坏区

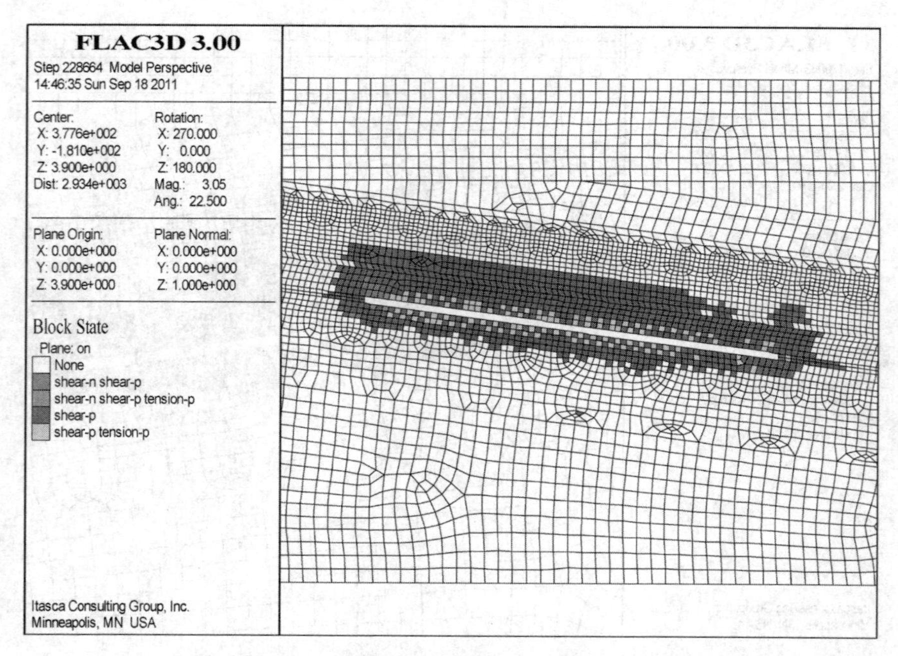

图 5－109 工作面推进至－180m 水平时的破坏区

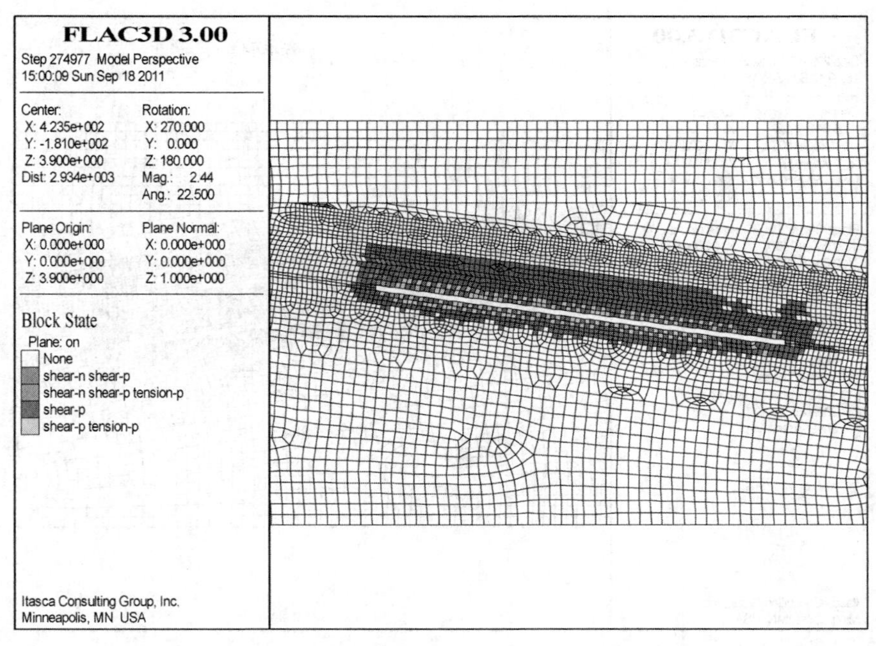

图 5－110 工作面推进至－175m 水平时的破坏区

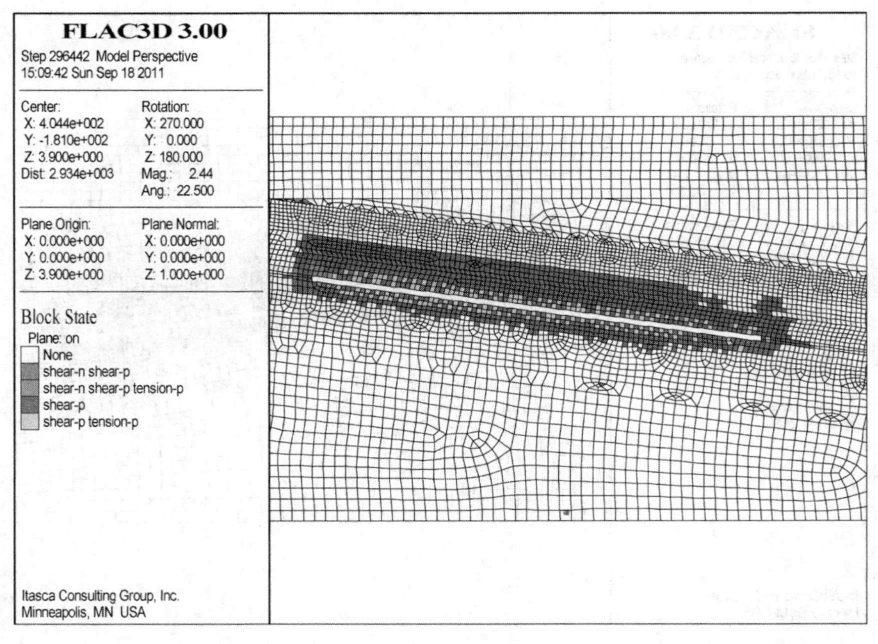

图 5－111 工作面推进至－170m 水平时的破坏区

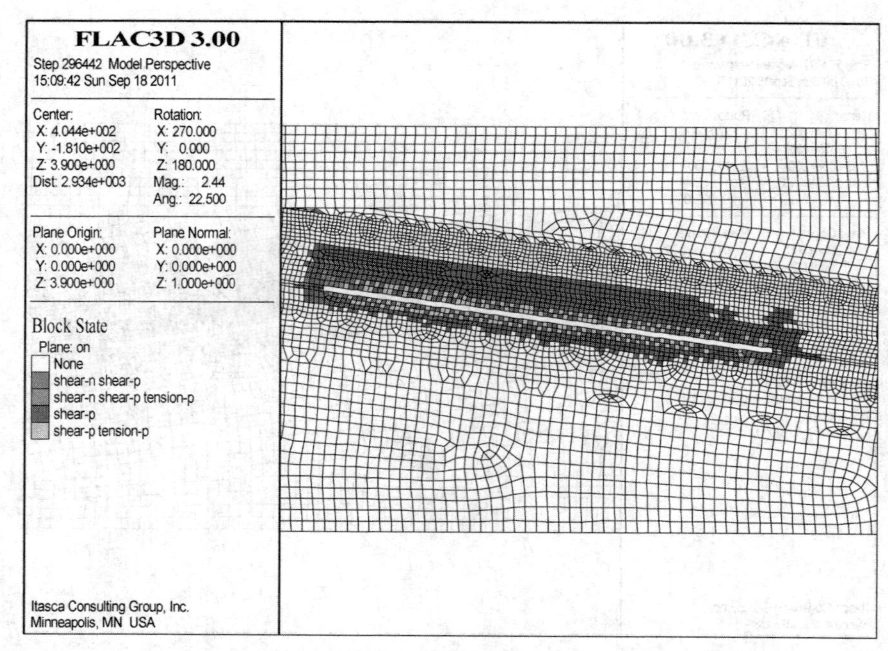

图 5－112 工作面推进至－165m 水平时的破坏区

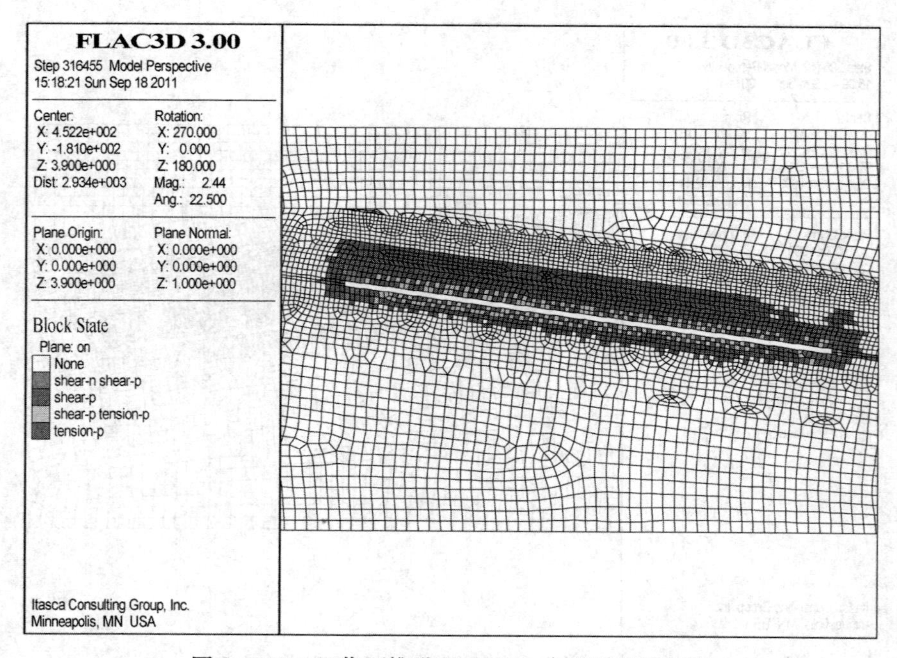

图 5－113 工作面推进至－160m 水平时的破坏区

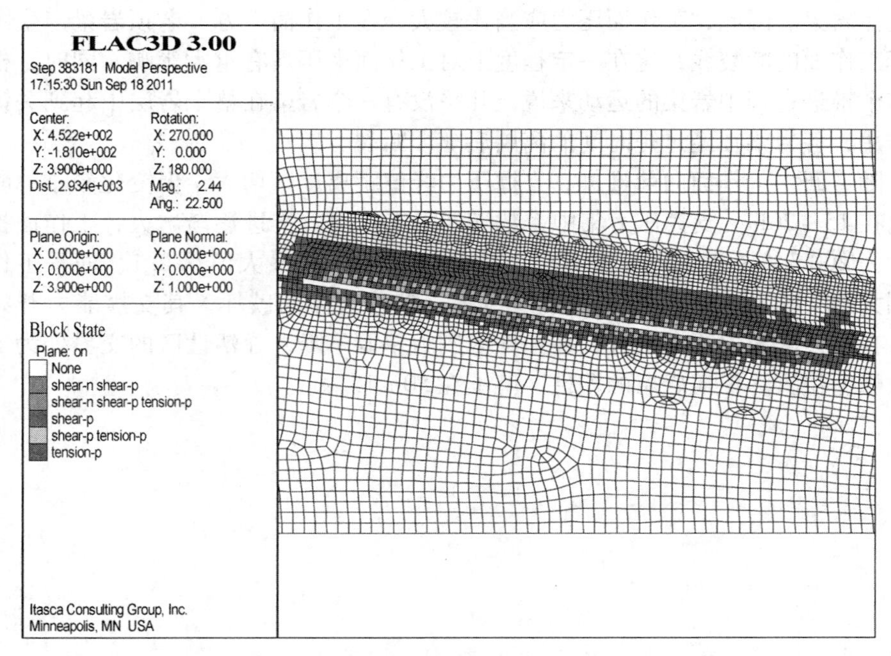

图 5-114 工作面推进至-155m 水平时的破坏区

随工作面的推进，离层裂隙范围增大、高度增加。当工作面开采宽度较小时，离层裂隙角较小；随着工作面的推进，离层裂隙角逐渐增大并趋渐稳定，随工作面推进离层裂隙范围高度增加，其与工作面之间近于线性关系，当发育到硬岩底部时，由于厚硬岩层的支撑作用，离层裂隙不再增加。在工作面推进过程中，若岩性较软，离层裂缝发育高度大；若岩性较硬，离层发育高度较小。但是，离层发育高度并不是无限制的向上发展。由于岩层的碎胀，在采场中当上覆岩层没有碎胀空间时，上部岩层就不会再产生离层裂隙。离层发展的高度就会在某高度时趋于稳定，不再向上发展。

采动覆岩破裂高度随工作面推进而增大，大致呈现出一种线性发展规律，即采动覆岩破裂高度约为采空区跨度的一半。但是，这一发展规律是有条件的，因为采动覆岩破裂高度受工作面倾斜长度所控制，即一定斜长的工作面采动覆岩破裂高度有极大值，在采动覆岩破裂高度发展到极大值之前，其破裂高度是受工作面推进长度控制的，随工作面不断推进而增大，且破裂高度约为工作面推进长度之半。在推进达到工作面长度之前，宏观冒落高度基本上是垮落带与裂隙带的高度，基本保持在 57.5m 左右，但是裂隙高度还在不断增加，只是岩层没有完全断裂导通或者已经很好地愈合。

采动覆岩各岩层对矿压显现都有影响。由于各岩层相对强度较低，虽然在多数时间内是以组合岩梁的运动，但持续时间较短，各岩层极易端部受拉而开裂形成整体岩梁。因此，工作面压力应当比较大，在工作面上方，老顶岩梁产生了垂直于工作面的断裂线，这在一定程度上对工作面来压具有重大影响。同时，根据在整个推进过程中岩梁的运动来说，几乎没有一个岩梁在整个岩层中起到关键支撑作用，各岩梁在经过短时间的离层后随即断裂。

随着回采工作面向前推进，支撑压力峰值距离逐渐增大，但变化较小，峰值距离在 15 ~ 20m。支撑压力集中系数随回采工作面的推进逐渐增大，工作面推进长度为 200m 左右时，趋于稳定，支撑压力集中系数最大值达 2.1。回采工作面两侧大约 20m 以内的应力达到强度极限，随着岩体的破坏，其支撑能力开始降低。在塑性区压力逐渐上升，在弹性区压力单调下降，弹塑性区的交界处为支撑压力峰值位置。覆盖岩层的塑性区范围在 50m 以内。

6 海域开采工作面覆岩导高实测技术

长期以来我国在导水裂缝带观测方面进行了大量的实践，积累了丰富的经验。我国曾采用钻孔外部流量法、钻孔内部流速法、井下工作面直接观测法等方法，对不同地质条件的上百个工作面上覆岩层的破坏状况进行过现场测定。其中，钻孔冲洗液漏失量观测方法是传统的也是可靠的方法，该方法就是在采空区对应的地面上布置钻孔，观测在钻进过程中冲洗液漏失量大小、钻孔水位变化以及钻进过程中各种异常现象，分析确定导水裂缝带高度。

进行水体下开采，由于地表被水体覆盖，传统的通过地面钻孔观测导水裂缝带高度的方法无法实施，这就要求必须研究出适合水体下工作面导高观测的新方法。本次通过应用“井下仰斜钻孔导高观测仪”，以 H2101、H2106 工作面为研究对象，在工作面周边，向采空区上方的导水裂隙带内打仰斜钻孔，采用双端堵水器，现场观测得出北皂矿海下采煤面正常顶板条件下和断层条件下的导水裂隙带高度，分析海域开采工作面面覆岩变形破坏规律，为海下安全顺利开采提供科学的技术参数。

6.1 井下仰斜钻孔导高观测原理与方法

6.1.1 井下仰斜钻孔导高观测方法概述

在工作面周边，向采空区上方的导水裂隙带内打仰斜钻孔，采用双端堵水器观测导高，与传统的地面打钻孔，采用钻孔冲洗液消耗量观测法相比，该方法工程量小，成本低，精度高，简单易行，如图 6 - 1 所示。

6.1.2 井下仰斜钻孔导高观测仪结构

整个观测仪器由三部分组成：双端堵水器、连接管路、控制台，如图 6 - 2 和图 6 - 3。双端堵水器由两个起胀胶囊和注水探管组成。连接管路有两条：起胀管路和注水管路。控制台也是对应两个：起胀控制台和注水控制台。起胀控制台、起胀管路和双端堵水器的两个胶囊相连通，构成控制胶囊膨胀和收缩的控制系统。注水控制台、注水管路和双端堵水器的注水探管相连通，构成一个控制和观测岩层导水性的注水观测系统。

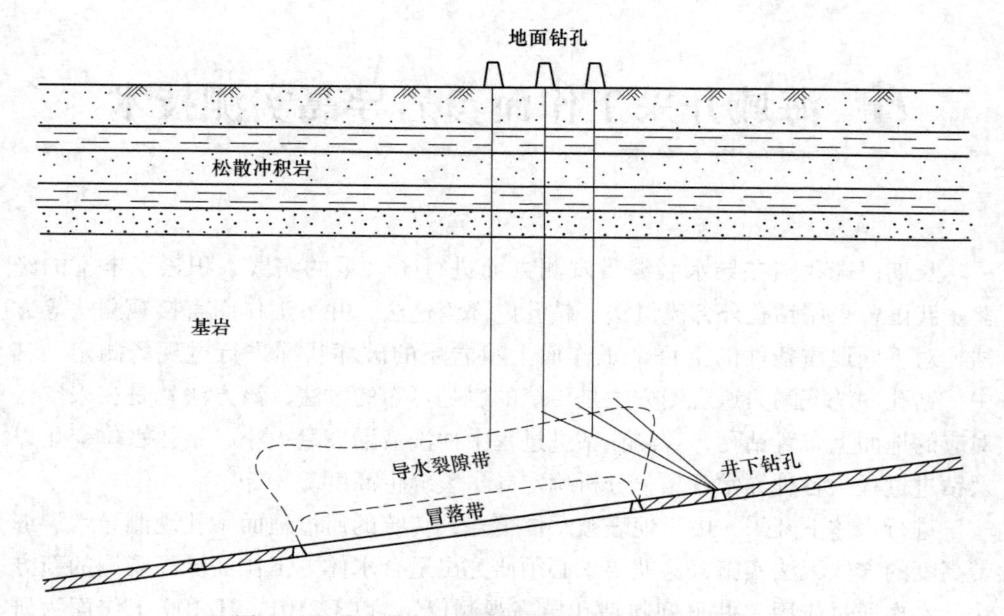

图6-1 井下仰斜钻孔导水裂隙带高度观测示意图

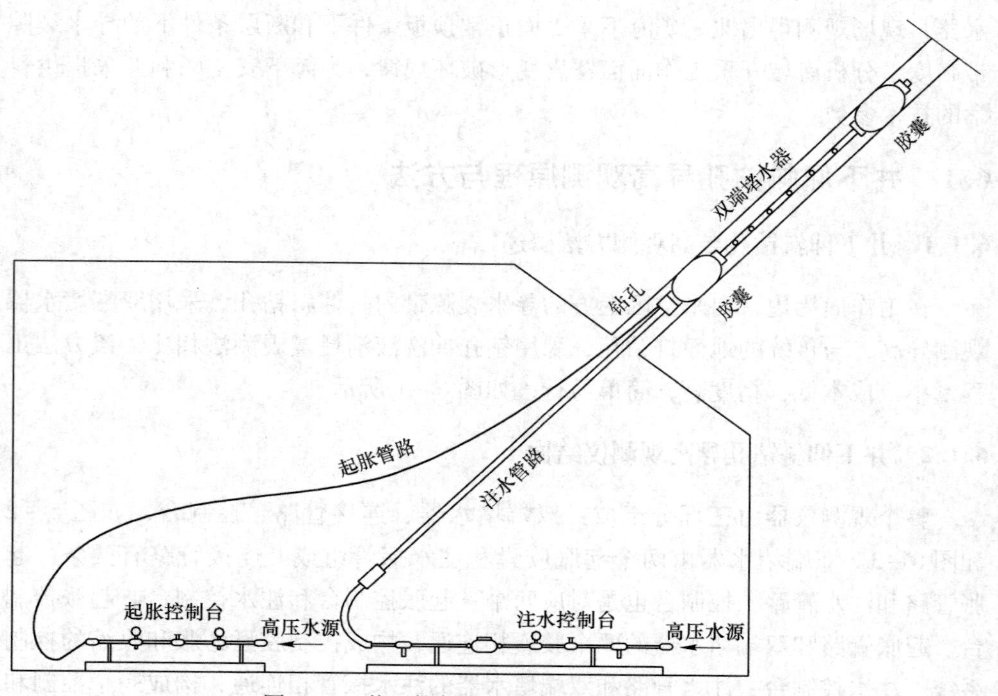

图6-2 井下仰斜钻孔导高观测原理系统图

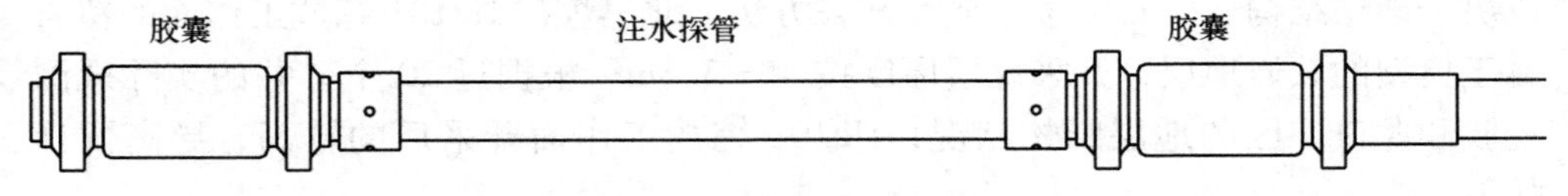

图 6－3 双端堵水器结构示意图

6.1.3 井下仰斜钻孔导高观测方法

（1）仰斜钻孔穿过导水裂隙带。在回采工作面周边的适当位置，向采空区上方打仰斜钻孔，该钻孔要穿透覆岩导水裂隙带，并进入其上方的弯曲带一定距离，一般 5～10m 则可，该钻孔就是导高观测钻孔。

（2）使用双端堵水器测试各段岩层的透水性。使用双端堵水器，由孔口起自下而上逐段（每段 1m）测试每段岩层的导水性能，一直测试到孔底。实测到的透水岩层的最大高度，就是采场覆岩的导水裂隙带高度。

（3）双端堵水器的控制与岩层透水性观测。起胀控制台和注水控制台的一端分别连接起胀管路和注水管路，另一端则连着高压水源。要观测某一高度位置的岩层的透水性，就首先操作起胀控制台，使双端堵水器的两个胶囊处于无压收缩状态；第二步使用钻机钻杆（或使用推杆，人力推动）将双端堵水器推移到位；第三步则是操作起胀控制台，对双端堵水器的两个胶囊注水加压，使之处于承压膨胀状态，从而封堵分隔一段钻孔；最后，则是操作注水控制台，对分隔出的一段钻孔进行注水观测，通过注水控制台上的流量表，观测出这段岩层单位时间的注水渗流量，从而测试出这段岩层的透水性能。

6.1.4 观测仪器的改进

近年来，“井下仰斜钻孔导高观测仪”在 20 余个矿井进行了观测实践。针对观测中遇到的技术难题，做了五项重大改进。主要包括：（1）控制台增加了两对过滤器，避免了仪表的堵塞损坏；（2）起胀胶管使用了高强度的钢编管，避免了拉断、磨断和挤裂；（3）所有接头都使用了 O 形圈和标准件，保证了水和气两套系统不泄漏；（4）一对起胀胶囊之间使用外连接方式，使结构大为简化而且性能更加可靠；（5）采用优质高强度胶囊保障了在额定起胀压力下不会破裂。高性能的观测仪器，使观测工作能够如期顺利完成。

6.2 H2101 工作面正常条件下覆岩导高观测

6.2.1 导水裂隙带高度观测方案

（1）导高预计。导高预计是进行观测设计的依据，只有准确预计垮落带高度和导水裂隙带高度，才能保证观测成功。导水裂隙带和垮落带的发育高度主要取决于地层结构、岩石力学性质和开采方法。北皂煤矿 H2101 综放工作面的覆岩属于典型的软岩地层，开采煤层厚度按 $M=3.6\text{m}$，根据近 20 个矿井的实际观测经验和龙口矿区的地层结构状况，H2101 综放工作面开采后的冒高、导高预计如下：

导高上限：$H_{导上}=10\times M=10\times 3.6=36\text{m}$

导高下限：$H_{导下}=6\times M=6\times 3.6=21.6\text{m}$

冒　　高：$H_{冒}=3\times M=3\times 3.6=10.8\text{m}$

（2）观测位置的选择与观测钻孔布置。观测位置的选择与观测钻孔布置有如下几点要求：

1）钻窝位置到开采边界必须有一定的距离，以保证仰斜钻孔不穿过覆岩垮落带，同时使钻孔有合适的仰角；

2）观测钻孔太长，钻窝位置应该有利于缩短观测钻孔的长度；

3）能够观测到覆岩导水裂隙带的马鞍形顶部的最大值。

根据已有巷道布置状况，导高观测点位置选在 H2101 面的停采线一侧。

海域煤$_2$顶板含油泥岩十分破碎，北皂矿在 H2101 面钻探顶板钻孔证实，钻孔打出后，会从孔中向外滚落破碎矸石，无法成孔。因此，为了保障导高钻孔的能够成孔而且如期完成，研究决定打一条观测巷道进入到含油泥岩的上部煤$_1$、油$_2$层位内，开口位置为 HB22 号测点，施工方位 301°，巷道断面为净断面：高 2.6m × 宽 2.4m，钻机窝净规格为 3m × 3m × 3m。观测巷道的布置如图6－4所示。

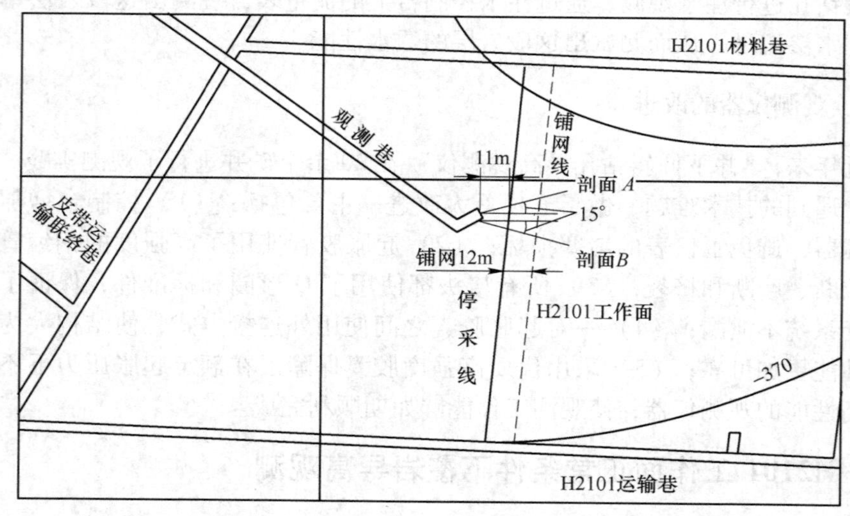

图 6－4　H2101 工作面钻孔布置平面图

在观测巷道最里端，布置两个观测钻窝（A、B），对应设置 2 个观测剖面（A、B），每个观测剖面布置 5 个观测钻孔，孔径 $\phi 89$，观测钻孔的布置如图

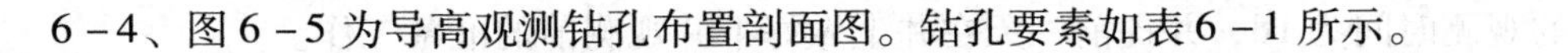
6－4、图 6－5 为导高观测钻孔布置剖面图。钻孔要素如表 6－1 所示。

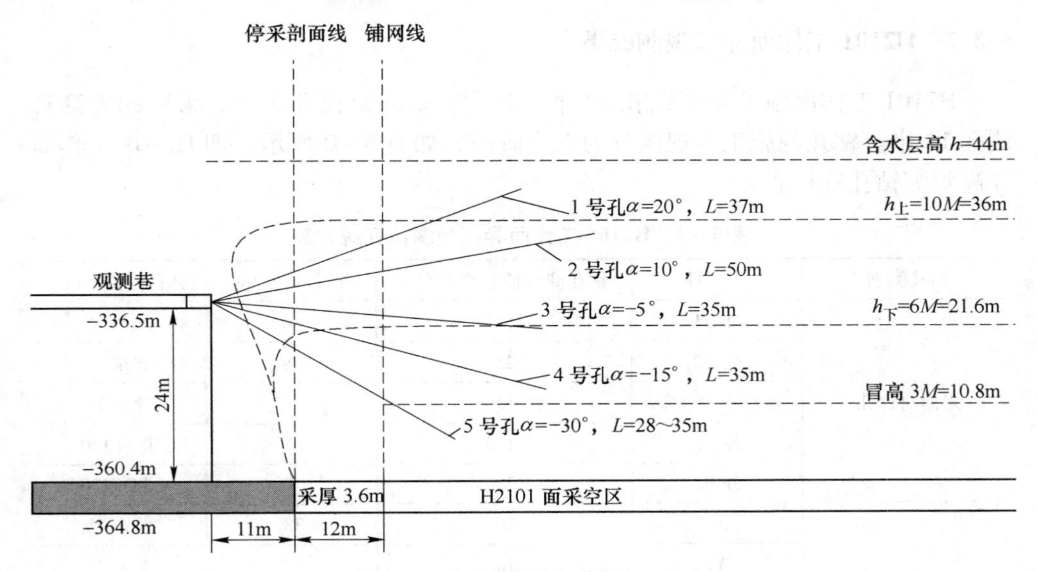

图 6－5 导高观测剖面图（1∶500）

表 6－1 H2101 工作面两带高度观测钻孔要素表

剖面 A			剖面 B		
钻孔仰角/（°）	钻孔长度/m	钻孔方位/（°）	钻孔仰角/（°）	钻孔长度/m	钻孔方位/（°）
20	37	北东 75	20	37	北东 105
10	50	北东 75	10	50	北东 105
－5	35	北东 75	－5	35	北东 105
－15	35	北东 75	－15	35	北东 105
－30	28～35	北东 75	－30	28～35	北东 105

打孔顺序：1）在工作面推采至距停采线距离 60m 之前，打出采前观测孔；

2）采后孔的施工顺序是 1 号孔、2 号孔、3 号孔；

3）4 号孔，根据需要再研究是否施工；

4）5 号孔是垮落带高度观测孔。

（3）观测时间。导高合理的观测时间主要与覆岩岩性、开采厚度有关。软弱岩层导高的最佳观测时间是：开采过后 10～20d。时间过短，覆岩变形尚未稳定，钻孔难以成型，观测时钻孔容易变形，卡住探头。时间过长，覆岩会逐渐压实，导高会降低。H2101 面的采厚为 3.6m，覆岩软弱，岩层移动速度比较快，所以采后 10～20d 观测导高是最佳时机。

每打完一个钻孔，就观测一个，钻机不要移动，观测时要使用钻机。每个钻孔的观测时间为1d，并提前一天在井上做好下井观测前的准备工作。

6.2.2　H2101工作面导高观测成果

H2101工作面施工观测钻孔19个，其中，采前对比孔5个，采后的导高观测孔14个。钻孔的施工与观测分为三个阶段，如表6－2所示，即H2101工作面导高观测钻孔统计表。

表6－2　H2101工作面导高观测钻孔统计表

钻孔类别	孔　号	钻孔仰（俯）角/（°）	钻孔长度/m	钻孔方位/（°）
采前对比孔	外A1	21.5	46	北东75
	外A2	25	38	北东75
	外A3	－30	32.7	北东75
	外B1	21.5	36	北东120
	外B2	30	10	北东120
导高观测孔	A1	20	38	北东75
	A2	10	50	北东75
	A3	－5	35	北东75
	A4	－15	35	北东75
	A5	－30	35	北东75
	A6	－5	35	北东75
	A7	15	60	北东80
	A8（A2）	10	50	北东75
	B1	20	37	北东105
	B2	10	50	北东105
	B3	－5	35	北东105
	B4	－15	35	北东105
	B5	－30	35	北东105
	B6	15	61	北东100

第一阶段，在外侧观测钻窝施工3个采前对比孔：外A1孔、外B1孔和外A2孔。

第二阶段，在外侧观测钻窝施工2个采前对比孔：外A3孔和外B2孔。外A3孔和外B2孔距H2101工作面停采线的水平距离约38m，分析认为不会受到开采影响。

第三阶段，在距停采线11m处的内侧观测钻窝，施工14个导高观测钻孔，导高的观测时间正好是在采后10～20d的最佳时间段内。时间太早，顶板覆岩活动尚未稳定，难以成孔；时间太晚，覆岩压缩裂隙有可能会闭合。

（1）H2101 工作面采前对比孔观测成果。以外 A1 采前对比孔为例介绍观测成果。由表 6－3 和图 6－6 可以看出：A1 孔的单位长度最大渗流量为 7L/min，一般小于 5 或者为 0，这说明岩层的原始裂隙不发育。

表 6－3 外 A1 采前对比孔观测成果表

孔深/m	20	19	18	17	16	15	14	13	11	10	9	8	7	6	5
静压（$\times10^{-2}$）/MPa	8	7	7	7	6	6	6	5	5	5	4	4	3	3	3
渗流量/L·min^{-1}	4.5	5.5	2	0	0	3	3	5	2.5	7	4	0	0	3	2

注：钻孔：$L=42.6$m，$\alpha=21.5°$；起胀压力 0.3MPa，孔内注水压力 0.1MPa，控制台控制水压 = 静压 +0.1MPa。

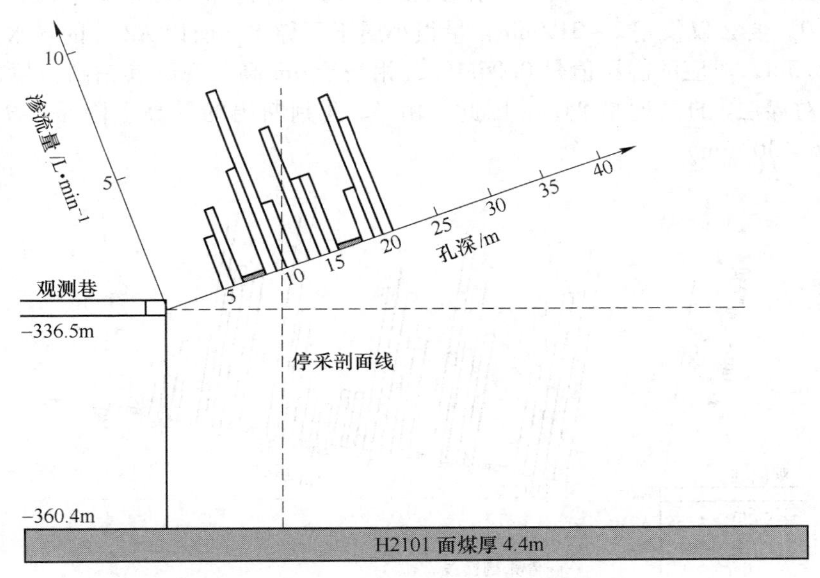

图 6－6 外 A1 采前对比孔观测成果图

采前对比孔观测成果总结：

1）5 个采前对比孔，测点总数为 70 个，漏水点共 14 个，有效测点数为 56 个，注水量 0 值点 18 个，0 值占有效测试点的 32%。

2）岩层的原始渗透性较小，除去最靠近孔口的点外，最大注水量只有 8 L/min，而且绝大多数小于 6 L/min，而且渗流段较少。这说明岩层的原始连通型裂隙不发育，这是软岩性质决定的。

3）外 A1、外 A2、外 A3、外 B1 和外 B2 等 5 个采前对比孔，都是在外侧钻窝，采后导高观测孔都是在内侧钻窝，所以不能每个钻孔做具体的采前与采后对比。另一方面，岩层原始渗流量，反映了岩层的原始连通型裂隙的发育程度，即使是同一层位，不同层面位置岩层的裂隙发育程度也有较大差异，也不是可以简单对比的。

（2）H2101 工作面导高观测孔观测成果。为了能客观准确地根据观测资料判断导水裂隙带上限，首先确定导水裂隙带上限的判断原则，根据以往多个矿区的实测经验，结合北皂海域软岩地层的具体条件，提出如下判断标准：

1）导水裂隙带范围内，一般注水量大于 6L/min，而且连续多个有较大的注水量。

2）导水裂隙带范围外，一般注水量小于 6L/min，而且有注水量的点不连续，出现较多的 0 值。

下面以观测到最大导水裂缝带深度的钻孔 A2 为例，介绍导高观测孔的观测成果（见图 6－7 和表 6－4）。A2 孔在孔深 41.5m 到孔深 49.5m 这一段，渗流量要么是 0，要么仅仅是 2～3L/min，量很小属于不导水。所以 A2 孔的导水上限是孔深 41.5m，对应的静压值是 0.06MPa，相当于 6m 高。观测巷钻窝位置的巷道底板相对煤层$_2$ 的高度是 24m。因此，由 A2 孔判断出的导高上限是：H（A2）＝24＋6＝30（m）。

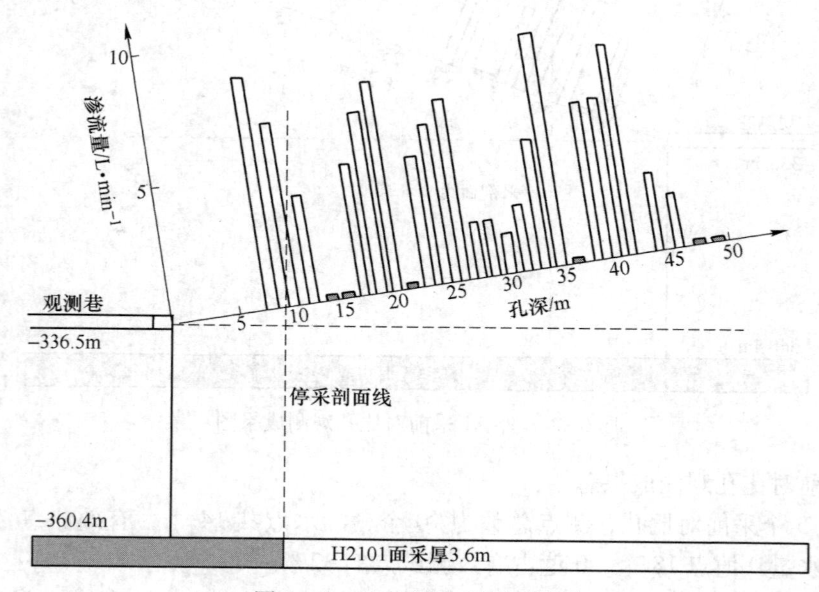

图 6－7　A2 采后孔观测成果图

6.2.3　H2101 工作面导高观测成果综合分析

（1）导高上限与导高采厚比。在 14 个导高观测钻孔中，有 5 个钻孔测试出了导水裂隙带的上限，这些观测成果相互印证，可以得出可靠的结论。

表 6-4 A2 采后孔观测成果表

孔深/m	静压/MPa	控制台控制水压/MPa	岩层渗流量/L·min^{-1}
49.5	0.08	0.19	0
47.5	0.08	0.19	0
45.5	0.07	0.18	2
43.5	0.07	0.17	3
41.5	0.06	0.16	8
39.5		0.16	6
37.5	0.055	0.16	6
36	0.055	0.15	0
34.5	0.05	0.15	9
33	0.055	0.15	5
31.5	0.05	0.15	2.5
30	0.05	0.15	1.5
28.5	0.045	0.14	2
27	0.045	0.14	2
25.5	0.04	0.14	7
24	0.035	0.13	6
22.5	0.035	0.13	5
21	0.035	0.13	0
19.5	0.03	0.13	8
18	0.03	0.13	7
16.5	0.03	0.13	5
15	0.03	0.12	0
13.5	0.025	0.12	0
12	0.025	0.12	4
10	0.02	0.12	7
8	0.02	0.12	9

注：钻孔：$L=50\text{m}$，$\alpha=10°$；观测时间 8 月 24 日起胀压力 0.3MPa，孔内注水压力 0.1MPa，控制台控制水压 = 静压 +0.1MPa。

A2 孔：H（A2）$=24+6=30\text{m}$

A7 孔：H（A7）$=24+5=29\text{m}$

B1 孔：H（B1）$=24+6=30\text{m}$

B2 孔：H（B2）$=24+6=30\text{m}$

B6 孔：H（B6）$=24+5=29\text{m}$

综合上述观测成果可以结论：H2101 工作面覆岩导水裂隙带的高度为 $H=30m$。H2101 工作面是综放开采，在停采线一侧，煤层的平均采厚为 $M=3.6m$，所以，H2101 工作面的导高与采后之比为：$H/M=30/3.6\approx8.3$ 倍。

该观测成果在导高预计范围值之内。即导高上限：$H_{导上}=10\times M=10\times3.6=36$（m），导高下限：$H_{导下}=6\times M=6\times3.6=21.6m$。

（2）导水裂隙带发育形态。根据观测成果，北皂海域首采面导水裂隙带马鞍形发育形态如图 6－8 所示。导水裂隙带侧边扩展（外凸）宽度在 10m 左右。

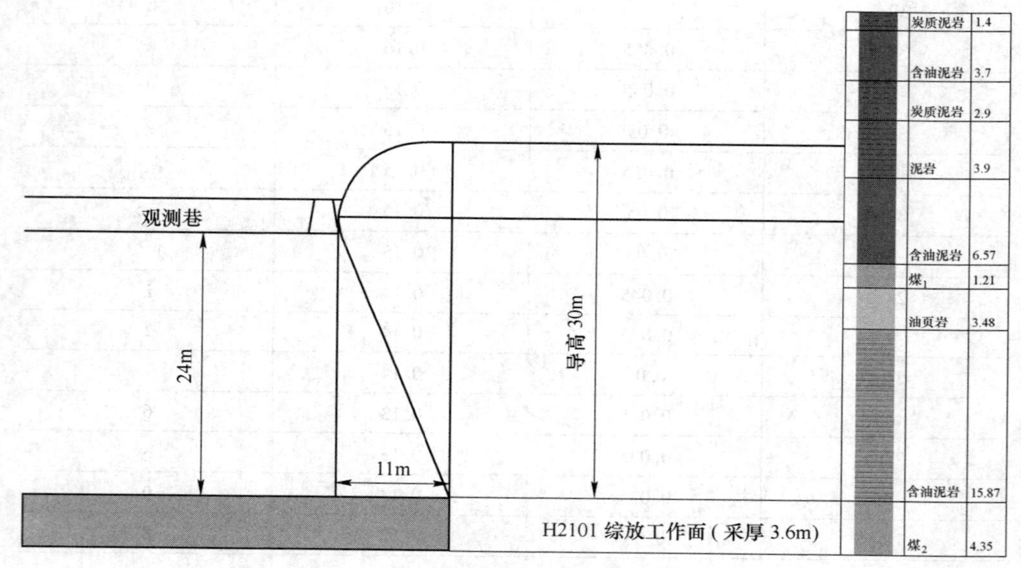

图 6－8 H2101 面导水裂隙带发育形态

导水裂隙带的上界面在煤$_2$ 上部覆岩第 5 层厚度为 3.9m 的泥岩中，由于图 6－8 右侧是一个地层综合柱状，所以可能层厚与层位高度略有误差，一般导水裂隙带应该终止在岩层层面处。分析认为，导水裂隙带的上界面应该在厚度为 3.9m 的泥岩与厚度为 2.9m 的炭质泥岩的交界面处。

导水裂隙带马鞍形形成和侧向边界外凸的原因是：在开采边界处，覆岩弯曲变形的曲率最大，所以开采边界处的导高最高；在开采边界外侧即煤柱上方，弯曲变形的覆岩处于拉伸应力状态，容易产生张开型裂隙，因此，导水裂隙带侧向边界外凸。

（3）导水裂隙带的观测时间。这次导高观测时间是工作面停采后 10～20d，从观测效果来看是比较合适的，抓住了最佳观测时机。如果观测时间过早，钻孔成孔困难，观测时也容易出现塌孔；观测时间过晚，导水裂隙可能已经闭合，有可能测到的导高值偏低。

6.3　H2106 工作面断层条件下采场覆岩导高观测

6.3.1　H2106 工作面覆岩导水裂隙带高度观测方案

（1）导高预计。导高预计是进行观测设计的依据，只有准确预计了垮落带高度和导水裂隙带高度，才能保证观测成功。北皂煤矿 H2106 综放工作面的覆岩属于典型的软岩地层，开采煤层厚度按 $M=4.1\text{m}$，根据近 20 个矿井的实际观测经验和龙口矿区的地层结构状况，结合北皂煤矿 H2106 工作面的具体条件，H2106 工作面开采后的冒高、导高预计如下：

导高上限：$H_{导上}=11\times M=11\times 4.1=45.1\text{m}$

导高下限：$H_{导下}=7\times M=7\times 4.1=28.7\text{m}$

冒　　高：$H_{冒}=3\times M=3\times 4.1=12.3\text{m}$

（2）观测位置的选择。根据 H2106 回采工作面的地质条件、巷道条件和时间要求，观测剖面的钻窝选择在 H2106 面下顺槽南侧，在走向上距 H2106 面开切眼 170～200m，在倾向上距 H2106 面下顺槽 20m，共布置 3 个钻窝，沿工作面推进方向从右到左依次为：钻窝 A、B、C。采前对比孔和采后孔平面布置分别如图 6－9 和图 6－10。其中钻窝 A、B 用于正常覆岩顶板的导高观测，观测剖面为Ⅰ－Ⅰ和Ⅱ－Ⅱ，观测剖面的方位角为 0°。钻窝 C 用于断层处导高观测，观测剖面为Ⅲ－Ⅲ，观测剖面的方位角为 294°。该断层与 H2106 面下顺槽的交叉点距开切眼 240m，顺槽揭露处的断层产状为：落差 $h=3.0\text{m}$，倾向东南，走向北东。

为了保障导高观测钻孔能够成孔而且如期完成，决定打一条“H2106 面导高观测巷道”，观测巷道进入到含油泥岩的上部煤$_1$、油$_2$ 层位内。观测巷道开口位置在海域二采区回风巷，观测巷道终点位置在导高观测钻窝 A 和钻窝 C 处，由于工作面开采后对观测钻窝影响，观测钻窝变形太大，导致 A、C 钻窝在采后观测中不能用，将采后观测点位置进行了修改。由于煤$_2$ 顶板上 38m 左右存在一层含水泥砂互层，此次导高观测将观测孔分为两类进行：即不过含水互层只打钻到互层底部观测钻孔和穿过含水互层观测钻孔。

在 3 个观测剖面上各布置一个采前对比钻孔。采前对比钻孔布置和钻孔要素如表 6－5 所示，剖面图如图 6－11 所示。

表 6－5　H2106 面采前孔要素表

剖　面	钻孔仰角/（°）	钻孔长度/m	钻孔方位角/（°）	钻孔分类	孔径/m
Ⅰ－Ⅰ	28	31	350	采前对比孔	89
Ⅱ－Ⅱ	28	43	294	采前对比孔	89
Ⅲ－Ⅲ	28	25	0	采前对比孔	89

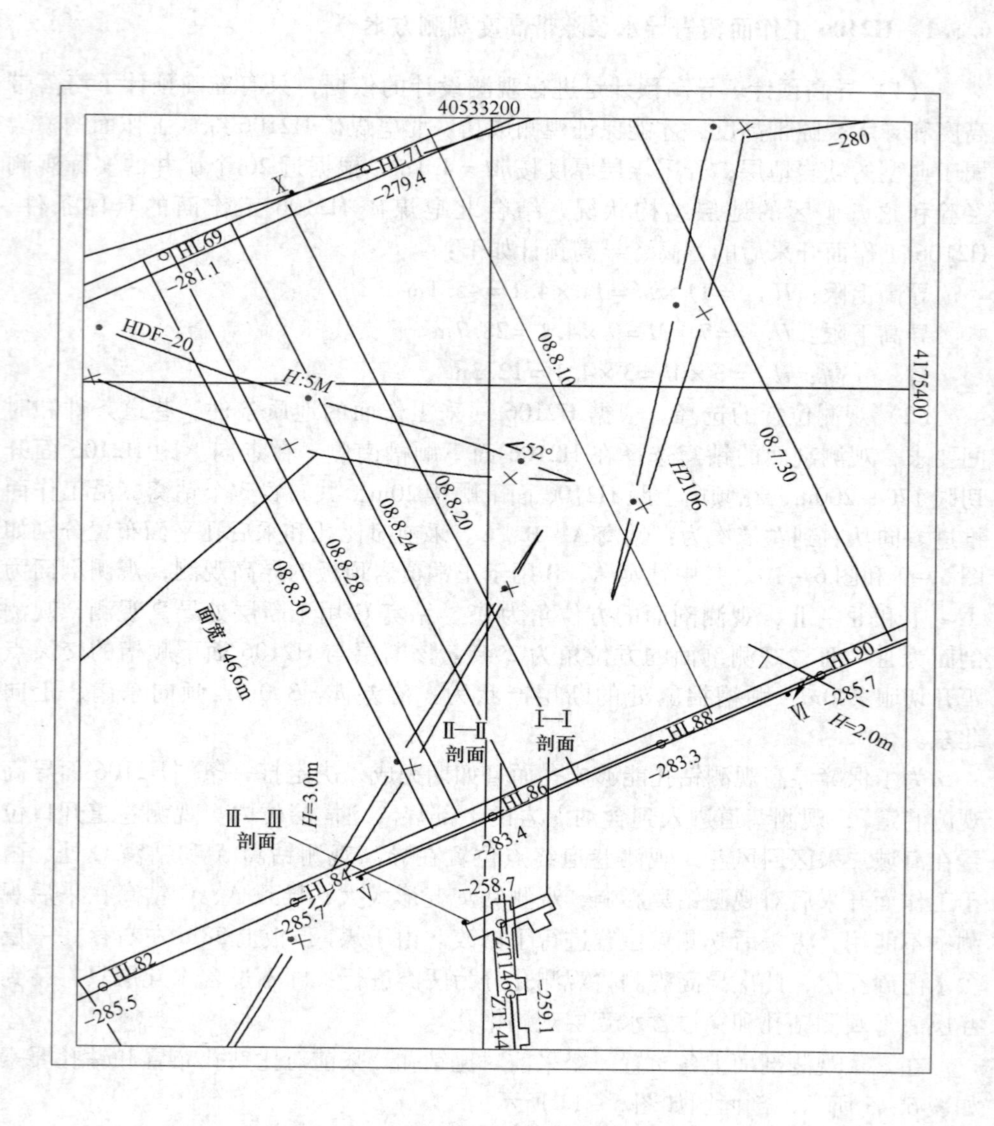

图 6 - 9　H2106 工作面采前孔钻孔布置平面图

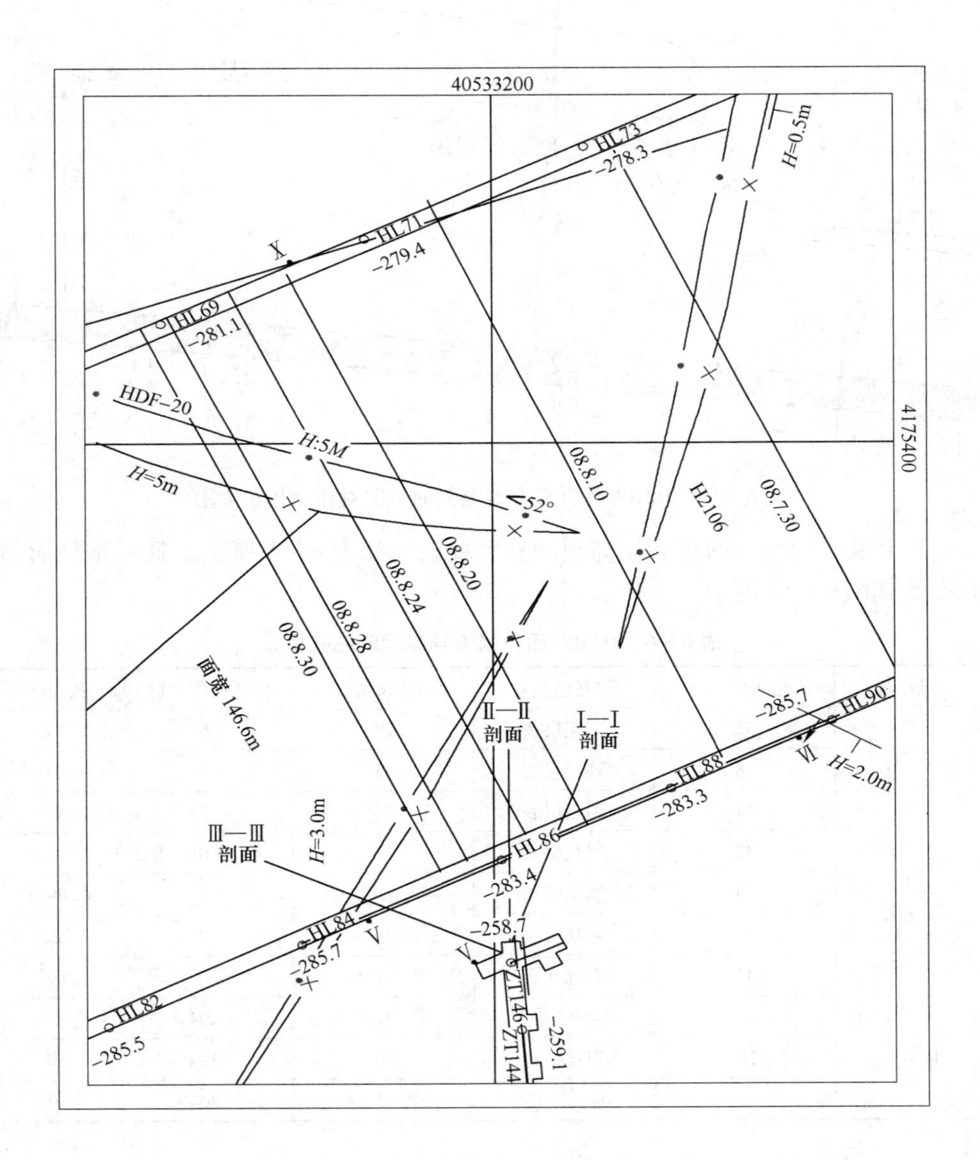

图 6-10 H2106 工作面采后孔钻孔布置平面图

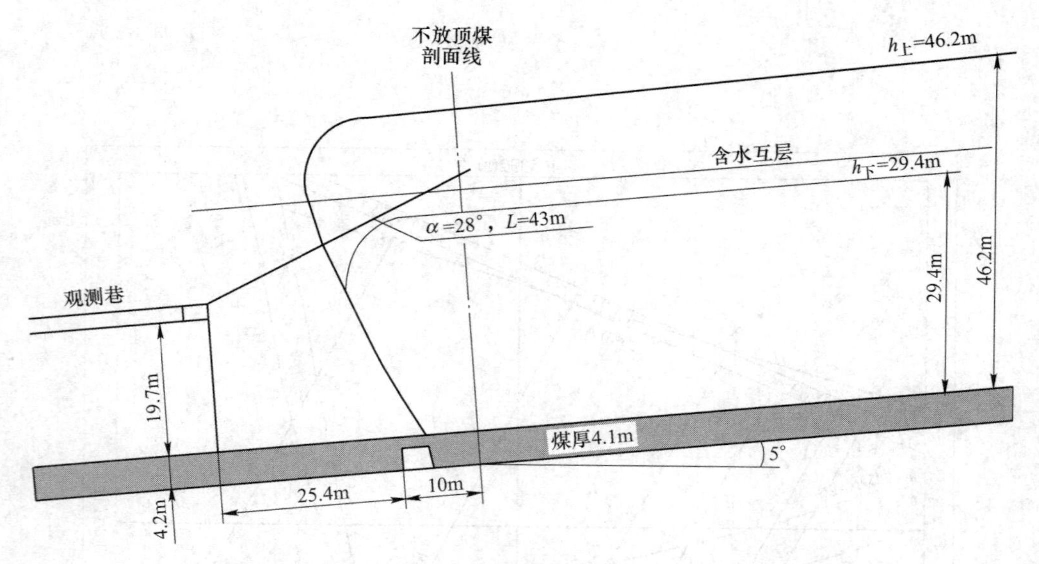

图 6－11 H2106 面Ⅱ－Ⅱ观测剖面采前对比钻孔布置图

3 个观测剖面上的采后导高观测钻孔要素，如表 6－6 所示，Ⅲ－Ⅲ剖面钻孔布置如图 6－12 所示。

表 6－6 H2106 面各剖面导高观测钻孔要素

剖　面	钻孔仰角/（°）	与互层关系	钻孔长度/m	钻孔方位/（°）	孔径/m
Ⅰ－Ⅰ	32	到互层底	29	20	89
	28	到互层底	33	20	89
	24	到互层底	38	20	89
Ⅱ－Ⅱ	32	到互层底	27	0	89
	28	到互层底	26	0	89
	24	到互层底	33	0	89
	32	穿过互层	37	0	89
Ⅲ－Ⅲ	28	到互层底	27	294	89
	20	到互层底	29	294	89
	30	穿过互层	41	304	89

（3）观测钻孔布置。H2106 工作面施工观测钻孔 16 个。其中，采前对比孔 5 个，4 个得到观测数据；采后的导高观测孔 11 个，8 个得到观测数据。

钻孔施工与现场观测分为两个阶段进行：

第一阶段，采前对比孔观测。在 3 个观测钻窝各施工一个采前对比观测孔进行观测，由于煤层顶板 38m 左右高度存在含水泥砂互层，第一个钻孔施工到 28m

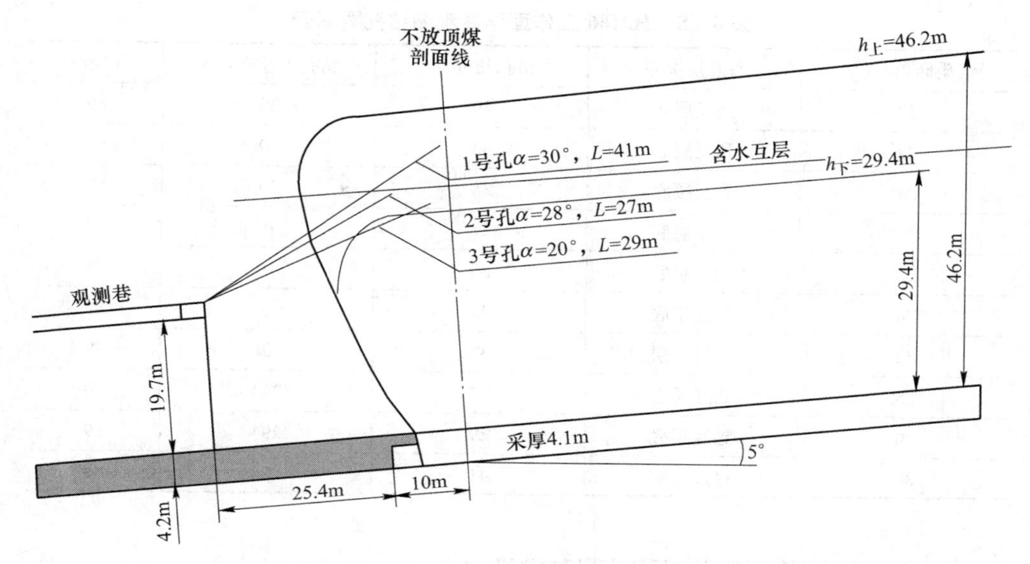

图 6－12　H2106 工作面Ⅲ－Ⅲ观测剖面导高观测钻孔布置图

时进入含水互层孔中出水导致孔壁坍塌，没能进行观测。由此决定以后观测孔只打到含水互层底部就开始观测，最后打一个过互层孔观测对比。完成了 2 个不过含水互层钻孔和 1 个穿过含水互层的钻孔并得到观测结果。这 3 个钻孔的施工和观测时间都是在 2008 年 6 月进行。在 2008 年 9 月 11 日，加补施工了一个不穿过含水互层的采前观测孔，钻孔布置见表 6－7。

表 6－7　H2106 面采前对比钻孔要素表

钻孔仰角/（°）	与互层关系	钻孔长度/m	钻孔方位角/（°）	孔径/m
28	到互层底	31	350	89
28	穿过互层	43	294	89
28	到互层底	25	0	89
28	到互层底	25	212	89

第二阶段，采后孔观测。在工作面开采过观测线 10d 后开始进行，由于工作面推过后矿压大，观测钻窝变形太大导致 A 钻窝不能用。修改将 A 钻窝观测点挪到 B 钻窝进行，改变方位角朝原钻孔终孔点打钻保证钻孔终孔点仍然不变；Ⅰ－Ⅰ剖面施工 3 个，得到两个观测数据都为不过含水互层的观测孔。Ⅱ－Ⅱ剖面施工 3 个不过含水互层的观测钻孔并都完成观测得到观测数据，在Ⅲ－Ⅲ剖面完成不过互层钻孔观测后补打 1 个穿含水互层观测钻孔对比观测。此阶段钻孔的施工和观测时间都是在 2008 年 9 月进行。钻孔要素如表 6－8 所示。

表 6-8 H2106 工作面导高观测钻孔要素表

钻孔仰角/（°）	与互层关系	钻孔长度/m	钻孔方位/（°）	孔径/m
32	到互层底	29	20	89
28	到互层底	33	20	89
24	到互层底	38	20	89
32	到互层底	27	0	89
28	到互层底	26	0	89
24	到互层底	33	0	89
32	穿过互层	37	0	89
28	到互层底	27	294	89
20	到互层底	29	294	89
30	穿过互层	41	304	89

6.3.2 H2106 工作面采前对比孔观测成果

以Ⅰ-Ⅰ剖面采前对比孔为例，Ⅰ-Ⅰ剖面第一个采前对比孔方位角为0°，打过28m 后钻孔出水，水量 0.5m^3/h，导致塌孔。后期将钻孔方位角调整为350°，再重新打孔。为防止塌孔，打到互层底部31m 就开始测量，测量结果如表6-9 和图 6-13 所示。

表 6-9 Ⅰ-Ⅰ采前对比孔观测成果表

孔深/m	静压/MPa	注水渗流量/L·min^{-1}	备 注
31	0.08		孔口漏水
30	0.07		孔口漏水
29	0.07	29	
28	0.07	28	
27	0.06	27	
26	0.06	22	
24.5	0.06	20	
23	0.05	20	
21.5	0.05	14	
20	0.05	13	
18.5	0.04	7	
17	0.04	6	
15.5	0.03	8	

续表 6-9

孔深/m	静压/MPa	注水渗流量/L·min⁻¹	备 注
14	0.03	6	
12.5	0.03	5	
11	0.03	5	
9.5	0.03	4	
8	0.03	4	

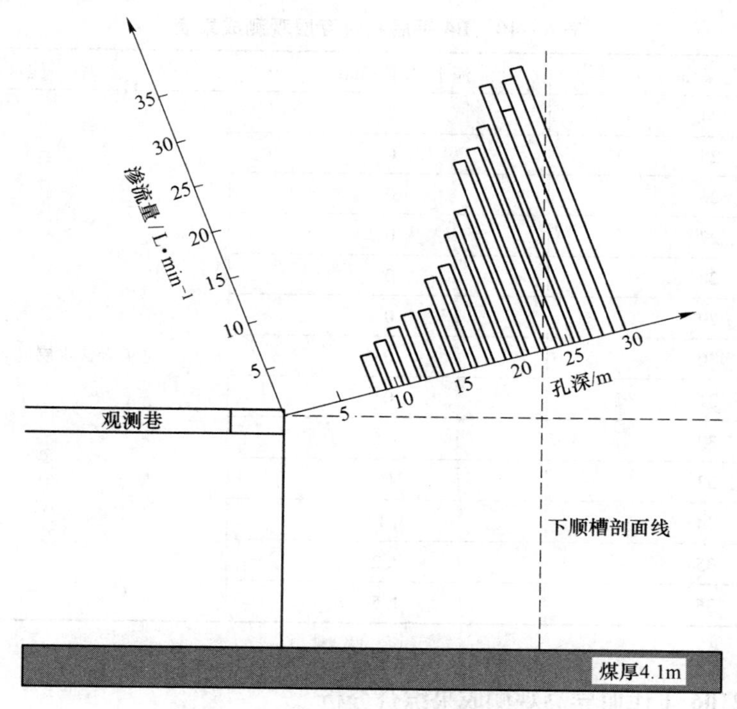

图 6-13 I-I 采前对比孔观测成果图

分析采前对比孔的观测结果可以得出以下认识：

（1）5 个采前对比孔 4 个孔得到观测数据，测点总数为 63 个，涌水量观测点 14 个，渗流量观测点 49 个。

（2）岩层的原始渗透性较大，除Ⅲ-Ⅲ剖面孔口两个 0 值点外其他都透水，最大注水量 29L/min，而且绝大多数大于 6 L/min。这说明岩层的原始连通型裂隙很发育，这是受采后应力集中产生的影响。

6.3.3 H2106 工作面采后导高观测成果

下面以 B4 过含水互层导高观测孔的观测成果为例，介绍采后导高观测成果：

B4 孔施工长 37m，钻孔倾角 32°，方位角为 0°，32m 处开始出水并且水量较大。涌水量观测结果如表 6－10 和图 6－14。可以判断导水裂隙带没有发育到 32m 处。观测巷钻窝位置的巷道底板相对煤层$_2$ 的高度是 $h_1 = 20\text{m}$，见水点到孔口的竖直高度 $h_2 = 32 \times \sin 32° = 17\text{m}$，孔口到钻窝巷道底板高度 $h_3 = 1.8\text{m}$。所以有导高值：H（B4） $< h_1 + h_2 + h_3 = 20 + 17 + 1.8 = 38.8\text{m}$。

表 6－10 B4 采后孔过互层观测成果表

孔深/m	涌水量/L·min^{-1}	备 注
24	0	泥灰岩含水层向外涌水
25	0	
26	0	
27	0	
28	0	
29	0	
30	0	
31	0	
32	3.6	
33	0	
34	5.14	
35	7.2	
36	4.5	

6.3.4 H2106 工作面导高观测成果综合分析

（1）导高上限与导高采厚比。在 11 个导高观测钻孔中，8 个得到观测数据，有 7 个观测数据可用，其中有 5 个为施工到含水互层底部观测点 2 个穿过含水互层观测点，5 个互层底导高观测点注水渗流量都较大，分析可以确定观测段都处于导水裂隙带范围内，导水裂隙带高度最大值已发育到含水互层底板。

A1 孔：H（A1） $\geq h_1 + h_2 + h_3 = 20 + 14.8 + 1.8 = 36.6\text{m}$

A3 孔：H（A3） $\geq h_1 + h_2 + h_3 = 20 + 14.2 + 1.5 = 35.7\text{m}$

B2 孔：H（B2） $\geq h_1 + h_2 + h_3 = 20 + 11.3 + 1.6 = 33.9\text{m}$

B3 孔：H（B3） $\geq h_1 + h_2 + h_3 = 20 + 13 + 1.5 = 34.5\text{m}$

C1 孔：H（C1） $\geq h_1 + h_2 + h_3 = 20 + 12.7 + 1.8 = 34.5\text{m}$

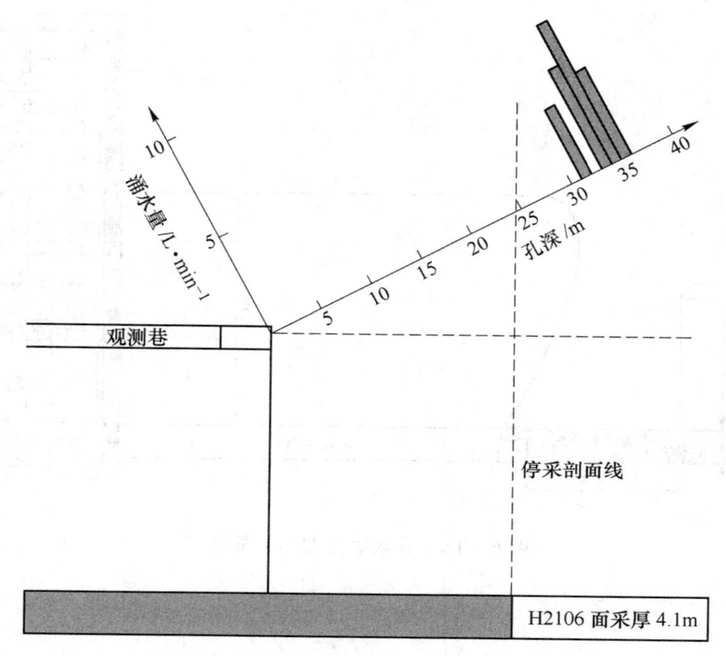

图 6-14 B4 采后穿互层孔观测成果图

从 2 个穿越含水互层观测孔观测结果可见，含水互层中的水还保存在互层当中并没有流失，如果导水裂隙带发育到了含水互层当中，含水互层中的水将沿着裂隙流向采空区。因此，可以判断导水裂隙带并没有发育到含水互层当中，采空区并没有见水也正好验证了这一点，根据各个观测数据得出导水裂隙带高度：

C2 孔：H（C2）$< h_1 + h_2 + h_3 = 20 + 17.5 + 1.8 = 39.3$m

B4 孔：H（B4）$< h_1 + h_2 + h_3 = 20 + 17 + 1.8 = 38.8$m

综合上述观测成果可以结论：H2106 工作面覆岩导水裂隙带的高度为 $H = 38.8$m。

北皂海域 H2106 工作面煤层平均厚度 4.4m，导高观测剖面位置处煤层采厚为 4.1m，所以，H2106 工作面的导高与采后之比为：$H/M = 38.8/4.1 \approx 9.5$ 倍。

（2）导水裂隙带发育形态。根据观测成果，北皂海域 2106 面导水裂隙带马鞍形发育形态如图 6-15 所示。导水裂隙带侧边扩展（外凸）宽度在 10m 左右。

根据观测结果可知导水裂隙带的上界面在煤$_2$ 上部泥沙含水互层底部，没有发育到含水互层中。

导水裂隙带马鞍形形成和侧向边界外凸的原因，在于在开采边界处覆岩弯曲变形的曲率最大，所以开采边界处的导高最高；在开采边界外侧即煤柱上方，弯曲变形的覆岩处于拉伸应力状态，容易产生张开型裂隙，因此，导水裂隙带则向边界外凸。

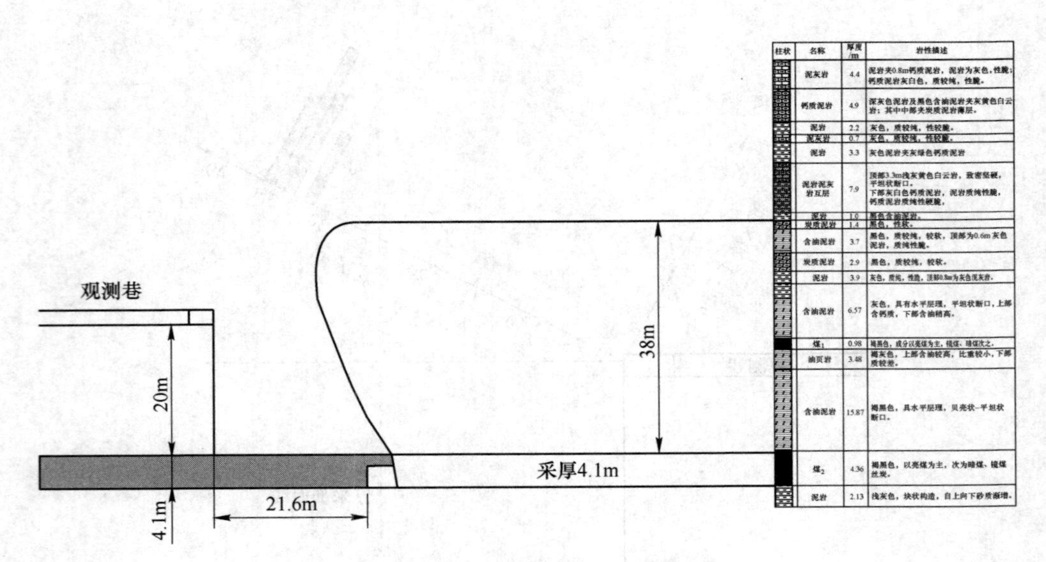

柱状	名称	厚度/m	岩性描述
	泥灰岩	4.4	泥岩夹0.8m钙质泥岩，泥岩为灰色，性脆；钙质泥岩灰白色，质较纯，性脆。
	钙质泥岩	4.9	深灰色泥岩及黑色含油泥岩夹灰黄色白云岩；其中中部夹炭质泥岩薄层。
	泥岩	2.2	灰色，质较纯，性较脆。
	泥灰岩	0.7	灰色，质较纯，性较脆。
	泥岩	3.3	灰色泥岩夹灰绿色钙质泥岩
	泥岩泥灰岩互层	7.9	顶部3.3m浅灰黄色白云岩，致密坚硬，平坦状断口。下部灰白色钙质泥岩，泥岩质纯性脆，钙质泥岩质纯性硬脆。
	泥岩	1.0	黑色含油泥岩。
	炭质泥岩	1.4	黑色，性软。
	含油泥岩	3.7	黑色，质较纯，较软，顶部为0.6m灰色泥岩，质纯性脆。
	炭质泥岩	2.9	黑色，质较纯，较软。
	泥岩	3.9	灰色，质纯，性脆，顶部0.8m为灰色泥灰岩。
	含油泥岩	6.57	灰色，具有水平层理，平坦状断口，上部含钙质，下部含油稍高。
	煤$_1$	0.98	褐黑色，成分以亮煤为主，镜煤、暗煤次之。
	油页岩	3.48	褐灰色，上部含油较高，比重较小，下部质较差。
	含油泥岩	15.87	褐黑色，具水平层理，贝壳状–平坦状断口。
	煤$_2$	4.36	褐黑色，以亮煤为主，次为暗煤、镜煤丝炭。
	泥岩	2.13	浅灰色，块状构造，自上向下砂质渐增。

图 6－15　导水裂隙带发育形态

7 确定安全开采上限及开采技术措施

国外海域下采煤防止井下透水最主要的一条经验，就是严格执行有关法律和相关规定，如英国和日本。其中，英国在煤层覆岩厚度相对较小的区域，还采用将长壁面改为房柱或条带的开采措施，以减小围岩破坏程度和覆岩破坏高度。

我国的水体下采煤一般根据开采条件和水体防护要求，按照《建筑物、水体、铁路及主要井巷煤柱留设与压煤开采规程》规定，分别采用留设3种安全煤岩柱的方法，即防水、防砂和防塌安全煤岩柱。海域下采煤毋庸置疑地应该留设防水安全煤岩柱。海域下留设防水安全煤岩柱是防止井下透水的一项最基本的安全措施，目的是不允许导水裂缝带波及水体，能最大限度地确保在海下采煤时不发生溃水事故，且使矿井涌水量不致大量、急剧地增加和保证正常的作业环境。

7.1 防水煤岩柱留设

基于龙矿集团北皂海域的基本地质勘查资料、监测资料和研究报告的调研分析，进行了理论分析、相似材料物理模拟研究及数值计算模拟。

通过UDEC数值计算和相似材料物理模拟分析，研究了煤层开采过程中的覆岩运动及矿压显现规律。以此为基础，建立大型三维有限差分模型，应用FLAC-3D有限差分软件进行计算分析，研究煤层开采过程中覆岩应力变形及破坏规律、海水渗透变化规律，综合分析，选取适当的保护层厚度，计算导水裂隙带高度，得出开采上限数值分析建议值。

7.1.1 保护层厚度的选取

由北皂煤矿海域地质条件可知，海域下煤系地层多为强膨胀型软岩，透水性弱，阻隔水能力强。因此，只要我们较准确地预计断层条件下综放覆岩导水裂缝带高度，并具体分析导水裂缝带以上一定厚度的岩层结构，确保其具有较弱的透水性和较强的阻隔水能力，就可以达到海域下防止井下透水的目的。

对水体下采煤的可靠性和安全性进行评价时，合理留设安全煤柱是十分重要的问题，根据北皂煤矿实际情况留设防水安全煤柱，就是保证导水裂隙带不波及松散层底部含水体。因此，需要合理选取保护层厚度。采区浅部第四系松散层底部一般无黏土性土层，但基岩风化带隔水性较好，且力学强度极低。根据现行《建筑物、水体、铁路及主要井巷煤柱留设与压煤开采规程》（下称《规程》）的规定，这种条件下要按“松散层底部无黏性土层，覆岩岩性为极软弱”的情况选取保护层厚度，预留足够的安全储存。应用不同理论方法和安全参数计算得到安全隔离层厚度估计如表7－1所示。

表7－1　不同理论方法和安全参数计算隔离层厚度

材料力学理论方法												
安全参数 n	1.4	1.5	1.6	1.7	1.8	1.9	2.0	2.1	2.2	2.3	2.4	2.5
隔离层厚度/m	73	78	83	88	94	98	103	108	112	117	122	129
普氏拱理论计算方法												
压力拱高/m	28	30	32	34	36	38	40	42	44	46	48	50
隔离层厚度/m	70	75	80	85	90	95	100	105	110	115	120	125
结构力学梁理论方法												
隔离层厚度/m	53.2	57	60.8	64.6	68.4	72.2	76	79.8	83.6	87.4	91.2	95

由表7－1可知，材料力学法和普氏拱理论法计算结果相近，且高于结构力学梁理论的计算结果。留取足够的安全储存量，选取适当的安全隔离层厚度。在安全系数 n 取为2.1时，取3种计算方法的安全隔离层厚度的最大值为108m。分析北皂三海域地层的具体分布特征，除去海水和第四系隔水地层的厚度80m，安全隔离层高度位于钙质泥岩岩层高度以下，钙质泥岩岩层隔水性能良好，相比其他临近地层力学强度较高，层厚理想。因此，从理论计算、地层分布实际情况和安全储备角度来看，108m的安全隔离层厚度是合理和安全的。

7.1.2　导水裂隙带高度的确定

导水裂隙带高度预计准确与否，则是关系到防水矿柱尺寸是否合理乃至海下开采安全与否的关键问题。可采用经验类比分析法和数值模拟计算方法预计导水裂隙带的高度。贯通导水裂隙带高度表征了覆岩运动引起的顶部岩层剧烈破坏的影响区域。本研究中采用开采覆岩运动结构力学模型方法、相似材料物理模拟试验、UDEC数值模拟计算、FLAC3D数值仿真计算来综合分析导水裂隙带高度。

7.1.2.1　相似材料物理模拟结果

由相似材料物理模拟试验及分析可知：工作面推进过程中岩层自下而上发生离层，离层发生在强度不同的层间面上，离层的持续时间相当短，基本没有厚关键层的效应，垮落高度9m左右。

随工作面持续推进，当上覆坍塌岩层充填采场，没有碎胀空间时，上部岩层就不会再产生离层裂隙。离层发展的高度就会在某高度时趋于稳定，不再向上发展，宏观冒裂隙带的高度基本保持在56m左右。

当工作面推进到190m时，导水裂隙带高度达到最大值为56m，随后随着工作面的推进，导水裂隙带高度略有降低。因此，根据相似材料物理模拟结果贯通导水裂隙的最大高度为56m。

7.1.2.2 开采覆岩运动结构力学模型方法

根据海下开采覆岩运动结构力学模型方法计算可知：计算垮落带高度为9.85m，计算裂隙带高度为40.05m，破坏拱高度为49m。在此，开采覆岩运动结构力学模型方法结果选取最危险值49m作为导水裂隙带高度值。

7.1.2.3 规程公式计算

根据《煤矿防治水规定》第106条规定："进行水体下开采的防隔水煤（岩）柱留设尺寸预计时，覆岩垮落带、导水裂缝带高度、保护层尺寸可以按照'三下'规程中的公式计算"。北皂矿煤$_2$一般厚度较大，工作面为综采放顶煤开采，现行规程中没有该条件下导水裂缝带高度的具体规定，若仍套用现行规程的规定，结合煤$_2$顶板的岩性及强度指标，煤$_2$顶板为偏软地层，则可参考原煤炭工业部颁布的"三下"规程计算导水裂隙带发育高度。目前，北皂矿各工作面采放高度均为全煤厚，从偏安全角度，本次评价采用最大厚度4.7m进行计算。根据"三下"规程公式计算结果为43.2（±5.6）m，其最大值为48.8m。

7.1.2.4 经验公式

一般情况下，对于软弱岩层，导水裂隙带高度为采高的9~12倍，中硬岩层为12~18倍，坚硬岩层为18~28倍。导水裂隙带高度预计准确与否，则是关系到防水矿柱尺寸是否合理乃至海下开采安全与否的关键问题。北皂矿各工作面为偏软地层，从偏安全角度，本次评价采用最大厚度4.7m进行计算，取平均系数值，其计算结果为56.4m。

7.1.2.5 UDEC数值计算分析

以实用矿压理论和弹塑性力学为基础，在龙口海域开采实践研究成果的基础上，考虑海底煤层开采的岩层运动特征建立了覆岩运动的破坏力学模型，对渗透压力作用下顶板岩层断裂运动与支撑压力及其显现关系进行了分析，得出实验工作面的导水裂隙带最大高度（不考虑煤层厚度）为57.5m。

7.1.2.6 FLAC3D仿真计算分析

根据FLAC3D仿真计算分析可知，采场及围岩中的最大及最小主应力分布比较复杂，采场及采空充填区中出现了应力集中分布区，且随着深度的增加最大主应力值数值逐渐增加，而接近煤层顶板中出现拉应力值，且随回采高度的逐渐增加，拉应力值也逐渐增加，受拉范围越来越大，且呈带形分布，部分区域产生拉破坏。但整个工作面推进过程中，煤层顶底板围岩内拉应力区仅限于小范围内，煤层顶底板围岩的主要破坏形式为压剪破坏和剪切破坏，破坏高度位于煤层顶板围岩55m范围内。

根据地下水计算分析及渗透监测可知，工作面开采过程中，地下水涌水量处于可控的范围内，采空区没有出现较剧烈变化的地下孔隙水压，仅仅在局部有较大的变化，且渗透的水量在正常范围之内。

7.1.3 回采上限的确定

确定回采上限的具体方法是：首先在各地质剖面上第四系底界（基岩面），然后再根据具体的采煤方法和开采厚度，标出相应的防水煤岩尺寸。在确定上限时，防水煤岩柱尺寸是从煤层顶板标起的，同时还应注意到煤层尤其是第四系底界面的起伏变化，即可得出开采上限。为了减少露头煤柱的压煤量，最大限度地开采煤炭资源，建议在工作面临近回采上限时，采用综采采煤方法，从而减少由煤柱留设造成的煤炭损失。

根据开采上限计算公式可知，当基岩顶部有沉积层时，当沉积层厚度大于5m时 a 取零；当沉积层为相对隔水层时，其厚度可考虑在 s 值之内，即 $H=s+h$，保护层厚度 s 之内包括隔水层厚度。考虑北皂海域实际地层条件，海下有平均厚度达67.7m的第四系沉积层，且为相对隔水层，因此适用于公式 $H=s+h$。根据以上合理安全隔离层厚度和导水裂隙带高度的计算分析可知：北皂矿区海底安全开采上限可考虑提高至 -165.5m（安全隔离层厚度108m + 贯通导水裂隙带高度57.5m），且具有适当的安全储备（安全系数为2.1）。工作面推进过程中为预防应急事故的发生，还应当采取一些适当的技术措施，确保开采安全。

7.2 安全开采技术措施

海底地层条件下综放开采技术在我国水体下采煤领域尚属先例，同普通机械化采煤、综机分层开采相比，综合机械化放顶煤开采是将厚煤层的全层厚度一次就采放出来的一种高产、高效采煤方法，开采强度大大增加，采煤成本明显降低。但综放开采的一次开采厚度明显大于分层开采时的初次开采厚度，其采动破坏性影响剧烈程度以及覆岩破坏的发育规律与分层开采明显不同，目前还缺少对该采煤方法引起的覆岩破坏及发育规律的全认识，更缺乏浅部受第四系底部含水层威胁情况下不疏降顶水采煤的经验。但通过近几年来对兖州矿区兴隆庄等煤矿厚松散含水层下不疏降顶水综放开采等课题的研究，已取得了水体下综放开采的经验及其对于覆岩破坏规律的认识。结合北皂煤矿具体情况，提出一些必要的切实可行的安全技术措施，这些措施主要包括开采技术措施和防水安全措施两个方面。

采矿活动会在特定地域内导致原地或异地环境地质效应发生，特别是海下采煤，若措施不当，保护不力，则有可能导致地表海水渗入地下，与地层含水层贯通，威胁矿井下人员和设备的安全，影响原来的生态平衡。所以采矿活动中不能忽视对环境地质的影响，海下采煤过程中邻海部分必须留设护堤（岸）煤柱。

海下采煤的技术关键是杜绝水害。水害发生的条件是具有（或形成）突水通道，海下采煤可能突水的通道主要有四类：一类是采掘形成的，即采场的导水裂隙带和采掘工作面局部抽冒形成的空洞；二类是断裂构造形成的，即导水断层和开采扰动断层；三类是不良钻孔造成的导水通道；四类是海域煤层露头带安全煤岩柱击穿形成的导水通道。海下采煤的可行性，就在于能否保障不发生水害。

稳定的岩层结构和软弱的覆岩岩性是海下采煤难得的良好地层条件。地质勘探表明，海域区地层稳定、结构简单。基岩中煤$_2$顶板以上90%为泥岩，岩性软弱，结构细腻，易潮解、泥化、变形和压实，对断层起到良好的充填作用，导水裂隙闭合快，是海下采煤理想的地层条件。

断层充填好、导水性差，采取相应的安全措施，完全可以避免断层涌水。陆地矿井生产所揭露的断层表明，该区域断层被风化泥岩所充填，上部有第四系松散层的黏土隔水层覆盖，断层为不导水或局部弱导水，与海水无直接联系。该海域海水深度为0～15m。据第四系松散层钻孔取芯资料说明，第四系中部为厚20～30m的黏土、砂质黏土，隔水性良好。因此海水不与煤系地层直接接触，不发生直接的水力联系。回采工作面留设合理的断层煤柱，可以避免断层突水事故。

7.2.1 留设防水煤柱的有关技术规定及方法

7.2.1.1 留设防水煤柱的有关技术规定

留设好防水煤（岩）柱是解决海下采煤的关键。在《建筑物、水体、铁路及主要井巷煤柱留设与压煤开采规程》第44条规定，当水体下采煤时，必须严格控制对水体的采动影响程度。按水体的类型、流态、规模、赋存条件及允许采动影响程度，将受开采影响的水体分为3个采动等级。不同采动等级的水体，必须留设相应的安全煤柱。目前认为防水煤柱的留设与下面一系列因素有关，有的可做定量分析，有的只能做定性分析。

（1）采动矿压对煤岩柱的作用。这就是采空区边缘上覆地层的集中支撑压力将使煤（岩）柱侧边的一定范围受到压裂破坏，产生裂缝，失去阻隔水的作用。真正起阻隔水作用的是扣除这种塑性破坏的核心部分。

（2）所留煤（岩）柱，扣除塑性破坏宽度后（如果是矿间煤（岩）柱则需要扣除两侧的破坏宽度），其有效宽度将受到3种状态的破坏。

1）侧向水压大，使煤（岩）柱顶底板的黏结力和摩擦力不能抵抗，产生沿顶底界面剪切破坏而移动。顶底板层面光滑、有软泥夹层易于出现此类破坏。

2）煤（岩）柱内部因应力超限（如水压很大或上覆地层静压很大，或采空区形状特殊而造成地应力集中等），引起剪切或屈服破坏。

3）渗流速度超限引起煤（岩）柱的冲刷扩大而失效。从现场的实际情况看，这是破坏煤（岩）柱的主要的可以普遍存在的一个方面。因为煤（岩）柱都是具有原生和次生节理裂隙或断裂构造的地质体，这些岩体的软弱结构面在水压的作用下都可以形成一定的渗流楔劈流。由《水力学》明确指出当雷诺数大于3.3~5.0时，水流就处于紊流状态，此时水流的夹砂能力正比于水流的速度的平方。在高压水的作用下，水力坡度极大时，在煤（岩）柱内发生了紊流，随着流速和水力半径的增大，冲刷能力增强，渗透量会不断增长。同时作用于裂隙端部的侧向水压还将因应力集中而使裂隙向前扩展和分岔，最后导致煤（岩）柱的完成破坏而丧失其隔水能力。特别是黏结力弱的松软煤层，出现这种渗流超限破坏的危险更大，因此，有效煤（岩）柱的宽度应使渗流在其中的水流速度永远小于允许的最大流速。

实际上，由于煤（岩）体的黏结力不同，临界流速是难于实际计算确定的，一般只能观察在一定水压作用下煤柱是否出现渗流水，水量是否有逐渐增大的趋势。出现渗流水的煤柱，其安全程度就低，有逐渐增大的趋势就不允许了。

实际上，有效煤（岩）柱宽度往往并不需要很大。因此，煤（岩）柱的科学留设的关键，还在于水体及其压力的作用方向及岩层移动角（采矿引起的）以及断层节理的产状，与煤（岩）柱的空间几何关系。

（3）开采引起的岩层移动对煤（岩）柱的破坏和影响。广泛的生产实践表明，煤层开采后，其上覆岩层将产生冒落带、导水裂隙带和以弹性变形为主的缓慢下降带，同时，上覆岩层将产生沿开采盆地的扩展而不断外移的塌陷角，直达开采的煤柱边为止。

因此，煤（岩）柱留设时必须考虑到塌陷角与导水裂隙带对它的破坏和影响。《规程》对此已作了明确的规定，这是十分必要的。

（4）开采可引起煤层顶底板岩层的破坏和引张区的出现。邯郸、淄博、肥城等矿务局的观测试验已得出采动矿压对底板的破坏深度在10~20m不等，集中支撑压力形成的底板引张区的范围，在停采线前方以43°~65°向深部发展，煤（岩）柱留设时，特别是断层防水煤（岩）柱留设时要特别注意到这一点。

（5）断层产状。断层两盘煤（岩）柱的产状，水体或含水层与断层、与煤（岩）柱的相互对接关系，都直接影响煤（岩）柱的正确留设。

（6）煤（岩）柱本身及上覆、下覆岩层的透水性及渗流超限破坏的可能性。

从各矿区以往留设的各类防水煤（岩）柱的具体实践来看，除断层防水煤（岩）柱曾出现因留设不合理而发生水害，以及其他各类煤（岩）柱因后期人为破坏出现过灾害外，基本上没有发生大的问题，但往往出现绕流。因此，留设防水煤（岩）柱，首先应从理论上进行分析计算，防止应力超限引起屈服破坏、顶底面光滑引起剪切滑移破坏；其次要按导水裂缝带发展规律、断层及煤（岩）层产状的几何关系计算其宽度；最后要利用有关地质资料，分析煤柱顶、底导水裂隙带和底板破坏带内有关含水层的渗透系数和煤（岩）柱本身的渗透系数，计算一定水压下的绕流水量，并判断水流超限破坏的概率，关于这方面的工作尚待进一步深入。

7.2.1.2 留设防水煤岩柱的基本原则

为了做到科学合理地留设防水煤（岩）柱，必须遵循下列原则：

(1) 由于防水煤（岩）柱一般不能再利用，故应在安全可靠的基础上，尽量减小煤柱的高度或宽度，以提高资源利用率。

(2) 留设防水煤（岩）柱必须考虑地质构造、水文地质条件、煤层赋存条件、围岩物理力学性质、煤层的组合结构等多种因素，同时还应与采煤方法、顶板管理方法等人为因素相协调。

(3) 防水煤（岩）柱应尽量在井田总体开采设计中确定，应使开采方式、井巷布局与煤柱的留设相适应，以免给以后的采掘工作带来困难。

(4) 多煤层情况下，各煤层的防水煤（岩）柱应统一考虑确定，避免某一煤层开采时破坏其他煤层的煤（岩）柱，以免整个防水煤（岩）柱丧失其功能。

(5) 防水煤（岩）柱一经留设即不得破坏，巷道非穿过煤柱不可时，必须采取相应的加固措施，确保煤（岩）柱的完整性。

(6) 防水煤（岩）柱的组成中，最好有一定厚度的黏土质隔水层或裂隙不发育、含水性极弱的岩层，以保证防水煤（岩）柱的阻隔作用。

7.2.1.3 防水煤（岩）柱的结构分析

安全煤（岩）柱的安全性和合理性取决于对安全煤（岩）柱的结构分析。留设安全、合理的防水煤（岩）柱，主要取决于煤层采动影响及覆岩变形破坏规律，以及是否满足煤层开采时防水性及抗裂性的要求。防水煤（岩）柱的最小厚度应大于或等于导水裂隙带的最大高度和保护层厚度之和，即 $H_{水} \geqslant H_{裂} + H_{保}$。

对煤（岩）柱的结构进行分析是合理留设安全煤（岩）柱具有重要意义，一般考虑三个方面：

(1) 岩性构成。防水煤（岩）柱可能由一种岩性构成，也可能是由多种地层组合构成。不同岩性组合成的防水煤（岩）柱，其防水性和抗裂性是不同的。根据我国水体下采煤的经验，煤（岩）柱岩性有以下几种：

1) 仅由基岩单独构成的煤（岩）柱。在以下情况下，防水煤（岩）柱是由基岩单独构成的。①在地表水体或松散在设计防水煤（岩）柱时，一般可以按以下步骤进行：含水层下采煤时，当无松散层覆盖或虽有但其全部或底部为强含水砂层时；②在基岩富含水层下采煤时，或该含水层与所采煤层之间有一定厚度的隔水层时；③在与其他水源有联系的导水断层下盘采煤时，或在上盘为富含水层的逆断层下盘采煤时；④在矿井水淹区及老窑积水区以下采煤时。

此类防水煤（岩）柱的防水性和抗裂性，主要取决于基岩本身的含水性、隔水性、基岩地层的产状、岩性、岩相、地层结构及结构面发育程度。

2）基岩和松散层中的黏性土层共同构成的防水煤（岩）柱当煤系地层上方，第四纪松散底部有一定厚度的黏性土隔水层时，水体下采煤防水煤（岩）柱由基岩和松散层中的黏性土层两部分组成。即煤（岩）柱中一部分是基岩岩层，一部分是松散层中的黏性土层。此类防水煤（岩）柱一般是在地表水、松散层中含水层及煤层地层之间，没有直接的水力联系或有微弱的水力联系的情况下留设的。该类型煤（岩）柱的防水性和抗裂性的效果比单独由基岩构成的煤（岩）柱具有优越性。

3）黏性土层单独构成的防水煤（岩）柱。在煤系地层上方存在较厚的黏性土层的情况下，防水煤（岩）柱的岩性主要是以黏性土层为主，这种煤（岩）柱的防水性和抗裂性是最好的。

（2）煤（岩）柱的岩层厚度及组合特征。煤（岩）柱内单层岩层的厚度及其排列组合的特征，是影响煤（岩）柱防水性和抗裂性的重要因素之一。煤（岩）柱由单一岩层构成时，其防水性较好，但是抗裂性不如薄层状复合结构岩层；煤（岩）柱由多层薄层状岩层构成时，其防水性和抗裂性效果相对较好。

（3）煤（岩）柱的岩层力学性质及组合。整个煤（岩）柱内的单层岩层的力学性质及其排列组合特征，是影响煤（岩）柱防水性和抗裂性的又一重要因素。当由软弱、塑性和韧性岩层构成的软弱型煤（岩）柱，其防水性和抗裂性好；当由坚硬、刚性或脆性岩层构成的坚硬型煤（岩）柱，其防水性和抗裂性差；由近煤层的软弱塑韧性岩层和远煤层的坚硬刚脆性岩层构成的软弱－坚硬型煤（岩）柱，如软弱岩层厚度大于导水裂隙带的最大高度时，煤（岩）柱的防水性和抗裂性好，但如软弱岩层厚度小于导水裂隙带的最大高度时，煤（岩）柱的防水性和抗裂性则较差；由近煤层的坚硬脆性岩层和远煤层的软弱塑韧性岩层构成的坚硬－软弱型煤（岩）柱，当坚硬刚脆性岩层厚度大于导水裂隙带的最大导水裂隙带的最大高度时，煤（岩）柱的防水性和抗裂性差，但当坚硬刚脆性岩层厚度小于导水裂隙带的最大高度时，煤（岩）柱的防水性和抗裂性相对较好。

7.2.2 开采技术措施

开采技术措施是实现顶水安全采煤的必要条件，其主要措施有：

（1）回采前在回采工作面上下顺槽对煤厚进行实测。

（2）加强采煤工作管理，严格按照设计采放高度进行开采、严禁超限放煤，禁止采放矸石和采煤机割底。特别是出现采煤工作面停滞不前现象时更应严格禁止集中超限放煤。

（3）在试采期间，尤其是老顶初次来压和周期来压期间，加强回采工作面顶板管理，及时移架放顶，并搞好工作面端头支护，防止冒顶事故的发生，一旦冒顶，立即向矿总工程师汇报，并及时进行处理。

（4）尽可能保证回采工作面连续快速和匀速推进，要尽量使全工作面的放煤比较均匀。

（5）回采过程中要定期测量实际采放高度，并将测量成果及时上报矿总工程师，以备查阅。

（6）放煤顺序：接近回采上限开采时，为了减轻覆岩破坏程度，建议首先从一端开始向另一端逐架顺序放煤，放完一架后再紧挨着放另一架，每次只能放一架。

（7）加强断层带支护。

（8）在工作面可能出现涌水或淋水现象时，若采用走向长壁开采方法，为使工作面排水畅通，建议使工作面下端头尽量超前推进，超前距离一般不宜少于5～10m；若采用倾斜长壁开采方法，建议采用仰斜推进。

7.2.3 防水安全措施

防水安全措施是确保矿井和采区安全生产的重要环节，不容忽视。主要措施有：

（1）建立健全畅通的矿井和采区疏排水系统。切实保障中央泵房的水泵房的水泵处于随时开机状态。加强排水设备的维修与管理，并定期清理水沟和水仓，确保疏排水系统的正常，采前要对排水设备、水沟及水仓等进行全面系统的检查。

（2）工作面的疏排水系统至关重要，必须保证其畅通无阻，可利用工作面上、下顺槽进行疏排。

（3）每个采煤工作面均应配备良好的照明装置和通讯电话，电话可与地面调度室联系。

（4）回采工作面一旦出现出水征兆（如工作面煤壁出汗、断层滴水等）时，现场技术人员要对水情变化进行密切监视，并及时向矿总工程师及有关部门汇报，并迅速采取相应措施进行处理。

（5）由生产单位编制切实可行的防水避灾路线，绘制避灾路线图，并写入作业规程，定期向工程技术人员和工人宣传防水避灾知识，以便在出现险情时及时安全撤出。

（6）经常测定井下各个出水点的水量。系统地开展井上下水文地质观测，对二含水动态，采区涌水量及水质等进行联合监测。

7.2.4 开采过程中观测与监测

开采过程中应进行的一些观测与监测工作建议如下：

（1）掘进巷道涌水量及水质分析。对采区布设的巷道掘进过程中的涌水情况进行详细的记录，密切监测，并采取水样进行水质化验分析。

（2）做好地面水文长观孔的补勘施工工作。切实做好三采区试采期间的定期水文观测工作，关键是要做好长观孔布设及施工，为此，共布设了2个水文长观孔，并采取岩、土样进行了有关的试验分析。

（3）做好试采中的“两带”观测工作。覆岩破坏规律的观测研究是合理确定防水煤柱的关键，搞清覆岩破坏规律是实现水体下安全采煤的重要步骤，软弱覆岩条件下综放采煤覆岩破坏规律的系统观测与研究，对今后实现该条件下安全合理采煤具有重要意义。因此，建议在三采区试采过程中切实做好“两带”高度的观测工作，其主要方法有：

1）井下钻孔法。可在合适的巷道内布设井下观测钻孔，采用钻孔冲洗液法等进行观测。

2）物探方法。煤层被开采后覆岩破坏具有一定的规律性，这个规律将引起地球物理的变化，采用地面地震勘探方法、井下电法并结合井下地质雷达探测方法，确定“两带”高度。

3）水质分析法。通过采集水样进行水质试验分析，有时也可以辅助解释两带高度的发育情况。

（4）试采前及试采中第四系底部含水层水位观测。在三采区工作面试采过程中，利用水文观测孔，对采前及工作面开采过程中第四系松散层底部含水层水位进行动态监测，以便摸清开采过程中底含的水位变化。观测孔水位观测的时间间隔可由每周一次逐渐增长至每月一次，并要求在井下出现水情时加密监测，如每天一次等。此外，在开采过程中做好漏水情况的观测并做好记录，对工作面涌水进行水质化验分析，同时做好老塘涌水量的观测工作。

（5）试采过程中综放工作面矿压观测。矿山压力显现规律与煤层覆岩破坏之间存在着密切的联系，研究矿山压力显现规律，进行探索矿压显现与覆岩破坏规律之间的内在联系，是水体下采煤覆岩破坏规律综合研究技术体系的研究内容之一。为此建议做好三采区开采工作面矿压观测工作，可对支撑压力，顶板来压，顶板下沉及速率等进行观测，做好记录。

7.3 大型水体下开采安全性评价

我国在湖下、河下、水库下、含水层下的煤炭开采有着丰富的实践经验，对大型水体下采煤的安全性进行了定性的分析，深入地研究了不同采煤方法条件下的覆岩破坏规律、探测技术和手段以及防水安全措施等，取得了水体下采煤的丰富经验，但缺乏对大型水体下采煤的安全性定量评价研究。本次以龙口矿区海下开采的具体地质、水文和采矿特征研究为基础，针对大型水体下开采安全性评价特点，在进行大型水体下开采安全性影响因素分析的基础上，采用改进层次分析法，建立了大型水体下开采安全性评价模型，并对龙口海域下开采、贵州玉舍河下开采和微山湖下开采进行了评价。

7.3.1 安全性评价体系

大型水体下开采的主要特点为其在地表存在威胁井下开采安全的大型水体，对于该水体无法进行疏干、改道等工程处理，只能在分析地质采矿条件和水文地质规律的基础上采用特殊开采措施，使大型水体无法与井下工作面之间形成水力联系，保证生产的安全。

我国水体下采煤的生产实践和科学试验表明，为了正确评价水体下采煤的安全性，首先要在深入掌握采动影响区的水文地质规律、地层结构、覆岩破坏、岩层移动以及开采措施等的基础上，做好以下四个方面的工作：全面分析岩层体系的结构特征；详细预测采动影响程度；合理计算安全煤（岩）柱尺寸及正确选择开采和防护技术途径。

7.3.1.1 水文地质规律

分析整个回采区段、采区、井田，甚至整个矿区范围内地表水体及松散含水层水体和基岩含水层水体的赋存状态及其水力联系，特别是地表大型水体与松散含水层和基岩含水层的水力联系。可分为以下四种类型：

（1）单纯的地表大型水体。指江湖河海、水库、洪水（泄洪区）等水体，且水体与松散层及基岩含水层无直接的水力联系。这些地表水体水量大、补给来源充足，对矿井生产威胁大。这里起决定作用的是水体与煤系基岩间的第四纪、第三纪黏性土层或隔水性好的基岩风化带及其厚度等。

（2）地表大型水体和松散含水层二者构成的水体。这类水体指的是松散含水层与地表水有密切水力联系的水体。这里起决定作用的是松散层中含水层的富水程度、赋存状态及松散层的总厚度等。

（3）地表大型水体和基岩含水层二者构成的水体。指基岩含水层直接接受地表水补给的水体。这里起决定作用的是开采深度。

（4）地表大型水体、松散含水层和基岩含水层三者构成的水体。当基岩含水层受到松散含水层水的补给，而地表水又补给松散含水层时，则属于这种类型的水体。这里除了考虑开采深度外，还应考虑松散含水层的富水程度。

7.3.1.2 覆岩地层结构分析

就水体下采煤要求来说，进行覆岩结构分析，需要从岩层的隔水性、厚度、断层发育情况分别分析大型水体下开采的安全性。

(1) 隔水性。岩层的隔水性大致可以按照岩性、岩相及结构面等方面进行评定。

岩性是评价隔水层（体）和隔水层组的最重要依据。影响岩层和土层隔水性能的因素很多，其中重要的有组成岩石和土层的颗粒大小及其级配，胶结物的性质和胶结形式等。

所谓岩相，可以简单通俗地理解为沉积物生成的条件和环境。沉积岩的岩相具有多变性，不同的沉积岩相具有不同的水文地质特征。

岩层体系的结构面主要指原生结构面、构造结构面和次生结构面3种。水体下采煤的实践表明，结构面既是评价岩层体系物理力学特征的重要因素，又是评价岩层体系隔水性的重要因素。

(2) 厚度。主要指开采上限至水体底面的最短距离，即安全煤（岩）柱（H_{zh}）的厚度，分别与垮落带和导水裂缝带最大高度相适应，以便获得水体下采煤最大的可能性和安全性，保证安全生产及限制矿井的涌水量的增加。按照其能控制采动影响的程度，可以分成以下3种情况：

1) 无条件控制采动影响。在这种情况下，预计的导水裂缝带内无隔水层，而全部为含水层，此时，安全煤（岩）柱高度为零，即：$H_{zh}=0$。

在这种条件下，如果对水体不进行处理，则回采工作面的作业条件将是恶劣的，并可能造成矿井涌水量的大量增加，不能保证安全开采。

2) 有条件局部控制采动影响。在这种情况下，预计的导水裂缝带内同时出现含水层和隔水层，但垮落带内无含水层。此时，安全煤（岩）柱尺寸大于垮落带最大高度，但小于导水裂缝带最大高度，即：$H_m<H_{zh}<H_{li}$。

在这种情况下，由于直接顶或部分老顶为隔水层，只要把回采工作面顶板支护好，工作面作业条件是能够得到保证的。同时，只要含水层补给量小，补给来源不十分充足，采区内有相应的排水系统和相当的排水能力，则含水层的水会随着工作面放顶而从采空区内泄出，即可能收到边采边疏的效果，有一定的安全性。

3) 有条件完全控制采动影响。在这种情况下，预计的导水裂缝带内全部为隔水层而无含水层。此时，安全煤（岩）柱尺寸大于垮落带和导水裂缝带的最大高度，即：$H_{zh}>H_{li}>H_m$。

不论是直接在含水松散层下采煤，还是直接在基岩含水层下采煤，安全煤（岩）柱尺寸都大于垮落带和导水裂缝带的最大高度，既能有效地防止溃水、溃砂现象的发生，又能有效地防止工作面和采区涌水量的增加，故能够实现顶水安全采煤。

(3) 构造复杂情况。这里指的主要是在工作面内，在开采过程中遇到的复杂构造。由开采实践和理论分析可知，在采场存在断层构造的情况下，覆岩导水裂缝带发育高度，较之正常地质条件下要高得多。特别是当覆岩采动破坏因素和断层构造因素二者构成某种组合条件的情况下，会成为大型水体下安全开采的重大威胁。

7.3.1.3 开采控制技术

针对水体类型及水体所在处的地层结构特点，采取综合性技术措施，可以有效地减小采动影响，降低导水裂缝带发育高度，安全、合理地开采出煤炭资源。

（1）分层间歇开采。分层间歇开采一般是指用倾斜分层下行垮落方法开采缓倾斜煤层的开采措施。它是我国煤矿目前在水体下采煤比较普遍采用的一种方法，特别是在水体下开采浅部中厚或厚煤层。对厚煤层采用了分层间歇回采，使煤层覆岩的垮落带和导水裂缝带高度，同一次采全厚比较起来小得多。

（2）控制顶板冒落的房柱式、条带和充填开采。房柱式开采是指在煤层中开掘一系列煤房，采煤在煤房中进行，保留煤柱支撑上覆岩层的一种开采方式。条带开采是指将开采区域划分成规则条带，采一条、留一条，以保留煤柱支撑上覆岩层的一种开采方式。充填开采是指在采空区内充填水砂、矸石、粉煤灰等充填物的一种开采方式。

采用房柱式、条带和充填开采方式，留下煤柱或充填体承受住上覆岩层的全部荷载，控制顶板冒落，即可以减少破坏高度，又可以显著地减少地表的移动和变形值。

7.3.2 安全性评价模型的建立

AHP（Analytical Hierarchy Process）方法是1973年美国著名运筹学家T. L. Saaty教授提出的一种决策分析方法。该法的特点是将决策者对复杂系统的决策思维过程模型化、数量化的过程。决策者可通过将复杂问题分解为子问题，将这些子问题按支配关系形成有序的递阶层次结构，通过此比较方法确定层次中诸因素的相对重要性，然后综合人的判断以决定诸因素相对重要性的总顺序。该法把决策过程中定性与定量因素有机地结合起来，用一种统一的方式进行处理。

7.3.2.1 层次决策分析法的原理

设有n个因子x_1，x_2，x_3，…，x_n，它们对决策的重要性（权重）分别为w_1，w_2，w_3，…，w_n。现将每个因子的重要性进行比较见表7－2。

表7－2 层次决策分析法因子比较

因子	x_1	x_2	x_3	…	x_n
x_1	w_1/w_1	w_1/w_2	w_1/w_3	…	w_1/w_n
x_2	w_2/w_1	w_2/w_2	w_2/w_3	…	w_2/w_n

续表 7－2

因子	x_1	x_2	x_3	…	x_n
x_3	w_3/w_1	w_3/w_2	w_3/w_3	…	w_3/w_n
⋮	⋮	⋮	⋮		⋮
x_n	w_n/w_1	w_n/w_2	w_n/w_3	…	w_n/w_n

这种相互关系可用矩阵表示出来，即：

$$X = \begin{matrix} w_1/w_1 & w_1/w_2 & w_1/w_3 & \cdots & w_1/w_n \\ w_2/w_1 & w_2/w_2 & w_2/w_3 & \cdots & w_2/w_n \\ w_3/w_1 & w_3/w_2 & w_3/w_3 & \cdots & w_3/w_n \\ \vdots & \vdots & \vdots & & \vdots \\ w_n/w_1 & w_n/w_2 & w_n/w_3 & \cdots & w_n/w_n \end{matrix}$$

该矩阵称为判断矩阵，同一层次的某一因素的重要性进行比较（层次单排序），采用标度法使各因子的相对重要性定量化。

$$CI = \frac{\lambda_{\max} - n}{n - 1}$$

取重要性（权重）向量 $\boldsymbol{W} = [w_1, w_2, w_3, \cdots, w_n]^T$，则有：$\lambda_{\max}$ 为 X 的唯一最大特征值，W 为其对应的特征向量。

在形成判断矩阵时，有时要靠主观判断估计，可能不能保证判断矩阵具有完全的一致性，有必要进行一致性检验。

$$CI = \frac{\lambda_{\max} - n}{n - 1} \tag{7－1}$$

首先，求出一致性指标 CI；然后计算一致性比例 $CR = CI/RI$。式中，RI 为平均随机一致性指标，可以查表求出。表 7－3 所列的是 $n \leqslant 10$ 时相应的 RI 值。若 $CR < 0.10$，则认为判断矩阵具有令人满意的一致性；否则，就需要调整判断矩阵，直到满意为止。

表 7－3 平均随机一致性指标表

n	1	2	3	4	5	6	7	8	9	10
RI	0	0	0.58	0.9	1.12	1.24	1.32	1.41	1.45	1.49

7.3.2.2 标度的选择

由于标度主要反映定性指标间相互关系的定量值，其值大小并不重要，关键是其值之间所保持的相互关系能否较为准确地反映人们对定性的重要程度的判断关系，如表 7－4 所示。

表 7-4 两种标度

等级	数量范围	1~9 标度	10/10~18/2 标度	含 义
1	0.9~1.1	1	10/10	同等重要
2		2	11/9	处于同等重要与稍微重要之间
3	1.1~1.5	3	12/8	稍微重要
4		4	13/7	处于稍微重要与明显重要之间
5	1.5~2.5	5	14/6	明显重要
6		6	15/5	处于明显重要与强烈重要之间
7	4~6	7	16/4	强烈重要
8		8	17/3	处于强烈重要与极端重要之间
9	8~10	9	18/2	极端重要
K		K	$(9+k)/(11-k)$	

标度的比较曲线见图 7-1（横坐标等级间隔是按照 10/10~18/2 标度给出，即相同: 稍微大: 明显大: 强烈大: 极端大 =1∶1.5∶2.333∶4∶9）。图 7-1 中给出了经过实际调查测试和非线性规划模型计算得出有关标准近似上下限评价范围曲线的结果。因此，正确反映人们判断意识的合理性标度不应偏离此范围太远，图中曲线显示 1~9 标度距上下限曲线范围甚远，则它将难以准确反映人们的判断，因此是不尽合理的。由图 7-1 可见，10/10~18/2 标度性能最好，最适宜精确的权值计算，能得到较为合理的结果。

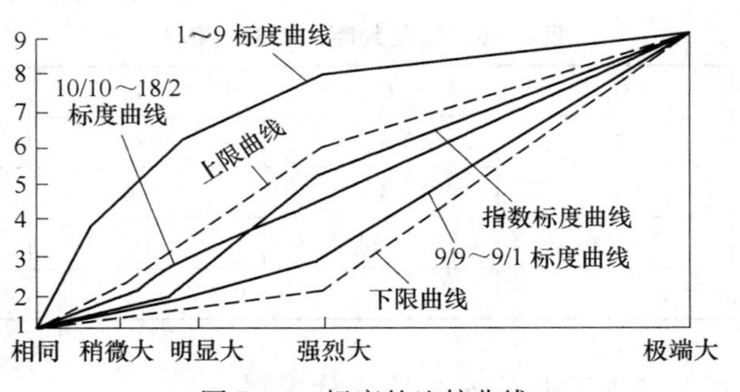

图 7-1 标度的比较曲线

7.3.2.3 建立安全性评价的层次结构模型

根据大型水体下开采安全性评价体系的建立，把水体下开采安全性评价问题分解为 3 个组成部分，按属性不同分组形成不同层次（见图 7-2），确定评价指标；在得出各评价指标相应的权重后，用下式求安全性指数（S）：

$$S = \sum W \cdot E = W_{B1} \cdot E_{B1} + W_{B2} \cdot E_{B2} + W_{B3} \cdot E_{B3}$$

$$= W_{B1} \cdot E_{B1} + W_{C1} \cdot E_{C1} + W_{C2} \cdot E_{C2} + W_{C3} \cdot E_{C3} + W_{B3} \cdot E_{B3}$$

式中：E_{B1}、E_{B2}、E_{B3}、E_{C1}、E_{C2}、E_{C3}分别表示水文地质、覆岩地层结构、开采控制、保护层隔水性、保护层厚度和构造情况要素；W_{B1}、W_{B2}、W_{B3}、W_{C1}、W_{C2}、W_{C3}分别为水文地质、覆岩地层结构、开采控制、保护层隔水性、保护层厚度和构造情况要素相应的权重。

7.3.2.4 构造判断矩阵并计算权重

首先，在总目标条件下对 B 层构造判断矩阵，见表 7－5。然后在 B 层条件下，用同样的方法对 B_2 构造 C 层的判断矩阵，见表 7－6。

为了得到某一层次相对于上一层次的组合权重，首先用上一层次各个因素分别作为本层次各因素间相互比较判断的准则，得到本层次因素相对上一层次各个元素的相对权值。然后在此基础上，用上一层次因素的组合权值加权，即得到本层次因素相对于上一层整个层次的组合权值。依次沿递阶层次结构由上而下逐层计算，即可得到最低层次各因素相对于最高层次的相对重要性权值，或相对优劣的排序值。

表 7－5 B 层单排序的判断矩阵

A	B_1	B_2	B_3	权重
B_1	1	4/3	4/16	12/31
B_2	3/4	1	16/3	16/31
B_3	4/16	3/16	1	3/31
$\lambda_{max}=2$		$CI=-0.5$		$CR=-0.5556$

表 7－6 C 层判断矩阵表（B_2）

B	C_1	C_2	C_3	权重
C_1	1	1	14/6	7/17
C_2	1	1	14/6	7/17
C_3	6/14	6/14	1	3/17
$\lambda_{max}=2$		$CI=-0.5$		$CR=-0.5556$

7.3.2.5 大型水体下开采安全性评价模型

通过单排序、组合排序和一致性检验后，可得到各因素相对总目标的权重（见表 7－7）。

表 7－7 各因素相对总目标的权重

因素符号	权重	因素符号	权重	因素符号	权重
B_1	12/31	B_2	16/31	B_3	3/31
C_1	112/527	C_2	112/527	C_3	21/527

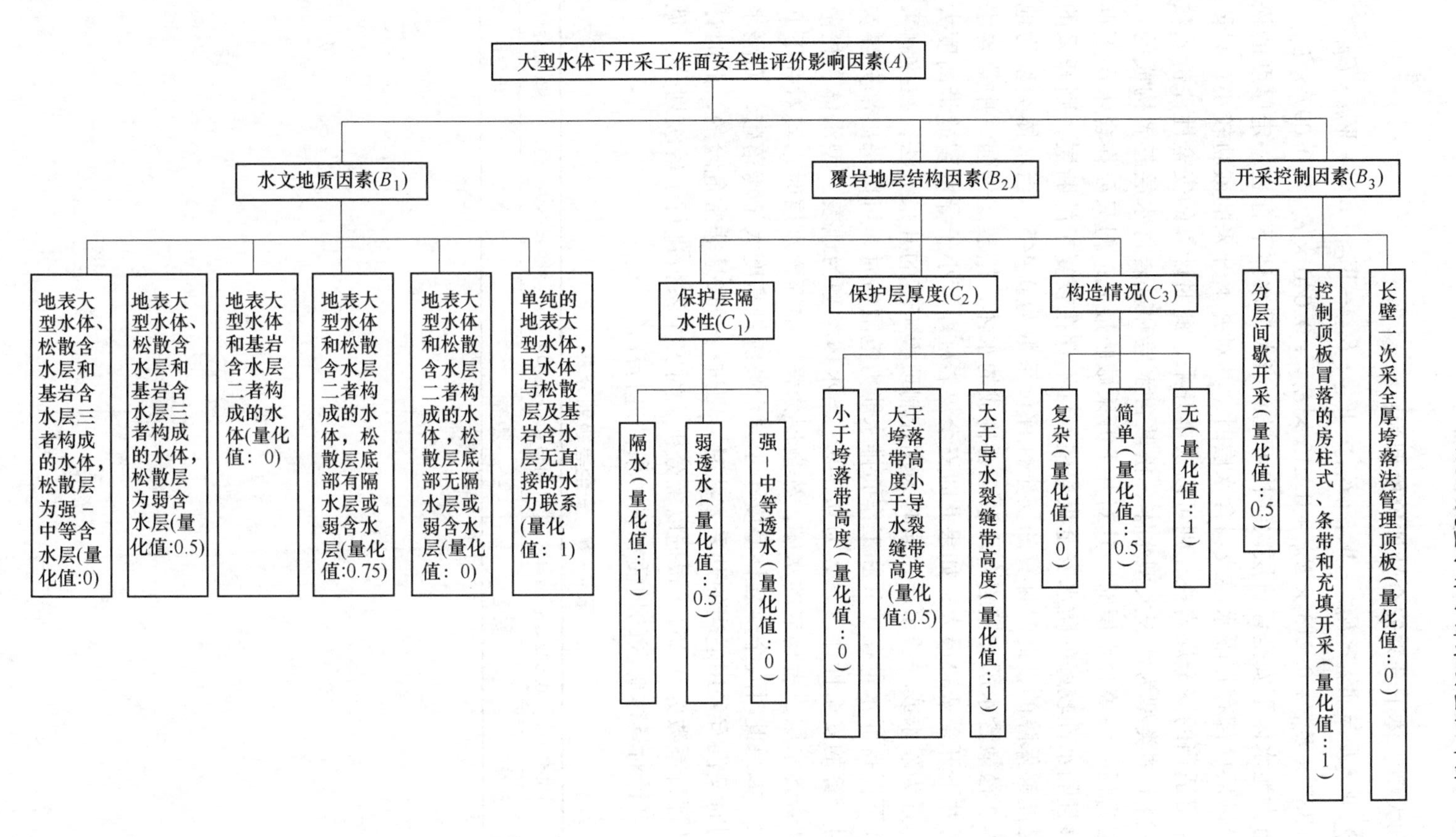

图 7-2 大型水体下开采安全性评价的层次结构模型

可得到大型水体下开采安全性评价模型为：

$$S = \sum W \cdot E = W_{B1} \cdot E_{B1} + W_{C1} \cdot E_{C1} + W_{C2} \cdot E_{C2} + W_{C3} \cdot E_{C3} + W_{B3} \cdot E_{B3}$$

$$= 0.387 \times E_{B1} + 0.213 \times E_{C1} + 0.213 \times E_{C2} + 0.040 \times E_{C3} + 0.097 \times E_{B3}$$

由分析大型水体下安全评价层次结构可见：当大型水体下存在一定厚度的松散层且在松散层底部存在隔水层或弱含水层时，其对井下开采的威胁较小；只要在开采中保留适当的安全煤岩柱，则可以安全开采，此时计算的安全性评价系数为0.532。当水体类型为地表大型水体、松散含水层和基岩含水层三者构成的水体，松散层为强－中等含水层时，其对井下开采威胁最大；但只要在含水层下存在厚度足够且隔水性较好的防水安全煤岩柱，且不存在较复杂的断层，则开采的安全性还是能够保障的，此时计算的安全性评价系数为0.445。当水体类型为地表大型水体、松散含水层和基岩含水层三者构成的水体，松散层为强－中等含水层时，其对井下开采威胁最大；如果此时安全煤岩柱厚度小于导水裂缝带高度大于垮落带，且为隔水或弱透水层，同时采用控制顶板垮落的开采方法，在控制采出率的条件下保持涌水量在矿井和工作面排水能力范围内时，可以采出部分煤炭资源，此时计算的安全性评价系数为0.349。当水体类型为地表大型水体、松散含水层和基岩含水层三者构成的水体，松散层为强－中等含水层时，其对井下开采威胁最大；如果此时安全煤岩柱厚度小于导水裂缝带高度大于垮落带，而隔水性较差，同时又没有采用适当的开采方法时，则进行开采是非常危险的，此时计算的安全性评价系数为0.252。根据以上分析，对安全系数进行了等级划分（见表7－8），可针对具体矿区的地质和采矿条件进行评价。

表7－8　安全等级划分表

安全系数	>0.532	$0.532 \leqslant S < 0.445$	$0.445 \leqslant S < 0.349$	$0.349 \leqslant S < 0.252$	≤0.252
安全性	极安全	安全	中等	危险	极危险

参考文献

[1] 张守仁，陈佩佩．大型水体下开采安全性评价［J］．煤矿开采，2009，14（4）：43－46.
[2] 陈佩佩，刘秀娥．矿井顶板突水预警机制研究与展望［J］．矿业安全与环保，2010，37（4）：71－73.
[3] 康永华．我国煤矿水体下安全采煤技术的发展及展望［J］．华北科技学院学报，2009，6（4）：19－26.
[4] 申宝宏．松散含水层水体下采煤可行性与可靠性研究［D］．原煤炭工业部煤炭科学研究院，1987.
[5] 刘天泉．露头煤柱优化设计理论与技术［M］．北京：煤炭工业出版社，1998.
[6] 申宝宏．松散含水层水的治理途径［J］．煤矿开采，1995（2）：26－29.
[7] 申宝宏．一种求算导水裂缝带高度预计公式中岩性参数的新方法［J］．煤炭科学技术，1989（7）：28－31.
[8] 申宝宏，孔庆军，许延春，等．厚含水松散层下留防砂煤柱综放开采方法适应性研究［J］．煤炭科学技术，2000，28（10）：35－38.
[9] 张英环．澳大利亚悉尼煤田水体下采煤的可能性［J］．矿山测量，1975（1）：59－64.
[10] ГВИРЦМАНБЯ. 水体下安全采煤［M］．于振海，译．北京：煤炭工业出版社，1980.
[11] 王永红，沈文．中国煤矿水害预防及治理［M］．北京：煤炭工业出版社，1996.
[12] NISKOVSKIY Y，VASIANOVICH A. Investigation of possibility to apply untraditional and ecologically good methods of coal mining under sea bed［C］. Proceedings of the 6th International Offshore and Polar Engineering Conference. Los Angeles：ISOPE，1996：51－53.
[13] SINGH R N，JAKEMAN M. Strata monitoring investigations around longwall panels beneath the cataract reservoir［J］. Mine Water and the Environment，2001，20（2）：33－41.
[14] WINTERTC，BUSODC，SHATTUCKPC，et al. The effect of terrace geology on groundwater movement and on the interaction of groundwater and surface water on a mountainside near Mirror Lake，New Hampshire，USA［J］. Hydrological Processes，2008，22（1）：21－32.
[15] Hakami E，Larsson E. Aperture measurement and flow experiments on a single natural fracture［J］. International Journal of Rock Mechanics and Mining Sciences，1996，33（5）：1459－1475.
[16] Detwiler R L，Pringle S E，Glass R J. Measurement of fracture aperture field using transmitted light：An evaluation of measurement errors and their influence on simulations of flow and transport through a single fracture. Water Resources Research，1999，35（9）：2605－2617.
[17] Rissler P. Determination of the water permeability of jointed rock. Publications of the RWTH Aachen，1978.
[18] Kranz R L，Frankel A D，Engelder T，et al. The permeability of whole and jointed barre granite. International Journal of Rock Mechanics and Mining Sciences，1984（21）：347－354.
[19] 黄存捍．采动断层突水机理研究［D］．中南大学，2010.
[20] 王辉，等．断层富水性的结构分析［J］．水文地质与工程地质，2000（3）：12－15.
[21] 徐世国．断层对煤矿生产的影响与处理探讨［J］．山西焦煤科技，2011（1）：22－23.

[22] 煤炭科学研究院北京开采所．煤矿地表移动与覆岩破坏规律及其应用［M］．北京：煤炭工业出版社，1981.
[23] 谭志祥，何国清，吴启森．国外水体下采煤水体底界面极限拉应变法的适用性分析［J］．江苏煤炭，1997（3）：3－5.
[24] 王九华．谈英国海下采煤技术及应用［J］．江苏煤炭，1988（7）：58－60.
[25] 赖文奇．河流下综放开采覆岩导水裂隙带高度研究［J］．能源技术与管理，2011（2）：21－23.
[26] 张荣亮，左红飞，袁力．河下开采时地表变形的研究［J］．矿山测量，1999（4）：14－16.
[27] 李佩全．淮南矿区水体下采煤的实践与认识［J］．中国煤炭，2001，27（4）：30－32.
[28] 吕继龙，李纯杰．峻德煤矿水体下采煤的探讨［J］．煤炭技术，2009，28（1）：177－178.
[29] 杭远．煤层顶板水砂灾害及防治对策［J］．西部探矿工程，2006（117）：26.
[30] 董义革，刘秀娥，许延春．渗流有限元法模拟松散含水层对工作面充水影响［J］．煤矿开采，2005，10（5）：4－5.
[31] 丁克，郑学涛．试论江西地区水体下采煤的若干问题［J］．煤炭学报，1982（12）：81－89.
[32] 康永华，孔凡铭，张文．试论水体下采煤的综合研究技术体系［J］．煤矿开采，2001（1）：9－11.
[33] 王兵，题正义．水体下综放开采技术的研究［J］．矿业工程，2007，5（1）：22－23.
[34] 任瑞章．水峪煤矿山西组2号煤古空水体下采煤可行性论证［J］．山西煤炭，2003，23（4）：2－4.
[35] 张玉军，康永华，刘秀娥．松软砂岩含水层下煤矿开采溃砂预测［J］．煤炭学报，2006，31（4）：429－432.
[36] 马明，李凤荣．松散层水体下采煤的实践［J］．矿山压力与顶板管理，2000（1）：72－73.
[37] 王社新，慕杨，包福林．"天窗"下采煤的技术实践［J］．煤炭技术，2006，25（6）：67－68.
[38] 张华民．王庄煤矿绛河水体下压煤开采技术研究［J］．矿山测量，2010（5）：61－63.
[39] 肖黎明．水体下采煤技术的应用与发展［J］．江苏煤炭科技，1981（7）：5－19.
[40] 谭志祥，周鸣，邓喀中．断层对水体下采煤的影响及其防治［J］，煤炭学报，2006，25（3）．
[41] 陈杰，李青松．建筑物、水体下采煤技术现状［J］．煤炭技术，2010，29（12）：76－78.
[42] SINGH R N，JAKEMAN M. Strata monitoring investigations around longwall panels beneath the cataract reservoir［J］．Mine Water and the Environment，2001，20（2）：33－41.
[43] Bardossy A，Bogardi I，Duckstein L. Decision models for Baoxiete mining under water hazard. Organ by Hung Min and Metall Soc，Budapest and Cent Inst for Min Dev of Hung，1982：18－39.

[44] Bodgardi I, Kesseru Z, Schmieder A, et al. SYSTEMS MODELS FOR MINING UNDER WATER HAZARD [J]. IFAC (IFAC Proc Ser) by Pergamon Press, 1980: 145 ~ 153.

[45] Brutsaert W, Gross Gerardo Wolfgang, MeGehee Ralph M. C. E. JACOB'S STUDY ON THE PROSPECTIVE AND HYPOTHETICAL FUTURE OF THE MINING OF THE GROUND WATER DEPOSITED UNDER THE SOUTHERN HIGH PLAINS OF TEXAS AND NEW MEXICO [J]. Ground Water, 1975, 13 (6): 492 ~ 505.

[46] Loveday P. F, Atkins A. S, Aziz N. I. PROBLEMS OF AUSTRALIAN UNDERGROUND COAL MINING OPERATIONS IN WATER CATCHMENT AREAS [J]. International Journal of Mine Water, 1983, 2 (3): 1 ~ 15.

[47] Kipko E. Ja. WATER CONTROL BY INTEGRATED GROUTING METHOD IN MINING [J]. International journal of mine water, 1986, 5 (4): 41 - 47.

[48] Worthington P F, Barker R D. A centrifugal technique for rapidly estimating the permeability of a consolidated sandstone [J]. Geotechnique, 1972, 22 (3): 521 - 524.

[49] Singh T. N, Singh B. MODEL SIMULATION STUDY OF COAL MINING UNDER RIVER BEDS IN INDIA [J]. International journal of mine water, 1985, 4 (3): 1 - 9.

[50] BIENIAWSKI Z T. Mechanism of brittle fracture of rock: part I - theory of the fracture process [J]. International Journal of Rock Mechanics and Mining Sciences and Geomechanics Abstracts, 1967, 4 (4): 395 - 404.

[51] Chaulya, S. K. Water resource accounting for a mining area in India [J]. Environmental Monitoring and Assessment, 2004, 93 (1 - 3): 69 - 89.

[52] OLSEN H W. Darcy's Law in saturated kaolinite [J]. Water Resources Research, 1993, 2 (1): 287 - 296.

[53] Pirlya K. V, Gakhova L. N, Kramskov N. P. About straining the rock massif under underground mining of halite deposits [J]. Fiziko - Tekhnicheskie Problemy Razrabotki Poleznykh Iskopaemykh, 1993: 21 - 26.

[54] 胡炳南，赵有星，张华兴．厚冲积层与薄基岩条带开采地表移动参数与实践效果 [J]．煤矿开采，2006 (11): 56 - 58.

[55] 胡炳南．地下水开采引发地表沉陷损害问题探讨 [J]．煤矿开采，2006 (8): 13 - 15.

[56] 胡炳南．建筑物采动破坏程度的模糊综合评判 [J]．煤矿开采，1993: 23 - 27.

[57] 胡炳南，曹荣平，彭成．重复开采"活化"主要因素分析 [J]．煤矿开采，1996 (4): 45 - 47.

[58] 刘天泉．矿山岩体采动影响与控制工程学及其应用 [J]．煤炭学报，1995，20 (1): 1 - 5.

[59] 焉德斌，秦玉金，姜文忠．采场上覆岩层破坏高度主控因素 [J]．煤矿安全，2008 (4): 84 - 86.

[60] 樊振丽，李瑞科，颉保亮，等．经验公式导水裂隙带的数值模拟法修正 [Z]．中国科技论文在线，2009.

[61] 刘同彬，施龙青，韩进，等．导水断裂带高度理论计算 [J]．煤炭学报，2006，31: 93 - 96.

[62] 刘振宇，刘建华．顶板导水裂隙带高度研究方法简述［J］．能源技术与管理，2010（2）：62－64.
[63] 张华兴．对“三下”采煤技术未来的思考［J］．煤矿开采，2011，16（1）：1－3.
[64] 李文平，海域开采导水裂隙带高度预测与实测研究［J］，煤矿开采，2008（8）．
[65] 佐彦卿，张倬元．岩体水力学导论［M］．成都：西南交通大学出版社，1995.
[66] 张有天．岩石水力学与工程［M］．北京：中国水利水电出版社，2005.
[67] 宋振骐．实用矿山压力与控制［M］．北京：中国矿业大学出版社，1988.
[68] 宋振骐，蒋宇静，等．煤矿重大事故预测和控制的动力信息基础的研究［M］．北京：煤炭工业出版社，2003.
[69] 宋振骐．关于煤矿安全开采决策关键技术的基础研究的建议［J］．煤炭学报，1994（1）：1－4.
[70] 宋振骐，等．煤矿岩层控制研究重点与方向［J］．岩石力学与工程学报，1996（2）：128－134.
[71] 宋振骐，卢国志，等．煤矿冲击地压事故预测控制及其动力信息［J］．山东科技大学学报，2006（4）：1－4.
[72] Lu Guozhi，Peng Linjun. Study of Combined Observed Scheme about Coal Mine Stress. Rock and Soil Mechanic，2006.
[73] Lu Guozhi，Tangjianquan et al. Application of Electronic Business in Safe Accident Prevention and Control Coalface. Integration and Innovation Orient to E－Society（ISTP 检索），2007（10）．
[74] 宋振骐，卢国志，等．一种计算采场支承压力分布的新算法［J］．山东科技大学学报，2006（1）：1－4.
[75] 张文江，宋振骐，等．煤矿重大事故控制研究的现状和方向［J］．山东科技大学学报，2006（1）：5－8.
[76] 宋振骐，卢国志，等．矿区开采地表沉陷的模型研究［J］．西北煤炭，2005（1）：1－4.
[77] 许守东，赵晓东，卢国志，等．基于组件 GIS 的煤矿安全开采决策支持系统设计［J］．矿业研究与开发，2008（4）：54－55.
[78] 宋振骐，等．采场上覆岩运动的基本规律［J］．山东矿业学院学报，1979（1）：1－6.
[79] 宋振骐，等．直接顶厚度确定方法的探讨［D］．第一届煤矿采场矿压讨论会论文选编，1982.
[80] 宋振骐，等．采场老顶岩梁的超前破断与矿山压力［J］．煤炭学报，2001（5）：473－476.
[81] 山东矿院矿山压力研究室．关于对矿山压力和岩层控制理论研究的意见［J］．山东矿业学院学报，1983（2）：1－12.
[82] 宋振骐，等．综采放顶煤工作面顶煤破碎机理探讨［J］．矿山压力，1988（2）：23－28.
[83] 宋振骐，等．回采工作面顶板控制设计的方法与步骤［J］．煤炭科学技术，1990（1）：34－37.

[84] 宋振骐，等．软煤层综放工作面沿空掘巷支护设计［J］．岩土力学，2001（4）：509－512.
[85] 宋振骐，等．采场顶板来压顶报机理与模式［J］．东北煤炭技术，1989（5）：46－49.
[86] 宋振骐，等．采场支承压力显现规律与上覆岩层运动的关系［J］．煤炭学报，1984（3）：38－43.
[87] 宋振骐，等．底板巷道矿压显现规律与合理位置的研究［J］．矿山压力，1988（1）：25－28.
[88] 姜福兴．采场顶板控制设计及其专家系统［M］．徐州：中国矿业大学出版社，1997.
[89] 刘志成．大倾角煤层综放开采相似模拟试验研究［J］．煤矿开采，2007（2）：65－69.
[90] 李鸿昌．矿山压力的相似模拟试验［M］．徐州：中国矿业大学出版社，1988.
[91] 俞万禧．离散单元法的基本原理及其在岩体工程中的应用［D］．第一届全国岩石力学数值计算及模型试验论谈会论文集．北京：1986，43－46.
[92] 王永嘉．离散单元法适用于节理岩石力学分析的数值方法［D］．第一届全国岩石力学数值计算及模型试验论谈会论文集．北京：1986，32－37.
[93] 刘建武．静态松弛离散单元法及其在岩体工程稳定分析中的应用［D］．武汉：中国科学院武汉岩石力学研究所，1988.
[94] 魏群．散体单元法的基本原理数值方法及程序［M］．北京：科学出版社，1991.
[95] 焦玉勇．三维离散单元法及其应用［P］．武汉：中国科学院武汉岩石力学研究所，1998.
[96] UDEC. Inc. UDEC Version 4.0 Universal Distinct Element Code Usui's Guide，Itasca Consulting Group，2005.
[97] 刘波，韩彦辉．FLAC 原理、实例与应用指南［M］．北京：人民交通出版社，2005：525－526.
[98] 谢文兵，陈晓祥．采矿工程问题数值模拟研究与分析［M］．徐州：中国矿业大学出版社，2005：120－125.
[99] 张玉军，康永华．覆岩破坏规律探测技术的发展及评价［M］．2005.
[100] 王连富，李卫东，刘道文，等．综放采场覆岩破坏高度的实测方法及应用［J］．矿业安全与环保，2005，32（2）：70－71.
[101] 杨贵．综放开采导水裂隙带高度及预测方法研究［D］．山东科技大学，2004.
[102] 刘振宇．导水裂隙带高度预测途径探讨［J］．内蒙古煤炭经济，2001（3）：72－73.
[103] 刘立民，郭惟嘉，等．确定顶板导水裂缝带高度方法的探讨［J］．煤，1998（2）：39－42.
[104] 宋业杰．祁东煤矿裂隙覆岩高水压砂砾层下防水煤柱设计研究［D］．煤炭科学研究总院，2011.
[105] Saaty T L. The Analytic Hierarchy Process［M］. McGraw－Hill，New York，1980.
[106] Saaty T L. A scaling method for priorities in hierarchical structures［J］. Journal of Mathematical Psychology，1997（15）.
[107] 胡炳南，张慎勇，陈佩佩．巨厚岩溶水体和村庄建筑物群下压煤优化开采设计研究［J］．中国煤炭，2006（5）：37－41.

[108] 魏跃东. 峰峰矿区某矿水库库区下采煤可行性研究 [J]. 矿山测量, 2009 (12): 18-20.
[109] 许延春. 综放开采防水煤岩柱保护层的"有效隔水厚度"留设方法 [J]. 煤炭学报, 2005, 30 (3): 305-308.
[110] 孙文华. 三下采煤新技术应用与煤柱留设及压煤开采规程实用手册 [M]. 北京: 煤炭工业出版社, 2005.
[111] 原国家煤炭工业局. 建筑物、水体、铁路及主要井巷煤柱留设与压煤开采规程 [M]. 北京: 煤炭工业出版社, 2000.
[112] 刘天泉. 露头煤柱优化设计理论与技术 [M]. 北京: 煤炭工业出版社, 1998.
[113] 韩仁桥, 王兰健. 海下采煤海溃防治工作重点及对策研究 [J]. 煤矿开采, 2006 (6).
[114] 葛中华, 王柏荣. 淮河下采煤矿井隔水层合理厚度研究 [J]. 煤田地质与勘探, 1991 (5).
[115] 许延春, 牛和平. 水体下采煤防水煤岩柱的评价和优化设计 [J]. 煤矿设计, 1988 (9): 2-6.
[116] 王作宇, 刘霞. 我国水体下采煤第四系松散层含、隔水性能的综合评价 [J]. 矿山测量, 1988 (4): 21-27.
[117] 李秀琴, 史宣宝. 富煤一矿水体下采煤可行性分析 [J]. 地下空间与工程学报, 2010, 6 (增刊2): 1687-1691.
[118] 王金启. 裴沟煤矿水体下放顶煤开采安全性分析 [J]. 中州煤炭, 2008 (151): 18-19.
[119] 张文泉, 肖洪天, 张红日, 等. 老空区水体下薄煤层联合开采的安全性评价 [J]. 矿业研究与开发, 2000, 20 (3): 1-4.
[120] 陈立杰, 赵士华, 张玉红, 等. 煤矿安全性评价模糊数学方法 [J]. 煤矿安全, 2005, 36 (12).
[121] 王顺. 层次分析法在矿井地质灾害评价中的应用 [J]. 矿业安全与环保, 2003, 30 (增刊).
[122] 王波, 高延法, 朱伟, 等. 龙口海域软岩巷道锚注支护试验研究 [J]. 采矿与安全工程学报, 2008, 25 (2): 151-153.
[123] 张志龙, 高延法, 武强. 浅谈矿井水害立体防治技术体系 [J]. 煤炭学报, 2013, 38 (3): 378-383.
[124] 高延法, 章延平, 张慧敏, 等. 底板突水危险性评价专家系统及应用研究 [J]. 岩石力学与工程学报, 2009 (2).
[125] 陈连军, 李天斌, 王刚, 等. 水下采煤覆岩裂隙扩展判断方法及其应用 [J]. 煤炭报, 2014, 39 (S2): 301-307.
[126] 高延法, 曲祖俊, 等. 龙口北皂矿海域下 H2106 综放面井下导高观测 [J]. 煤田地质与勘探, 2009, 37 (6): 35-38.
[127] 高延法, 黄万朋, 刘国磊, 等. 覆岩导水裂缝与岩层拉伸变形量的关系研究 [J]. 采矿与安全工程学报, 2012, 29 (3): 301-306.

[128] 孟召平，高延法，卢爱红，等．第四系松散含水层下煤层开采突水危险性及防水煤柱确定方法［J］．采矿与安全工程学报，2013，30（1）：23-29.
[129] 黄万朋，高延法，王东旭，等．井下导高观测时的含水层导高判据［J］．科技导报，2012（3）：53-56.
[130] 王文波．海域覆岩岩性结构特征及隔水性能研究［J］．煤矿开采，2010（3）：10-13.
[131] 王文波．龙口矿区海下采煤导水通道类型及防水措施［J］．煤炭科学技术，2011（5）：112-115.
[132] 王文波．海域覆岩导水裂隙带发育高度影响因素分析［J］．中国煤炭科工业，2008（251）：41-42.